TRAITÉ

DE

PATHOLOGIE ET DE THÉRAPEUTIQUE

GÉNÉRALES VÉTÉRINAIRES.

LYON. — IMPRIMERIE DE DUMOULIN, RONET ET SIBUET,

Quai St-Antoine , 33.

TRAITÉ

DE

PATHOLOGIE

ET DE

THÉRAPEUTIQUE GÉNÉRALES
VÉTÉRINAIRES.

Par RAINARD,

Professeur de Pathologie,
de Médecine opératoire et de Clinique à l'École royale vétérinaire de Lyon
Membre des Sociétés de Médecine et d'Agriculture
de la même ville.

Tome Second.

PARIS.

BOUCHARD - HUZARD, IMPRIMEUR - LIBRAIRE,
Rue de l'Éperon, n. 7.

LYON.

CH. SAVY JEUNE, LIBRAIRE,
Quai des Célestins, n. 48.

1840.

PATHOLOGIE

ET

THÉRAPEUTIQUE GÉNÉRALES

VÉTÉRINAIRES.

LIVRE QUATRIÈME.

CHAPITRE PREMIER.

DES CAUSES DES MALADIES.

On a vu dans le premier volume de cet ouvrage que les indications qui nous sont fournies par la congestion, l'inflammation, etc., l'état nerveux, l'état typhoïde, sont diversement remplies suivant les conditions particulières au milieu desquelles l'économie animale peut être placée, c'est-à-dire suivant la constitution, le tempérament, les âges, les sexes, etc., l'état de l'air, les lieux, les climats, les saisons, etc. On ne traite pas un jeune animal comme un vieux, celui qui a une bonne constitution comme celui qui en a une mauvaise, celui qui est d'un tempérament sanguin comme celui qui est d'un tempérament lymphatique, dans l'été comme dans l'hiver, au midi comme au nord, dans une localité basse et humide comme dans une localité sèche et élevée. Au contraire, chacune des circonstances précédentes imprimant au corps sain des modifications déterminées, le corps malade doit présenter aussi des différences. Ce sont précisément les différences si nombreuses que ces circonstances impriment à une même maladie, à la pneumonie, à la gastro-entérite, etc., qui font la difficulté de la pratique médicale. Il est donc très important de savoir d'avance pourquoi et comment la constitution, le tempérament, etc., etc., influent sur la marche des maladies, et de quelle manière on doit se conduire suivant les modifications que ces conditions font éprouver à l'économie. Ainsi la pleurésie par exemple, diffère selon que la constitution est forte ou faible, que le tempérament est sanguin, nerveux ou lymphatique, que la saison est chaude ou froide, la localité élevée ou basse et humide. En quoi consistent ces différences et quelles indications en ressort-il pour le traitement ? c'est ce qu'on verra dans ce chapitre.

On a l'habitude de désigner, sous le nom de causes prédisposantes, ces conditions dont je viens de parler et qui modifient la nature et la marche des maladies. C'est pour me conformer à l'usage que je leur ai conservé ce nom. J'en ai traité fort longuement parce qu'elles présentent le plus grand intérêt dans la pratique vétérinaire, dans laquelle on a affaire à des êtres bien plus rapprochés de la nature que l'homme, et qui ressentent mieux que lui l'influence de beaucoup de circonstances de saison, de climat et de localité, que l'homme peut, jusqu'à un certain point, modifier par son industrie.

Mais avant d'en parler je dirai quelques mots des causes en général.

Elles ont été divisées, suivant leur manière d'agir, en causes mécaniques et en causes physiologiques. Les premières consistent en une action directe sur les tissus, d'où résultent des coupures, des piqûres, des contusions, des plaies, des déchirures, des fractures, etc. Les secondes produisent des maladies en agissant par l'intermédiaire du système nerveux ; ainsi le froid appliqué à la peau détermine une bronchite, à cause de la sympathie entre la peau et le poumon ; ainsi la fatigue épuise le système nerveux et produit la fièvre et la courbature, etc.

On les a divisées aussi : 1° en causes spécifiques, ce sont celles qui produisent toujours la même maladie comme le virus de la clavelée, de la vaccine, de la rage, du typhus charbonneux ; 2° en causes prédisposantes, ce sont celles qui préparent l'économie à contracter des maladies ; telles sont toutes les conditions d'âge, de tempérament, de lieux, etc. dont je vais traiter dans ce chapitre. Mais il faut remarquer que quoique prédisposantes, elles sont très-souvent aussi causes déterminantes ; 3° en causes déterminantes ou occasionnelles, ce sont celles qui font éclater une maladie que les secondes avaient préparée ou bien qui la produisent de toutes pièces sans que l'économie y eût été prédisposée, et dans ce cas on les dit efficientes.

Sous le rapport des causes, les maladies ont été divisées en sporadiques, en enzootiques, et en épizootiques. Les premières sont accidentelles et produites dans toutes les saisons et dans tous les lieux, par l'action des causes occasionnelles ou déterminantes. Les deuxièmes sont propres à certaines localités et y sont permanentes. Les troisièmes sont celles qui attaquent un grand nombre d'animaux à la fois, et qui dépendent de constitutions atmosphériques générales, ou du concours de plusieurs causes prédisposantes agissant sur une certaine étendue de pays.

Je diviserai en deux classes les circonstances qui modifient la marche des maladies : 1° en celles qui appartiennent à l'organisation de l'animal ; 2° en celles qui lui sont extérieures. Je vais commencer par les premières qui sont la constitution , le tempérament, l'espèce , l'âge, le sexe , l'hérédité, les habitudes.

De la Constitution.

Nous verrons dans le troisième chapitre que les divers organes dont se compose le corps se font équilibre mutuellement ; qu'ils sont doués de forces qui y appellent le fluide nerveux et le sang ; que ces forces résident dans le système nerveux des organes, et que ce sont elles qui opèrent la révulsion naturelle dans les maladies ; que ces forces sont liées à l'état anatomique des organes, et que plus elles sont actives, plus il est difficile que quelque maladie s'établisse ; parce que toute maladie rendant la partie où elle siége , centre d'un mouvement plus actif de fluide nerveux ou de sang , aux dépens des autres organes qui sont alors moins actifs, on comprend que plus les forces de chaque appareil sont énergiques , plus ils tendent à empêcher toute activité plus grande de l'un d'eux.

On donne le nom de constitution à cet état des forces des divers organes et appareils des corps , et on la distingue en bonne et en mauvaise. On a aussi appliqué le même nom à l'organisation spéciale des diverses espèces animales ; ainsi on dit la constitution du cheval, du bœuf, du chien ; mais dans ce sens c'est une expression vicieuse.

Ainsi une bonne constitution est une garantie de santé,

et dans les maladies promet une terminaison naturelle ; une mauvaise au contraire laisse facilement certains organes devenir le siége d'une activité trop grande par rapport aux autres, de congestions, d'inflammations, d'états nerveux ; et dans les maladies elle annonce que la révulsion naturelle sera peu active, et la maladie plus grave et plus longue.

Il est donc très important de connaître les signes à l'aide desquels on jugera qu'il y a une bonne constitution ; les signes opposés seront l'indice d'une mauvaise. Ces signes sont les suivants : 1° des fonctions digestives s'exécutant avec facilité et plénitude ; 2° de même pour la respiration ; 3° un cœur jouissant d'une irritabilité modérée en sorte que le pouls soit ferme, peu fréquent et réglé ; 4° un bon tempérament ; 5° un bon état général de nutrition ; 6° une conformation extérieure exempte de défauts ; 7° aucune partie faible par rapport au reste du corps.

Je vais reprendre en détail chacune de ces divisions : 1° On considérera comme ayant un bon estomac l'animal qui conserve son appétit après le travail comme en repos, qui mange avec action mais pas trop rapidement, qui mâche bien ses aliments et qui est rarement atteint d'indigestions, qui rend peu fréquemment des crottins, mais qui les rend bien marronnés, de couleur naturelle et peu odorants ou du moins sans mauvaise odeur, qui peut s'accommoder de tous les aliments et de tous les régimes possibles, qui peut attendre long-temps son repas, sans souffrir et sans être incommodé ensuite des aliments qu'il aura pris en certaine quantité, enfin dont la bouche et les dents sont propres et sans mauvaise odeur.

2° Du côté de la poitrine, il faut qu'elle soit ample en hauteur et en largeur, mais principalement en hauteur ;

que l'animal ne perde pas facilement haleine, c'est ce qui arrive quand la cavité thoracique est bien développée ; qu'il *rappelle bien*, c'est-à-dire qu'il s'ébroue avec force et avec facilité, qu'il ne soit pas sujet aux rhumes et aux maladies de poitrine.

3° Pour le cœur et la circulation, il faut que leurs mouvements ne s'accélèrent pas trop par l'exercice, parce que l'animal est alors disposé à suer facilement, ce qui l'affaiblit et l'expose à des refroidissements ; que le pouls soit donc grand et modérément fréquent ; qu'il n'y ait ni palpitation, ni irrégularité, ni intermittence du pouls.

4° Pour le tempérament, il est bon qu'il n'y en ait aucun trop fortement prononcé. Il en sera question plus tard.

5° Un bon état de nutrition. C'est le signe d'une forte constitution, qu'un animal conserve son embonpoint, quoiqu'il ait pendant quelque temps une nourriture peu abondante, de bons ou de médiocres aliments, et qu'il travaille peu ou beaucoup ; que cet animal soit sobre pour le boire et le manger, qu'il ait le poil fin et luisant, que ses blessures et ses plaies suppurent peu et se guérissent facilement. C'est au contraire le signe d'une mauvaise constitution qu'un animal s'engraisse facilement par le repos et maigrisse après le moindre travail, qu'il soit long-temps à se refaire de la moindre indisposition, que ses blessures se guérissent difficilement et qu'il ait, comme dit le vulgaire, de l'humeur, c'est-à-dire des sécrétions muqueuses ou purulentes abondantes.

6° Une conformation rapprochée, autant que possible, du type idéal de la perfection offre aussi beaucoup de garanties d'une bonne constitution.

7° Il en est de même de ce qu'on appelle en vétérinaire les proportions et les aplombs. Ainsi un cheval panard, cagneux, qui a le pied plat ou gros, celui qui a de longues extrémités et un corps faible, un gros corps ou des jambes grêles, qui a un ventre énorme ou un flanc rétracté, un dos fortement ensellé ou un dos très-voussé ou bossu, un long corps ou un flanc étendu, un pareil cheval, dis-je, n'est pas dans les conditions d'une bonne constitution.

8° Enfin une certaine vivacité de caractère est encore un bon signe d'une constitution solide ; ce que nous voyons chez le cheval qui marche sans se presser, badinant avec son mors, ayant la tête alerte, et qui s'excite avec calme par les difficultés.

Tels sont les divers caractères par la réunion desquels on reconnaît chez les animaux la bonté de la constitution ; mais comme rien n'est stable dans la vie, comme tout se modifie et change par l'usage des choses qui font vivre, une bonne constitution peut s'altérer par l'âge, l'excès du travail, la privation des aliments nécessaires, tandis que une constitution originellement faible peut se fortifier dans des circonstances opposées. Il est fréquent que le travail affaiblisse la constitution chez les animaux, et toujours il faut l'attendre de l'âge.

Indications. — Une bonne constitution étant donnée chez un animal malade, il faut modérer, dès le début, la maladie, et on peut le faire par des moyens actifs tels que les évacuations sanguines, et lui laisser suivre sa marche naturelle. Elle se résoudra probablement d'elle-même. Avec une mauvaise constitution il faut être plus modéré dans l'emploi des premiers moyens, soutenir plutôt les forces et aider par les révulsifs à la révulsion naturelle des organes qui ne se fait pas activement.

Des Tempéraments.

On donne le nom de tempérament à la prédominance dans l'économie de quelques-uns des grands appareils qui la constituent. Cette prédominance imprime à l'animal des caractères particuliers, qui le disposent à certaines maladies et qui fournissent au vétérinaire quelques indications thérapeutiques. Les tempéraments sont distingués en généraux et partiels, en primitifs et en acquis. Voyons d'abord les premiers qui sont au nombre de quatre : I° le tempérament sanguin ; 2° le musculaire ; 3° le tempérament nerveux ; 4° le tempérament lymphatique.

Un italien, le docteur Gandolfy, assure que le tempérament chez les animaux est commun à tous ceux de la même espèce. Cette erreur a été déjà réfutée par M. Rodet d'Alfort. Rarement trouve-t-on dans un troupeau deux moutons qui se ressemblent en tous points ; et les différences individuelles sont encore bien plus sensibles dans le cheval et le chien.

I° *Tempérament sanguin.* — On le reconnaît aux caractères suivants : une poitrine ample et bien conformée, une respiration facile, un pouls développé, vif et régulier, un embonpoint médiocre, une taille avantageuse, de belles formes à contours arrondis, une physionomie animée, la coloration de la peau et des poils, une peau fine et souple au toucher, une transpiration facile, de la vivacité, de la promptitude et de la grâce dans les mouvements.

Des poumons volumineux, un cœur actif et un sang riche en fibrine et en hématosine, tels sont les caractères anatomiques de ce tempérament.

Plusieurs vétérinaires ont attribué ce tempérament aux

chevaux barbes, espagnols et italiens ; à mon avis, il est mieux marqué dans les chevaux du Holstein, du Meklembourg et du Jutland, dans le joli cheval du Mellereau, du Limousin et de l'Auvergne ; dans l'espèce du bœuf, les mâles entiers paraissent, au moins vers l'âge adulte, revêtir les caractères du tempérament sanguin ; et parmi les moutons, les mérinos en général, au moins tant qu'ils conservent de leur sang primitif ; l'espèce du chien fournit le lévrier, le mâtin, le chien d'arrêt dont le sang paraît si pur, à en juger par la teinte rosée de son nez, la grandeur de ses yeux et la vivacité de son caractère, le barbet et enfin le dogue qui, plus tard, prend le tempérament musculaire.

La pléthore, et ce qui s'ensuit, les congestions, les hémorrhagies sont fréquentes dans ce tempérament. La fièvre est violente, les sympathies sont énergiques, la marche des maladies est rapide, la mort ou la résolution arrivent promptement, et ce qu'on appelle l'état chronique y est rare.

2° *Tempérament musculaire.* — Les muscles sont remarquables par leur grand développement. Ce tempérament a été rapproché du précédent avec lequel il est en effet toujours associé, mais il est évident cependant qu'il y a dans l'appareil locomoteur de certains individus ou de certaines races une disposition particulière à acquérir un grand développement. Mais l'homme peut à la longue, par des croisements bien assortis, par le régime et la gymnastique, développer ce tempérament chez les animaux. Les Anglais ont formé de la sorte une race de chevaux de traits très forts et des coqs propres aux combats.

Ce tempérament est caractérisé non - seulement par le

volume des masses musculaires, mais encore par leur fermeté et leur sécheresse, par les interstices et les dépressions qui les séparent, et qui dépendent de la rareté du tissu cellulaire ; par des articulations bien exprimées c'est-à-dire avec des saillies osseuses, fortement dessinées ; par des tendons durs, forts et bien détachés, faisant sous la peau qui les recouvre des saillies remarquables ; par une grande activité de la digestion et un appétit qui va souvent jusqu'à la voracité ; par une voix grave et ferme, un regard qui a quelque chose de menaçant ; par une susceptibilité nerveuse faible, et cependant de l'irascibilité portée par moments à l'extrême, de la lenteur à s'exciter et à s'emporter, mais par la violence de leur fureur une fois qu'ils sont irrités.

Le mulet et l'âne ont plusieurs des attributs de ce tempérament, à part le volume des masses musculaires ; en France la race boulonaise en jouit à un haut degré. Les animaux à tempérament musculaire sont en général de taille moyenne, comme on le voit chez les petits dogues à tête massive, à taille courte et ramassée que nous avons tirés d'Angleterre, et dans ces chevaux courtaux, trapus, sortant de tous les pays et de toutes les races possibles, qui ont une force bien supérieure à celle de ces grands chevaux que fournissent la Picardie, la Flandre, la Hollande, etc.

Ce tempérament dispose à la pléthore, aux congestions et aux inflammations viscérales. Les forces générales sont rapidement affaissées, et ils tombent aisément dans des états ataxo-adynamiques lorsqu'ils sont trop soumis à la saignée ou à la diète, à cause de la grande quantité de sang nécessaire à l'entretien de ce système musculaire. Le tétanos n'y est pas rare, ainsi que les états nerveux qui sont produits par la trop faible quantité du sang. Les mêmes raisons expliquent pourquoi la résolution de leurs maladies est difficile.

3° *Tempérament nerveux.* — Il est rarement primitif chez les animaux et dépend le plus souvent de l'âge, de privations, de travail excessif, de maladies antérieures : ses caractères sont difficiles à saisir, parce que la sensibilité est moins développée chez les animaux que chez l'homme, et que leur enveloppe épaisse et leurs masses charnues sont moins susceptibles d'expressions variées.

Ses traits sont : un corps grêle et élancé, une peau sèche, un pelage de teinte rembrunie, des chairs molles, une respiration variant avec les qualités de l'atmosphère, un pouls peu développé, ayant de la raideur et devenant vif par la moindre impression des sens et par le travail ; la digestion souvent dérangée, l'appétit tantôt fort peu actif et tantôt vorace ; un caractère timide, craintif, irascible, susceptible d'emportement si les animaux sont brusqués, et à craindre si on provoque leur colère, exigeant de la patience pour être dressés, car, si on les brusque, on les rend rétifs et incorrigibles ; de l'animation au travail, aussi leurs forces musculaires s'affaissent plus promptement et la lassitude s'accompagne de douleurs contuses.

Ce tempérament, rarement pur, est presque toujours associé à un des trois autres. Réuni au tempérament sanguin, il se rencontre surtout dans les animaux élevés dans les pays méridionaux, dans les chevaux anglais de premier sang, dans les chevaux de course légers, élancés, à formes sèches et fines, à quelque pays qu'ils appartiennent. Associé au tempérament musculaire, il appartient à l'âne, au mulet, à la chèvre et au bouc. Enfin, avec le tempérament lymphatique il existe chez certains béliers et taureaux très-irascibles et qui, en vieillissant, deviennent capables de dissimulation, de haine, de taciturnité, de mélancolie; comme aussi chez quelques chiens de petite stature, et principalement chez le chat, type de ce dernier genre. Chez lui on reconnaît les caractères de ces deux tempéraments : la pâleur et la délicatesse des chairs, l'empâtement des formes, en même temps la vivacité et la légèreté dans les mouvements, un goût exquis, de la sensualité, des passions vives, surtout celle de la reproduction, celles de la ruse, de la dissimulation, de la cruauté, de l'apathie, une irascibilité extrême et le sentiment affectif pour la progéniture porté à un haut degré.

Les phénomènes nerveux ataxiques dominent dans les maladies. Le cerveau et la moelle épinière sont chez les animaux de ce tempérament ce que le cœur est chez ceux à tempérament sanguin; c'est-à-dire les organes qui s'irritent le plus vivement par sympathie, de sorte que les inflammations des viscères déterminent du côté des sens, de l'intelligence et du système locomoteur les troubles variés appelés ataxiques, souvent sans qu'il y ait fièvre. Aussi ne faut-il pas s'en laisser imposer par cette apparence et croire qu'on a affaire à un état nerveux pur et non à une inflammation avec état nerveux sympathique; par conséquent il faut être réservé sur l'emploi des antispasmodiques stimulants, qui augmenteraient l'inflammation, cause première de tous les désordres. Il faut les administrer avec précaution. Les convulsions, l'épilepsie, la danse de saint-guy ou chorée, l'immobilité et en général tous les états nerveux sont fréquents avec ce tempérament.

4° *Tempérament lymphatique.* — On le reconnaît

à une habitude du corps molle, lâche et faiblement colorée; à des formes arrondies et même empâtées, à des chairs flasques et peu élastiques, à une température peu élevée à l'extérieur, à une peau épaisse, molle, humide, couverte de crins épais et en général d'une couleur claire.

Les espèces d'animaux chez lesquelles ce tempérament se fait le plus remarquer, sont le bœuf, le mouton, le lapin, le chat avec l'association nerveuse, les volailles de basse-cour. Il est toujours plus développé chez les individus de ces espèces, qui ont subi la castration. Au reste, dans toutes les espèces, les lieux bas et humides développent toujours les caractères du tempérament lymphatique; comme on le voit dans les races de chevaux du Hanovre, de la Hollande, de la Flandre, etc.

Ce tempérament semble aussi appartenir aux deux âges extrêmes de la vie des animaux, à leur première jeunesse et à leur vieillesse.

Ce n'est donc pas la prédominance du système lymphatique qui le constitue, comme le disent les vieux livres, c'est cet état du sang dont j'ai eu occasion de parler si souvent dans le premier volume, dans lequel la sérosité, l'albumine et les sels semblent prédominer aux dépens de l'hématosine. Par suite de cette disposition, nous avons vu que les diathèses muqueuse, purulente, tuberculeuse, vermineuse étaient fréquentes; que les sécrétions étaient généralement actives. Ces animaux ont ce qu'on appelle des humeurs. Cette disposition tient soit à un défaut de développement de la poitrine par suite duquel l'hématose ne se fait pas bien, soit à une mauvaise conformation originelle de tout le corps, qui fait que toutes les fonctions sont languissantes et alors les principes les plus simples, l'eau, l'albumine et les sels sont abondants, ou à l'influence des lieux humides qui, en diminuant les sécrétions cutanées et pulmonaires, empêchent le sang de se débarrasser de ces principes et, en introduisant par l'humidité de l'air et la mauvaise qualité des aliments beaucoup de ces mêmes éléments, les font prédominer dans le sang.

Aussi l'excitant naturel de l'économie, le sang n'a plus ses caractères ordinaires, d'où résulte : 1° peu d'activité du système nerveux et des fonctions, peu de douleur, de fièvre, de réaction, de sympathies, et par conséquent une marche lente dans les maladies; 2° un état du sang qui rend toutes les sécrétions cellulaires, séreuses, cutanées et muqueuses, faciles et abondantes; de la fréquence des flux catarrhaux, des hydropisies, des entozoaires, des tubercules, du pus et des diverses productions accidentelles, organisées ou non organisées.

Ce sont ces deux états fondamentaux qui impriment à la médecine des bœufs et des moutons un caractère particulier, sur lequel je reviendrai à propos des indications fournies par les tempéraments.

Tempéraments partiels. — On nomme ainsi la disposition particulière à chaque animal, qui consiste dans l'activité plus grande d'un ou plusieurs organes, qui deviennent par conséquent le siége des maladies fréquentes, ou du moins qui éprouvent des dérangements dans presque toutes les maladies de l'individu. Mais il en sera parlé à propos des prédispositions ou idiosyncrasies.

Tempéraments primitifs et acquis. — Les tempéraments primitifs sont ceux que les animaux apportent en naissant; les tempéraments acquis se forment par les modifications que les premiers subissent sous l'influence d'un air, d'un sol et d'un climat différents, une nouvelle nourriture, de nouvelles habitudes. La transplantation seule des jeunes animaux change tellement leurs caractères extérieurs qu'ils en sont méconnaissables, et l'émigration dans des pays éloignés aurait d'abord effacé les caractères primitifs des chevaux et des moutons, si on n'avait soin de revenir au sang primitif. Mais ces changements qui sont ainsi introduits dans l'organisme n'en laissent pas moins subsister les traits les plus saillants et les plus profonds de l'ancien tempérament. C'est ce qu'il ne faut pas perdre de vue.

Indications. — 1° pour le tempérament sanguin. Comme le début des maladies est en général intense, et la marche rapide, c'est autant que possible dans les premiers temps qu'il faut agir, et d'autant plus activement que ce début est plus violent. Néanmoins, il faut se souvenir qu'on doit chercher à modérer la fièvre, la douleur et le trouble de la fonction de l'organe malade, et non pas à les détruire complètement. Quand la première intensité de la maladie est calmée, il faut savoir attendre; la résolution est en général franche et rapide, voilà pourquoi il est souvent inutile d'employer les divers révulsifs, la révulsion naturelle s'opérant bien.

2o Pour le tempérament musculaire. A cause de l'affaissement où tombent rapidement les gros animaux on doit éviter de trop les affaiblir, et soutenir autant que possible le régime au niveau de l'appétit. On ne prolongera pas les moyens débilitants au-delà des premiers jours, quoique la maladie n'ait pas encore diminué; et comme la résolution est souvent difficile, il ne sera pas mal de l'activer à l'aide des moyens connus sous le nom de révulsifs.

3o Pour le tempérament nerveux. Il ne faut pas trop

affaiblir, parce que la faiblesse générale augmente les symptômes ataxiques ou nerveux. L'état nerveux sera combattu par les moyens spéciaux dont je parlerai à propos de la thérapeutique des névroses; d'un autre côté, cet état étant souvent produit par des inflammations, on évitera d'employer les antispasmodiques trop stimulants, qui augmenteraient l'inflammation, cause de tout le désordre. Un régime doux et peu de moyens énergiques sont ce qu'il y a de mieux.

4º Pour le tempérament lymphatique. La marche des maladies étant lente chez les animaux de ce tempérament, il faut savoir que la résolution des maladies est toujours plus longue à se faire et qu'il est bon de l'aider par les excitants et les révulsifs. A cause du peu d'activité des fonctions, dès que la période d'acuité est passée, on entretient les forces et on les excite par les amers, les toniques analeptiques, etc. Les flux sécrétoires seront combattus par les moyens que j'ai indiqués à propos des vices de sécrétion, c'est-à-dire par les évacuants et les astringents. Enfin, l'état du sang étant la source première de l'état général, on le modifiera par les toniques, par de bons aliments, en évitant l'humidité, et par l'emploi des stimulants naturels, tels que la lumière solaire, la chaleur modérée et sèche, et l'exercice modéré.

Ces diverses indications dominent toute la médecine des bœufs et des moutons qui, par leur constitution, leur régime, les causes générales auxquelles ils sont exposés, ont en général le tempérament lymphatique.

Des Espèces.

La médecine vétérinaire sous le rapport des espèces, est bien plus étendue que la médecine humaine: elle en comprend dix : 1º l'espèce du cheval, à laquelle appartiennent l'âne, le mulet et le bardot; 2º l'espèce du bœuf; 3º l'espèce du mouton; 4º l'espèce de la chèvre; 5º celle du porc; 6º celle du chien; 7º celle du chat; 8º celle du lapin; 9º celle des gallinacées; 10º celle des palmipèdes, oies et canards.

Chacune de ces espèces a son organisation spéciale; le sang dans chacune a une odeur propre, ainsi que l'a constaté M. Barruel, les globules n'ont pas le même volume, les matières excrétées n'ont ni la même odeur, ni la même consistance. Les insectes parasites ne peuvent pas vivre lorsqu'ils sont transportés d'une espèce sur l'autre. Ainsi chaque espèce a quelque chose de particulier et qui réside dans les solides aussi bien que dans les fluides. Voilà pourquoi certains états morbides affectent de préférence certaines espèces, et pourquoi les maladies y affectent des siéges différents.

Ainsi les phlegmasies dans le cheval ont plus d'acuité et de violence, une marche plus rapide que dans le bœuf et le mouton où elles laissent plus souvent après elles des produits morbides de sécrétion, dont le plus commun est le tubercule.

Il en est de même des névroses. Le tétanos et l'immobilité sont fréquents dans le cheval. La chorée ou danse de saint-guy s'observe aussi chez lui. Ces maladies sont rares dans le bœuf et le mouton. Le chien est souvent affecté de chorée. L'épilepsie appartient à toutes les espèces; chez le cheval elle est irrégulière dans ses attaques; elle est plus régulière chez le bœuf et le mouton, et dure plus long-temps avant de mettre fin à la vie.

Les vices de sécrétion des muqueuses, des séreuses, du tissu cellulaire sont fort communs dans le bœuf et le mouton et plus rares dans le cheval. Parmi les affections catarrhales, la fièvre muqueuse avec aphthes qui frappe les bœufs, atteint à peine le cheval et le mouton. Les éruptions pustuleuses cutanées, la variole de la vache (vaccine) et celle du mouton (clavelée) sont inconnues au cheval. Le porc, le chien, les volailles offrent quelques pustules irrégulières qui ne peuvent pas être rapprochées de ces éruptions. La plus grave de toutes les affections catarrhales du bœuf, le typhus des camps ne se montre dans aucune autre espèce. Une seule maladie de ce genre est propre à l'espèce du cheval, c'est la morve, maladie presque toujours apyrétique et à marche lente, qui s'accompagne d'ulcération de la membrane nasale et fait périr les malades après une durée plus ou moins longue. La morve n'a d'analogue dans aucune autre espèce. Le cheval est aussi sujet à une éruption cutanée, paraissant de nature tuberculeuse, à laquelle les bœufs sont très-peu sujets, le farcin.

Les vices de sécrétion des séreuses et du tissu cellulaire sont communs dans le bœuf et le mouton. Le tournis, dû à la présence du cœnure, l'envahissement des canaux biliaires par les douves ou dystômes, celui des bronches par les filaires, l'anasarque, l'ascite, l'hydrocéphale sont des affections presque exclusivement propres au bœuf et au mouton, si on en excepte toutefois le porc qui est sujet, comme on le sait, à une anasarque produite par les cysticerques.

Pour les siéges divers des maladies suivant les espèces, nous remarquerons les congestions de la tête et surtout des yeux si communes chez le cheval à l'époque du renouvellement des dents incisives supérieures, maladies qu'on ne voit pas survenir chez les bœufs qui sont privés de ces dents, et qui sont rares dans les autres animaux.

Du côté du tube digestif, les carnivores seuls peuvent vomir; l'impossibilité où sont les autres espèces de chasser les matières contenues dans l'estomac rend leurs indigestions plus graves et parfois mortelles. Les indigestions qui sont communes à toutes les espèces occupent chez elles des siéges différents. Celles qui sont récentes et qui tiennent à la quantité et à la qualité d'aliments aqueux et fournissant beaucoup de gaz, ont lieu dans le premier des estomacs des ruminants appelé panse ou rumen. C'est également dans le premier renflement gastrique, dans le jabot, qu'elles ont lieu chez les oiseaux ; pour le cheval, c'est dans l'estomac. Lorsque l'indigestion vieillit, elle a lieu alors à la fois dans la panse et le troisième estomac ou feuillet chez le bœuf ; dans l'estomac, le colon et le cœcum ou même dans les deux derniers seulement, chez le cheval. Les aliments s'accumulent alors dans le feuillet du bœuf et du mouton, dans la portion étroite du colon du cheval, qui concourt à la formation de la portion pelvienne, et dans le rectum du chien. Cet état ne s'exprime pas de même dans toutes les espèces, bien qu'il y ait chez toutes constipation, injection des yeux, diminution et perte de l'appétit, plénitude du pouls, embarras de la circulation; le cheval éprouve des coliques plus ou moins vives, le bœuf a la marche gênée et semble parfois boiter, le chien a des ténesmes et un écoulement muqueux peu abondant par l'anus.

Parmi les autres appareils celui des urines nous offre seul quelques rapprochements. Il est fréquemment chez les bœufs le siége de douleurs causées par des graviers, douleurs que la disposition de l'urètre, la courbure susscrotale particulière à cette espèce concourt à augmenter en rendant difficile le passage des graviers. Dans le chien, une cause de danger dans le cas de gravier vient du rétrécissement de l'urètre dans son trajet à travers la rainure de l'os pénien.

Enfin la présence d'organes propres à certaines espèces seulement, les dispose à des maladies particulières. Les animaux pourvus de cornes sont exposés aux contusions, aux fractures, aux arrachements de ces appendices, à l'état catarrhal de la muqueuse qui tapisse leurs sinus; les chiens dont le bout de l'oreille est grand et pendant, sont exposés à en avoir le bout ulcéré. Les animaux à un seul sabot, au ramollissement purulent et à la dégénérescence de la fourchette; ceux qui l'ont divisé, à l'ulcération du ligament interdigité ou à l'inflammation du canal biflexe.

Telles sont les principales modifications que les espèces apportent dans la nature et les siéges des maladies.

Des Ages.

On appelle âges, les diverses périodes de la vie pendant chacune desquelles s'opère une série déterminée de changements organiques. Il y en a quatre chez les animaux comme chez l'homme; ce sont : 1° la première jeunesse; 2° la deuxième jeunesse; 3° l'âge adulte; 4° la vieillesse. Chacun de ces âges a des caractères particuliers et imprime aux maladies une forme qu'il est important de connaître. En modifiant la constitution de l'animal, il devient en quelque sorte un remède pour les maladies de l'âge qui a précédé. C'est ainsi que j'ai l'habitude de recommander aux propriétaires de jeunes chiens atteints de chorée, de ne pas leur donner des remèdes violents, de les nourrir et de les exercer pour fortifier leur constitution , et d'attendre leur guérison de l'âge suivant.

Nous pouvons rarement suivre nos animaux à travers leurs divers âges ; les grands comme les petits animaux qui servent à la nourriture de l'homme sont sacrifiés de bonne heure ; le cheval et le chien sont ceux que nous pouvons suivre le plus long-temps.

Au reste, quant à ces distinctions entre les âges, vraies dans la généralité des cas, elles sont en défaut dans beaucoup de cas particuliers ; parce qu'il y a des animaux qui conservent toute leur force à l'âge de la vieillesse, et d'autres qui, dans l'âge adulte, sont usés comme s'ils étaient déjà arrivés à la vieillesse. Le cours des âges est ainsi précipité ou ralenti suivant la force primitive de la constitution, les travaux, le régime, etc.

Ier Age. Cet âge commence à la naissance et finit à l'époque où arrivent les dents de remplacement, c'est-à-dire à 3 ans pour le cheval, à 2 pour le bœuf et le mouton , à 1 an pour le chien.

C'est l'âge où les maladies sont le plus fréquentes et le plus nombreuses.

La constipation est la première maladie des grands quadrupèdes ; et peu de temps après la naissance, le coryza et la diarrhée produits par le froid et par l'usage d'aliments aqueux. Les coliques et la diarrhée sont fréquentes quand on substitue un autre lait à celui de la mère, ou qu'on nourrit trop abondamment dans le but d'engraisser rapidement, et elles enlèvent un grand nombre de veaux.

La constipation et l'entérite sont communes à cet âge, lorsque les vaches et les brebis, trouvant peu d'herbes ou des herbes desséchées par la chaleur, donnent à leurs petits un lait séreux et peu abondant.

Les ophthalmies sont assez communes dans les jeunes chats et les volailles; les coryzas et les fièvres catarrhales dans le chien, le chat et le cheval où elles portent le nom de maladies des chiens et des chats pour les deux premiers et de gourme pour le cheval.

L'air froid et vif des pays de montagne où on élève les muletons, leur cause des crampes et des pissements de sang qui en font périr un grand nombre.

Dans les pays humides où l'on fait paître les agneaux de bonne heure, presque tous périssent de l'hydropisie des grandes cavités, et de l'anasarque (pourriture), surtout pendant les saisons froides et pluvieuses.

Il suffit quelquefois qu'une pluie froide frappe les poulets et surtout les dindons pour qu'ils soient atteints de diarrhées mortelles. Le grand froid, la neige, la boue froide, les engourdissent et développent dans leurs tarses des nodosités qui ressemblent à celles des hommes atteints de goutte.

Beaucoup de jeunes moutons et de porcs périssent par le développement d'entozoaires dans le crâne, le tissu cellulaire et le tube digestif (tournis et ladrerie). Suivant Brugnone, les larves d'œstre qui se multiplient dans l'estomac des jeunes poulains en font périr un grand nombre.

Le goître est fréquent dans le poulain, le veau et surtout le jeune chien; le croup frappe les veaux.

La faiblesse des aponévroses abdominales explique la fréquence des hernies dans le poulain et le jeune chien, soit par l'ombilic, soit par le canal inguinal avant et surtout après la descente des testicules.

La prédominance marquée du système nerveux explique le grand nombre de maladies nerveuses telles que l'épilepsie, la chorée, les convulsions, etc.

23

Enfin les maladies éruptives apparaissent surtout à cet
âge : les croûtes muqueuses de la tête et les aphthes chez
les agneaux.

Indications. — Le tempérament lymphatique, c'est-
à-dire les diathèses muqueuses, séreuses, purulentes,
vermineuses,etc., dominent cet âge: aussi voit-on des flux
muqueux par toutes les membranes muqueuses ; la peau
est le siége d'éruptions, de croûtes ; le tissu cellulaire
s'infiltre facilement. Les animaux ont ce qu'on appelle
des humeurs. D'où indication : 1° d'éviter le froid et l'humidité si dangereux dans le tempérament lymphatique ;
2° de ne pas tarir trop brusquement les sécrétions accidentelles ou de les remplacer par des exutoires; 3° de donner les amers, les astringents, les excitants des diverses
sécrétions.

Comme le mouvement de la nutrition est très-rapide,
la diète et le régime affaiblissants doivent être proscrits.
La convalescence est en général rapide.

Le développement du système nerveux est une source
d'indications. Les maladies aiguës présentent très-souvent
dans leurs cours divers phénomènes ataxiques qu'on
combattra comme il sera dit à propos de la thérapeutique
des affections nerveuses.

Si les maladies aiguës ont en général une marche rapide, en revanche il y a aussi beaucoup de maladies qui
se prolongent. La plupart tiennent à la constitution hu-
morale ou à la prédominance nerveuse, et elles se guérissent par le progrès des âges qui modifient la constitution.

II° Age. Deuxième jeunesse. — Le corps alors
complète son accroissement en hauteur, il acquiert la
taille qu'il conserve le reste de sa vie. Je fais commencer cet âge au renouvellement des dents, à deux ans

pour les ruminants, à trois pour le cheval, et pour les volatiles à l'époque où ils poussent le rouge, c'est-à-dire, à l'époque où se colorent les caroncules qui environnent leur tête; ce qui indique, pour le dire en passant, le passage du tempérament lymphatique au tempérament sanguin.

Les maladies sont moins nombreuses dans cet âge que dans le précédent; mais comme le corps marche vers le terme de la perfection organique, le nombre et la fréquence des maladies sont plus grands que dans l'âge suivant, époque où la santé a le plus de consistance.

L'abondance du sang et sa richesse en fibrine et en hématosine, l'activité de la circulation annoncent le tempérament sanguin; les inflammations sont fréquentes. Les maladies des voies respiratoires sont fort communes, le coryza, l'angine, la bronchite, la phthisie tuberculeuse. C'est l'époque où la poitrine acquiert tout son développement, et où la fonction de la génération entre en activité. Chez le cheval, le remplacement des dents de lait paraît entretenir un mouvement fluxionnaire vers la tête et expliquer la fréquence des ophthalmies qui frappent cet animal.

Indications. — La marche des maladies est rapide. On observe plus souvent qu'à tout autre âge des crises spontanées, surtout par les sueurs. La résolution est en général prompte et facile; aussi faut-il employer peu de remèdes violents et faire de l'expectation. Les antiphlogistiques sont généralement indiqués.

IIIe Age adulte. — C'est l'âge de la plus grande force des animaux; il commence dans les grands quadrupèdes, après que toutes les dents de remplacement ont été mises et dure jusqu'à l'époque où toutes les cavités des dents s'effacent, c'est-à-dire de sept à douze ans chez le cheval ; la durée de cet âge est variable dans les autres espèces, et quelques-unes mêmes ne l'atteignent pas.

Le corps cesse de s'accroître, l'organisation acquiert tout son développement et la plénitude de ses forces ; le tempérament propre à l'animal se forme définitivement alors.

Les viscères de la poitrine sont encore disposés aux maladies dans le commencement de cet âge, mais bientôt ce sont ceux de l'abdomen qui le deviennent, et dans les femelles l'utérus et les mamelles. En même temps se montrent les infirmités des jambes et les rhumatismes, les maladies rebelles de la peau ; les produits de sécrétion, les squirrhes, les mélanoses se ramollissent.

Indications. — A l'égard des siéges principaux des maladies on vient de voir ce qu'il en est. Pour la marche, elle est moins rapide que dans l'âge précédent, l'intensité est plus grande, la résolution est plus lente à arriver, les crises sont plus rares ; la convalescence est assez rapide. La diète et les débilitants sont mieux supportés qu'à tout autre âge si l'économie n'a pas été détériorée de bonne heure par le travail, la mauvaise nourriture ou les maladies antérieures.

*IV*e *Age.* — *Vieillesse.* — Elle commence pour les grands quadrupèdes à l'époque où les cavités dentaires sont effacées, vers douze ans, et pour les petits quadrupèdes à l'époque de la chute des dents.

La fonction de la génération est abolie, les forces diminuent, toutes les fonctions sont plus lentes et moins énergiques, les organes subissent divers changements, les dents s'usent ou tombent, les cartilages s'ossifient, les tissus sont plus fibreux, les poils blanchissent ou tombent, les sens s'émoussent et se perdent.

Le commencement de la vieillesse est souvent accompagné d'une bonne santé, quand l'individu a joui d'une bonne constitution et que l'on n'a pas abusé de ses forces. Il y a dans les corps de cavalerie, dans les postes, dans les fermes, de vieux chevaux qui étonnent par la vigueur qu'ils ont conservée dans leur vieillesse.

Généralement les maladies et les infirmités arrivent en foule à cet âge ; elles se font remarquer par le caractère adynamique qu'elles revêtent facilement. De plus elles se rapprochent de celles qui sont propres au tempérament lymphatique et qui sont le coryza, les catarrhes, les œdèmes et anasarques, les squirrhes.

Les viscères abdominaux en sont souvent le siége ; les gastro-entérites, les indigestions, les constipations sont fréquentes. Le relâchement et le peu de contractilité des tissus expliquent les constipations, les paralysies de vessie.

Indications. — La marche est lente, la convalescence est longue, l'adynamie, c'est-à-dire l'état de faiblesse se présente fréquemment, les divers sécréteurs, surtout les muqueuses sont sujets à des vices de sécrétion qui tiennent à l'état séreux du sang. Il faut craindre d'affaiblir les sujets âgés, employer les toniques et favoriser les différents écoulements.

Prédisposition organique individuelle ou idiosyncrasie.

Il n'est par rare de voir sur six chevaux exposés à l'action d'un air devenu brusquement froid et humide, l'un contracter un simple coryza, un second avoir non-seulement un coryza mais encore une angine, un troisième une bronchite, et les trois autres être frappés, soit de courbature avec malaise particulier , perte d'appétit et fièvre , soit d'entérite avec diarrhée , soit enfin de rhumatisme. D'où vient donc que la même cause, agissant sur six individus placés dans les mêmes circonstances extérieures , produise des effets aussi variés ? Cela tient à des causes organiques encore peu connues par suite desquelles un ou plusieurs organes , dans chaque animal, deviennent plus facilement que les autres le siége de maladies sous l'influence de causes générales. Cette disposition spéciale est ce que nous appelons la prédisposition organique individuelle ou idiosyncrasie.

Il ne faut pas confondre cette prédisposition organique avec les états généraux du sang que j'ai déjà décrits sous le nom de diathèses. En effet dans les diathèses mêmes nous pouvons voir l'influence de l'idiosyncrasie , par le siége qu'affecteront de préférence ies produits de sécrétion , lesquels sont situés dans la tête , la poitrine , l'abdomen , le tissu cellulaire extérieur , suivant les prédispositions des divers organes.

Il serait extrêmement utile de pouvoir reconnaître d'avance , par des caractères extérieurs positifs , quels sont dans chaque animal l'organe ou les organes qui sont exposés ainsi par leur conformation et leur structure à être fréquemment le siége de divers états morbides, parce que les maladies qui tiennent ainsi à l'organisation elle-même sont plus graves , plus longues et plus sujettes aux rechutes et aux récidives. Malheureusement on sait peu de choses sur ce sujet.

Cependant l'examen de l'extérieur du corps comme prédisposition aux maladies , nous fera comprendre en quoi elle consiste. Du côté des pieds , un sabot trop large et trop plat dispose la sole aux blessures ; une corne trop sèche , dure et cassante, aux seimes et aux bleimes ; des pattes trop volumineuses et trop grasses exposent les chiens de chasse à l'aggravé, comme un sabot trop gros expose le cheval à la fourbure.

Si avec des extrémités grêles, des articulations aiguës on trouve un sabot large et plat, on peut être sûr que le cheval ainsi conformé sera disposé aux entorses. Si le sabot se dévie en dedans ou en dehors, ce qui fait dire que le cheval est panard ou cagneux, on peut s'attendre à voir des contusions sur le bas des extrémités. Le pied est-il rejeté sur la pince ou sur les talons, on verra se développer des seimes , des blessures des talons, des distensions des tendons. Les extrémités pèchent - elles entre elles par leur direction ou leur inégale longueur, d'autres genres de blessures en naîtront, comme les contusions des talons, les nerf-férures, les capelets, les ganglions , etc. etc.

Si le garrot est trop élevé et amaigri, ou bas et potelé, des blessures de la selle s'ensuivront. Un corps gros, monté sur des extrémités grêles ou trop longues, dispose aux maladies des extrémités. Un ventre volumineux dispose aux hernies et aux troubles de la digestion. Enfin une cavité thoracique trop étroite annonce que les affections de poitrine seront fréquentes. J'ai parlé ailleurs de ces animaux à poitrine étroite que j'ai eu plusieurs fois occasion de voir et que j'ai toujours vus périr plus tard de maladies de la poitrine. On conçoit qu'un poumon trop petit est exposé aux congestions, si une course , un exercice violent y déterminent l'afflux d'une quantité considérable de sang, parce qu'il ne peut pas y circuler librement.

Des Sexes.

Les différences que le sexe introduit dans l'économie sont beaucoup moins importantes chez les animaux que chez l'homme. La menstruation imprime aux maladies de la femme un caractère particulier. Néanmoins il faut reconnaître que le sexe doit être pris en considération en pathologie générale, à cause : 1° du siége des maladies; 2° de la modification apportée au tempérament; 3° à cause des conditions particulières dans lesquelles est placée la femelle pleine et accouchée.

Les organes différents que possèdent le mâle et la femelle les disposent évidemment à diverses espèces de maladies; le mâle au phimosis et au paraphimosis, à la balanite, à l'orchite, au sarcocèle, à l'hydrocèle ; la femelle à l'inflammation de la vulve et de la matrice, aux engorgements et aux dégénérescences de la glande mammaire.

En général, le tempérament lymphatique et nerveux paraît prédominer dans les femelles. Leur chair est en effet plus blanche, plus tendre, plus délicate que celle du mâle. Les mâles châtrés se rapprochent de la femelle. sont moins actifs et s'engraissent plus facilement.

Pendant la gestation la prédominance lymphatique se montre par la mollesse et la flaccidité des chairs et par la diminution d'énergie des mouvements locomoteurs. Plus tard le travail préparatoire de l'expulsion du fœtus, cette expulsion elle-même et les souffrances qui l'accompagnent et la suivent, affaiblissent les forces musculaires, rendent le système nerveux irritable, produisent une pléthore momentanée en débarrassant l'économie du fœtus qui employait une grande quantité de sang. De là il résulte : 1° que les femelles après l'accouchement sont fort impressionnables, aussi le froid produit-il souvent des rhumatismes; 2° qu'il se fait facilement des congestions sur divers organes; 3° enfin que cet état général du sang, qui constitue le tempérament lymphatique, dispose à toutes les diathèses purulente, séreuse, muqueuse, vermineuse; aussi les péritonites ne sont-elles pas rares, ainsi que ce qu'on appelle les résorptions purulentes.

Enfin, la sécrétion du lait par sa durée entraîne la maigreur du corps dans les femelles des grands ruminants plus que dans les autres; cette soustraction prolongée des matériaux de l'économie dispose aux maladies chroniques du poumon, à la phthisie.

De l'Hérédité.

On appelle héréditaires les maladies qui sont transmises par voie de génération des parents aux descendants.

Cette cause prédisposante est peu importante chez les animaux où la phthisie pulmonaire et l'ophthalmie intermittente passent pour être les seules maladies héréditaires. Cette prédisposition tient à la constitution et au tempérament des individus; elle entre en jeu à l'âge où les parents avaient contracté la maladie et sous l'influence des mêmes causes extérieures. Tous les descendants d'un individu ayant une maladie héréditaire n'en apportent pas la prédisposition; elle s'aggrave si l'animal est placé dans des circonstances favorables au développement de la maladie; elle s'efface ou s'affaiblit dans des circonstances défavorables.

Ce qui rend les maladies héréditaires remarquables pour le praticien, c'est leur gravité, la difficulté et le plus souvent l'impossibilité de les guérir.

Des Habitudes.

On appelle l'habitude, cette tendance qu'on éprouve à reproduire des actes auxquels on s'est déjà livré. Tous ou presque tous les actes de la vie des animaux dégénèrent en habitudes. Ainsi on habitue les animaux à manger à certaines heures, à travailler et à se reposer à d'autres.

Les habitudes ont une grande influence, et il faut éviter de les rompre d'une manière brusque, autrement il en résulte souvent des maladies, Ainsi, on voit des indigestions survenir si on change brusquement les heures du boire ou du manger, l'usage de donner l'avoine avant d'avoir fait boire ou après; il en est de même de l'usage du sel chez les bœufs et les moutons; si après les y avoir habitués on le cesse tout-à-coup, on voit survenir des dérangements plus ou moins graves de la santé. L'habitude qu'a la femelle de vivre avec son petit et celui-ci avec sa mère, celle qu'ont contractée deux chevaux de carosse ou de charrette est souvent telle que la séparation est suivie de cris, d'agitation, de tristesse, de perte d'appétit et de maigreur.

Pour rompre comme pour faire naître des habitudes il faut se souvenir de cette règle importante : c'est qu'on doit y procéder avec ménagement, en passant par des degrés insensibles de l'état antérieur à l'état nouveau qu'on veut faire contracter. Ainsi les animaux s'habitueront petit à petit à des aliments de faible ou de mauvaise qualité, tandis que ceux qui en feraient usage sans préparation seront frappés de maladies. De même le changement de saisons, s'il se fait par des nuances insensibles, ne cause pas de maladies, tandis qu'il en produit en grand nombre s'il a lieu d'une manière soudaine.

Les différentes rédispositions dont nous venons d'étudier l'influence sur la production et la marche des maladies appartiennent à l'animal lui-même, à son organisation et aux différentes périodes par lesquelles passe cette organisation ; les agents dont nous allons maintenant rechercher l'effet en pathologie sont au contraire étrangers à l'économie et situés en dehors d'elle. Ce sont les airs, les climats, la position des lieux, les habitations, les saisons, les aliments.

Des Airs.

J'étudicrai sous ce nom les différentes qualités que l'air peut posséder et qui se rattachent à quatre espèces : 1° l'air froid et sec ; 2° l'air chaud et sec ; 3° l'air chaud et humide ; 4° l'air froid et humide. Je parlerai ensuite des vents.

1° *Air froid et sec*. L'action de l'air froid et sec est favorable à l'économie. Par le froid, il resserre les tissus, il diminue les diverses sécrétions ; en général les animaux élevés dans les pays où l'air est froid, sont peu sujets aux flux, aux catarrhes muqueux, aux suppurations, comme le sont ceux des pays humides. En refroidissant la peau, il oblige le cœur à accélérer le mouvement de la circulation afin que le sang, qui est la source de toute la chaleur animale, arrive en plus grande quantité à la peau ; ce mouvement plus rapide de la circulation et le besoin de faire plus de sang pour résister au froid, rendent la digestion active.

D'un autre côté, par sa sécheresse cet air absorbe bien la perspiration cutanée et surtout la perspiration pulmonaire. Le sang se débarrasse ainsi de sa partie séreuse, et comme en même temps la nutrition est active, que les plantes dans les pays où cet air domine contiennent peu d'eau, le tempérament est sanguin et la constitution est en général forte.

Dans cette constitution de l'air, le sang étant riche, la circulation rapide et toutes les fonctions actives, les maladies inflammatoires dominent et leur marche est rapide; les organes de la poitrine en sont fréquemment le siége.

2° *Air sec et chaud.* C'est de toutes les constitutions de l'air celle qui est le moins exposée aux maladies, qui est le plus favorable à la santé et aux convalescents. Examinons l'action de la chaleur et de la sécheresse. Le calorique est un excitant très-puissant, surtout celui qui vient du soleil avec les rayons lumineux; il agit sur le système nerveux et par lui sur toute l'économie. Comme c'est sur la peau que le calorique agit d'abord, il y appelle le sang; il favorise donc les fonctions perspiratoires de la peau et de la muqueuse pulmonaire, et comme en même temps l'air est sec, il se charge facilement de ces produits de sécrétion; or, nous avons vu dans l'article précédent et nous verrons encore mieux par les suivants, que ces fonctions sont les principales voies par lesquelles le sang se débarrasse de sa partie séreuse, ce que les anciens appellent la pituite et ce que les modernes ont appelé les fluides blancs, partie qui contient, outre l'eau, des sels solubles et de l'albumine. Cette constitution de l'air est encore plus favorable que la précédente au développement du tempérament sanguin nerveux; et elle est le remède le plus efficace de toutes les maladies de ce qu'on appelle le tempérament lymphatique, des scrofules, du scorbut, des engorgements froids, des catarrhes, des fièvres muqueuses.

Les maladies ont une marche rapide comme dans la constitution précédente ; mais les viscères de la poitrine sont moins souvent attaqués que ceux de l'abdomen et de la tête.

3° *Air chaud et humide*. Autant les deux précédentes constitutions de l'air disposent au tempérament sanguin et à une constitution robuste, autant les deux secondes disposent au tempérament lymphatique et aux affections qui en dépendent. L'humidité de l'air est la cause qui produit ces effets si différents. L'air humide empêchant l'évaporation des fluides dont il ne peut pas se charger, parce qu'il est déjà saturé d'eau, on voit que les perspirations cutanées et pulmonaires devront se faire difficilement et d'autant plus que l'air sera en même temps froid. Or, comme nous l'avons vu, ces sécrétions sont destinées à purifier le sang ; le rein devient, il est vrai, plus actif, mais il ne peut pas les remplacer. De plus, cette humidité dont l'air est chargé se dépose sur les surfaces cutanée et pulmonaire et est elle-même absorbée; et si nous ajoutons à cela que les végétaux des localités humides sont eux-mêmes aqueux, mous, insipides, peu excitants et peu nourrissants, on comprendra que le sang ne se débarrassera pas aussi facilement de sa partie séro-albumineuse, qu'elle augmentera constamment au contraire par rapport à la fibrine, à l'hématosine et aux autres principes plus animalisés.

Le tissu cellulaire dans les mailles duquel la lymphe est déposée et qui lui fait subir une certaine élaboration, devient donc par conséquent plus abondant, à mesure que cette lymphe, qui n'est autre que la sérosité, augmente elle-même. Ce n'est pas seulement la sécrétion interstitielle qui augmente d'activité, toutes les sécrétions muqueuses deviennent aussi plus abondantes; les vices de sécrétion se font avec la plus grande facilité par toutes les voies, cellulaires, séreuses et muqueuses ; les diarrhées , les écoulements par les naseaux , les suppurations abondantes, les hydropisies, etc., etc., c'est-à-dire en un mot, les différentes diathèses dont j'ai parlé dans le chapitre IV du Ier livre.

Mais reprenons un peu l'action différentielle de l'air chaud et humide et de l'air froid et humide.

L'air chaud appelle, il est vrai, le sang à la peau et la sueur s'établit facilement ; mais à cause de l'humidité elle reste à la surface du corps et ne s'évapore que lentement. Le moyen employé par la nature pour rafraîchir le corps lorsque l'air est trop chaud, est la transpiration cutanée ou la sueur. On sait que les liquides pour se volatiliser empruntent de la chaleur aux corps voisins et par conséquent les refroidissent ; la sueur en se vaporisant refroidit donc la peau : or lorsque l'air est humide cette vaporisation n'a pas lieu , et la peau reste chaude. Cette chaleur est une cause d'excitation pénible ; l'appétit diminue , la digestion est peu active, la respiration fréquente et courte, et les forces musculaires peu énergiques.

Cet état de l'air étant favorable à la putréfaction des matières végétales et animales , il se dégage des miasmes, des émanations de mauvaise nature. Aussi est-ce sous cette constitution qu'on voit se développer les maladies contagieuses et épizootiques , et que les maladies régnantes révèlent le caractère particulier des maladies avec altération du sang.

Les maladies de l'abdomen sont du reste fréquentes ainsi que les indigestions.

4° *Air froid et humide.* — Le froid s'ajoutant à l'humidité diminue encore les sécrétions cutanées et pulmonaires, et par conséquent contribue à augmenter la partie séreuse du sang. Le tempérament lympathique est encore plus prononcé, la digestion est lente ainsi que toutes les fonctions; la marche des maladies est peu rapide; les organes de la poitrine sont souvent malades, comme cela arrive toujours avec le froid; mais de plus tous les vices de sécrétion cellulaire, séreux, muqueux, prédominent; le pus, les tubercules, les vers, les hydropisies et les œdèmes, les catarrhes, les engorgements froids des ganglions et du tissu cellulaire sont fréquents.

Des vents. — Ces grands courants de l'air ont pour avantage de le déplacer et d'empêcher les miasmes et les émanations malfaisantes de séjourner dans les mêmes lieux. L'influence que les vents exercent sur l'économie vient des qualités de l'air qui les constitue et qui peut être chaud ou froid, sec ou humide.

En France, les vents qui soufflent de l'est sont secs, parce qu'ils traversent une grande étendue de terres; ceux d'ouest sont humides, parce qu'ils ont traversé l'Océan avant d'arriver jusqu'à nous. Le nord est froid et sec ainsi que le nord-est. Le nord-ouest est froid et humide, mais moins froid que le nord-est. Le nord-ouest est appelé à Lyon vent de traverse. Enfin, les vents du midi qui viennent d'Afrique et qui ont traversé la méditerranée sont chauds et humides.

Les vents du nord et de l'est sont nuisibles à la santé, surtout quand les lieux sont élevés et à découvert. Dans quelques localités, des vaches laitières qu'on met au pâturage après le vêlage, contractent sous leur influence la péritonite purpérale, le lombago, la paraplégie postérieure; c'est ce qu'on observe dans le Jura et dans le canton élevé de Limonest près de Lyon.

Les mêmes vents font naître le tétanos chez les chevaux nouvellement châtrés, comme j'ai eu fréquemment l'occasion de le remarquer au printemps et au commencement de l'été. Ils produisent souvent aussi à cette même époque des échauboulures, des pleurésies.

Les vents d'ouest (ouest et nord-ouest) causent des inflammations des voies respiratoires. Comme ils sont humides, ils absorbent mal la sueur qui reste à la surface de la peau et mouille le poil, et comme ils sont froids en même temps ils refroidissent la peau ainsi en sueur. Ils sont dangereux surtout pour les animaux qui font des courses et des exercices forcés, pour les convalescents, les poitrines délicates et les individus affaiblis.

Les vents chauds et humides du sud ont tous les mauvais effets de l'air chaud et humide. Ils sont lourds, accablants, parce que le corps ne peut pas se débarrasser par la vaporisation de la sueur, de l'excès de chaleur qui le fatigue. Leur influence est telle dans certains de nos départements du midi que les vaches pleines avortent quand ils soufflent, et que les avortements sont suivis fréquemment de la chute et du renversement de la matrice. Les ruminants mis au pâturage ou nourris avec le produit frais des prairies artificielles sont souvent atteints d'indigestions avec ballonnement du ventre. La falère, maladie très-pernicieuse pour les moutons, et qui se rapproche des indigestions très-aiguës avec congestion cérébrale violente, n'exerce jamais mieux ses ravages que par le règne des vents du midi.

Des courants d'air artificiels s'établissent souvent dans les écuries et les étables. Les barbacanes, lorsqu'on ne les ferme pas, causent souvent des courants d'air, d'où résultent des rhumatismes des extrémités et des articulations coxo-fémorales et scapulo-humérales, dont on ne soupçonne pas d'abord la cause. Il en est de même des abat-foins. Il survient des ophtalmies , des bronchites , et même des phthisies.

Les fenêtres laissées ouvertes le soir font naitre des rhumatismes des articulations.

Des climats.

On donne le nom de climats aux différentes divisions qu'on peut faire du globe sous le rapport de sa température. On en a admis trois : les climats chauds, les climats froids et les climats tempérés. Les climats chauds appartiennent à la zone torride, les froids aux deux extrémités de la sphère qui s'approchent des pôles , et les tempérés aux régions intermédiaires. Les grandes divisions géographiques ou politiques nous présentent elles - mêmes cette division à faire, et comme notre géographie médicale est très-peu avancée en ce qui concerne l'Europe seulement, il serait inutile d'étendre nos vues au-delà.

Climats chauds. — Voici ce que l'observation a appris sur l'état des fonctions dans ces climats. Ce qui est vrai pour les hommes qui y sont plus tôt développés que dans les climats froids, ne se vérifie pas pour les animaux ; les chevaux du nord arrivent au contraire les premiers à leur entier développement. Quant à la coloration de la peau qui est brune chez les hommes , elle l'est également chez les bœufs et les cochons ; au contraire le pigment semble diminuer chez les chevaux du midi , où le pelage blanc ou gris prédomine.

En première ligne nous remarquerons la peau qui constamment excitée par la lumière et la chaleur est le siége d'une transpiration extrêmement abondante et qui a une grande impressionnabilité , ainsi que les organes des sens. Le système nerveux tout entier est très-irritable. Les animaux passent rapidement d'un état de vive excitation à un état opposé, à une espèce d'apathie, comme on le voit chez les chevaux arabes et espagnols. L'appareil digestif présente cela de remarquable que la digestion y est lente, que le besoin de prendre des aliments est moins souvent renouvelé, que l'absorption y est très-active et la sécrétion de la bile très-abondante.

Quant aux maladies de ces pays on voit régner celles de la peau : la clavelée, l'éléphantiasis, les dartres, la gale, l'érysipèle, les diverses affections nerveuses, les crampes, les convulsions, le tétanos, l'épilepsie, etc. ; enfin, les affections du tube digestif et du foie simples ou coïncidant avec une altération du sang, les gastro-entérites, les hépatites, les typhus. Nulle part, en effet, le typhus n'est aussi fréquent qu'en Italie, et nulle part, ailleurs que dans le midi, on ne le voit sous forme varioleuse, c'est-à-dire avec des éruptions pustuleuses.

Ainsi les considérations physiologiques tirées de l'examen des fonctions, sont parfaitement en rapport avec ce que l'observation des maladies nous apprend ; le système nerveux, la peau, le tube digestif et le foie sont les systèmes les plus actifs et le plus souvent malades.

Indications. — On remarque que les maladies des climats chauds s'accompagnent d'une vive réaction fébrile, de beaucoup de douleur, qu'elles ont une marche rapide, qu'il se montre fréquemment des symptômes nerveux ou ataxiques suivis bientôt d'un état d'épuisement du système nerveux, c'est-à-dire d'adynamie. Les indications générales sont naturellement fournies par ces données, et parce que nous savons des appareils qui sont le plus souvent malades; c'est que les moyens propres à calmer l'état nerveux doivent être fort employés; que la fièvre de réaction doit être combattue dès son début, et comme nous le verrons, que les tempérants, la saignée et les boissons acides, sont ce qui convient le mieux pour cela; que la sécrétion de la bile doit être excitée et souvent d'une manière énergique; 1° parce que cela opère une révulsion; 2° parce que les matériaux de la bile séjournant dans le sang causent les divers symptômes de ce qu'on appelle l'état bilieux; aussi, emploie-t-on dans le midi des purgatifs très-actifs et à fortes doses; et enfin, que l'adynamie doit être combattue quand elle se montre, et d'une manière souvent énergique. On sait que les excitants sont fort à la mode dans le midi.

Climats froids. — A mesure qu'on s'éloigne des climats chauds on voit les systèmes nerveux, cutané et gastro-hépatique, devenir moins sujets aux maladies. La peau n'est plus le siége d'une congestion permanente et d'une sécrétion active; l'appétit devient plus vif et plus souvent renouvelé, la digestion plus active; le pouls est plus fort et moins fréquent; le sang est plus riche en sels et en albumine; les sécrétions du tissu cellulaire où la graisse et la lymphe abondent, celles des muqueuses, des séreuses et des reins deviennent actives; les sens sont moins impressionnables ainsi que le système nerveux, et l'appareil de la locomotion est plus capable d'un exercice long et soutenu. Les animaux sont grands, forts et lymphatico-sanguins. Au reste, cela n'est vrai que pour les pays où le froid n'est pas extrême et la nourriture abondante; car dans les pays très-froids les animaux diminuent de taille; le froid et les privations appauvrissent le sang et y développent secondairement le système nerveux; de sorte que le grand froid, l'excès du travail, de la mauvaise nourriture, produisent l'état nerveux comme l'excès de la chaleur.

Plus les climats froids sont humides, plus les sécrétions intérieures sont abondantes; alors, toutes les diathèses purulente, tuberculeuse, muqueuse, séreuse, vermineuse, etc., se montrent et prédominent.

Les maladies de ces climats sont celles des voies respiratoires, à cause des refroidissements de la peau; celles de l'appareil de la locomotion, les rhumatismes; et enfin les divers vices de sécrétion et les diathèses, la pourriture, les catarrhes des muqueuses, les engorgements froids, les affections des reins, les calculs, etc., etc.

Indications. -- La marche des maladies est lente, les symptômes nerveux sont fort rares; les indications les plus générales sont d'agir sur les sécréteurs, à l'aide des divers moyens connus sous le nom d'évacuants, puisque les sécréteurs sont les organes qui jouissent de la plus grande activité et que le sang dispose à ces sécrétions par la prédominance des sels et de l'albumine, des matières grasses; et en second lieu d'exciter le mouvement des fonctions, comme il a été recommandé à propos du tempérament lymphatique.

Climats tempérés. — Les animaux nés sous ces climats se font remarquer par un beau développement de formes, une belle stature, une forte constitution, comme le prouvent les animaux du Hanovre, des bords du Haut-Rhin, de la Normandie, de la Picardie, de la Beauce, du Berry, du Perche, de l'Anjou, de la Saintonge; les chevaux et les bœufs de ces pays ont de la corpulence et de la taille et sont propres à la grosse cavalerie ou au tirage; ils n'ont ni la rudesse des formes des animaux des climats froids, ni la délicatesse nerveuse de ceux des climats chauds; l'équilibre est plus près d'exister entre les divers appareils du corps.

Les maladies sont en général franchement inflammatoires, se compliquent moins de désordres nerveux; la phthisie tuberculeuse, la morve, le farcin, le goître, y sont communs. Le goître des chiens est assez commun à Lyon et dans la Bresse; celui des poulains, dans le nord de la France, à tel point qu'au haras de Rosières, presque tous ces jeunes animaux en sont atteints; et celui des veaux, aux pieds des Pyrénées occidentales et dans d'autres localités semblables.

Au reste, plus les animaux des pays tempérés se rapprochent des pays froids ou chauds, plus ils ressemblent sous le rapport de la modification de la constitution aux animaux de ces pays, et alors les indications à suivre participent des précédentes.

De la position des lieux.

La position des lieux, c'est-à-dire leur degré d'élévation ou d'abaissement, leur exposition, le voisinage des montagnes, des rivières, impriment aux animaux en santé et par conséquent à leurs maladies, des différences très-importantes.

On est frappé de voir comment des localités quelquefois peu éloignées donnent aux animaux un air de famille qui les distingue les uns des autres. Non seulement le cheval né et nourri en Normandie diffère du picard, du beauceron, du percheron; même le cheval élevé dans le canton de Vaud, en Suisse, ne ressemble pas tout-à-fait à celui de certaines localités de la Franche-Comté, qui n'en sont séparées cependant que par quelques montagnes. Les mêmes considérations s'appliquent au bœuf, au mouton, au porc et même aux oiseaux de basse-cour. Le bœuf et le mouton qui naissent et meurent sur le même sol, conservent le mieux les caractères fournis par la position des lieux. Aussi, certaines maladies se conservent-elles dans quelques pays, comme la gale dans une race chétive de la Flandre dont les individus sont appelés bêtes sales, et le piétain dans d'autres localités.

On donne le nom d'enzooties à ces maladies qui résultent de la position des lieux, qui y règnent et s'y perpétuent tant que les circonstances locales restent ce qu'elles sont. Dans la Sologne, par exemple, la maladie rouge, dite de la Sologne, y règne pendant l'été sur les moutons ; pendant l'hiver au contraire c'est la pourriture comme dans tous les pays humides. Les bœufs du même pays ne gagnent ces maladies que quand leurs causes sont très-actives, et en été ils sont atteints du charbon auquel les moutons ne sont presque pas sujets.

Dans la Bresse, pendant que la pourriture exerce ses ravages sur les moutons, les fièvres gastriques chroniques avec gonflement du foie frappent les bœufs, et les chevaux contractent des inflammations de la muqueuse gastro-pulmonaire ou des ophthalmies. Vers la fin de l'été, ou en automne, toutes ces espèces sont exposées aux maladies charbonneuses, sans doute par le fait des émanations pernicieuses des marais de ce pays.

Dans les pays montagneux découverts, comme les environs de Grenoble et des Alpes, le printemps et l'automne sont l'époque du développement des affections les plus graves des voies respiratoires ; de même pour les parties montagneuses du Forez et de la Franche-Comté.

Ainsi, il y a des maladies qui dépendent de la position

des lieux et qui offrent cela de singulier qu'elles varient suivant les espèces d'animaux. Cette influence des localités est permanente et elle modifie les constitutions atmosphériques générales; ainsi, dans les années où les saisons sont humides, certaines localités naturellement humides le deviendront beaucoup plus par le fait de la constitution générale; les localités sèches par leur nature corrigeront plus ou moins cet état général. C'est ce qui nous explique pourquoi, dans les grandes épizooties de l'Europe ou de la France, certaines localités souffrent beaucoup et que d'autres en sont exemptes ou en sont peu attaquées.

Les lieux sont divisés sous le rapport de leur position, en secs et élevés, en pays de plaine, en pays bas et humides.

1° *Des lieux secs et élevés*. On appelle ainsi non seulement les pays de montagne, mais tous ceux qui dans les contrées unies dominent les terrains environnants et se trouvent comme à nu sur une hauteur.

L'air dans ces pays est plus souvent agité qué partout ailleurs, les vents y soufflent plus énergiquement, la température est plus froide.

Le sol, à cause de la pente, est ordinairement sec, avide d'eau et soutire celle de l'atmosphère.

Quant à l'eau, celle qu'on tire des puits est fraîche, parce que ceux-ci sont profonds; dans les ruisseaux elle est courante et vive, et dans les lacs même elle est moins croupissante que dans les plaines.

Les végétaux y sont moins aqueux, plus féculents, plus aromatiques et plus savoureux. Les animaux, dans les lieux élevés et arides, sont en général plus petits, leurs formes se rabougrissent; mais, dans les pays entrecoupés de vallées où les végétaux croissent en abondance et où on envoie paître les troupeaux en été, comme dans la Suisse, les Alpes, les Pyrénées, l'Ardèche, les bœufs et les moutons sont plus grands, plus robustes et ont une chair plus savoureuse que ceux qui ne transhument pas.

La digestion y est très-active ; les moutons mangent sur les Alpes des plantes qu'ils rejettent ailleurs, le pouls est fort et vif, la force musculaire considérable, le sang est abondant; il y a en général un état pléthorique.

Les maladies dans ces localités ont une marche rapide, sont en général inflammatoires ; les premiers symptômes sont violents. Les inflammations des séreuses, celles des voies respiratoires, les pneumonies, les bronchites avec toux sèche et sans jetage, les hémorrhagies spontanées y règnent. Il est telle source dans les montagnes de l'Auvergne où l'épitaxis se montre presqu'à l'instant où un bœuf ou une vache mettent les pieds dans cette eau. Les animaux qui en boivent, pour peu que leur corps soit échauffé, gagnent des phlegmasies de la muqueuse des premières voies et des séreuses avec hémorrhagies, qui les font périr en fort peu de temps.

On rencontre aussi des charbons, la fièvre dite charbonneuse (voir les deux derniers chapitres du tome Ier) : ces maladies provoquent dès leur début une vive réaction. Les forces paraissent être entières, mais bientôt les signes ordinaires de l'adynamie se montrent à cause de la résorption putride. Petit observa dans l'épizootie de fièvre charbonneuse d'Auvergne, en 1781, qu'après cette forte réaction survenaient quelques heures d'un calme qui en imposait pour le retour à la santé, et si on n'en profitait pour saigner on voyait reparaître les symptômes ataxo-adynamiques, avant-coureurs de la mort.

Les maladies chroniques dans ces localités sont caractérisées par la maigreur, la vivacité du pouls, l'impressionnabilité des sujets, au lieu de la mollesse, de la flaccidité des tissus et des infiltrations cellulaires qu'on observe ailleurs ; la morve chronique et le farcin y sont rares. Ainsi, ces maladies, si communes à Lyon, diminuent et disparaissent à mesure qu'on s'élève sur les hauteurs voisines.

2° *Des pays bas et humides.* L'air y est ordinairement calme, contenu par les côteaux environnants et peu renouvelé.

Le sol est nécessairement humide ; la pente y amène les eaux de toutes les hauteurs voisines ; l'eau y est du reste à peu de profondeur dans le sol, et les sources sont abondantes : l'air participe de l'état du sol et s'y sature de vapeur d'eau. Or, nous connaissons l'influence de l'air humide.

La forme concave de ces localités est favorable pour recevoir et concentrer les rayons solaires ; la terre qui est humide absorbe beaucoup de chaleur pendant le jour et, la restituant la nuit, la température habituelle de ces lieux est plus douce et moins variable. La végétation riche des pays bas et humides est une nouvelle source de chaleur.

Les végétaux y sont aqueux, insipides, peu aromatiques et peu amarescents. Les eaux étant superficielles sont plus chaudes l'été et plus froides l'hiver ; elles sont moins pures et moins bonnes. Outre l'eau des puits, il y a celle des mares et des étangs auxquels elle est fournie par la pluie, des rivières dont le cours est lent, des canaux. Elles ont toutes les mêmes qualités fades, douceâtres, sans fraîcheur.

Nous connaissons la manière d'agir de toutes ces causes, elles produisent le tempérament lymphatique. Les tissus manquent de fermeté, les fonctions sont peu actives. Les animaux y sont de forte stature, mais de formes volumineuses et empâtées. On en a des exemples frappants dans les chevaux belges, hollandais, dans ceux des bords de la Saône ; la chair des bœufs et des moutons y est généralement molle, tendre et grasse, mais peu savoureuse.

Il faut remarquer que les lieux les plus malsains à cause de cette position, tels que la Bresse, la Camargue, les environs de La Rochelle, certains pays de l'Artois, la Sologne, etc., ne sont pas également mauvais en tout temps. L'été et l'automne y sont le plus défavorables, et lorsque la constitution générale de l'air est humide, ce sont eux qui en reçoivent le plus l'influence fâcheuse.

Les principales maladies sont : les vices de sécrétion, les diarrhées, les coryzas, les angines couenneuses, le croup, la pourriture, les fièvres vermineuses liées à l'humidité de l'air ; les rhumatismes à cause du froid humide ; les hydropisies, le scorbut, la morve, le farcin, les fièvres gastriques muqueuses et bilieuses, les typhus, le charbon, les angines et les maladies de poitrine de mauvais caractère, dans les saisons où la chaleur et l'humidité réunies hâtent la putréfaction des débris de végétaux et d'animaux et où l'air se charge de ces miasmes unis à la vapeur d'eau ; les stomatites avec ou sans aphthes causées par la nature des eaux.

On ne connaît guère que les maladies des membres qui s'amendent dans ces localités, telles que celles qui tiennent à la sécheresse et à la rigidité de la corne et à la raideur des articulations et des tendons. Nous sommes à même de le vérifier dans les pays marécageux de la Bresse.

3° *Pays de plaine.* Ils ne donnent pas des traits distinctifs à la constitution, aux tempéraments et aux maladies des animaux. L'influence des constitutions générales de l'air, des saisons, de l'alimentation domine celle des localités.

Les pays de plaine sont dans des conditions avantageuses à la santé des animaux ; la température est plus douce et plus uniforme que dans les pays montagneux ; les produits du sol généralement plus abondants sont du reste variés et de bonne qualité.

La situation des lieux de plaine auprès d'une rivière, d'un lac, leur voisinage de la mer, de forêts etc., leur impriment quelques caractères plus tranchés. La nature des épizooties est ce qui décèle au praticien les modifications que ces particularités font acquérir aux animaux.

Indications. Les indications qui ressortent de la position des lieux seront facilement tirées d'après les considérations qui précèdent. Du reste, elles rentrent dans celles que fournissent la constitution, les tempéraments, etc.

Des Habitations.

Après avoir traité de l'influence des localités, il convient de passer à l'étude de celle des habitations, qui sont encore des localités fort circonscrites à la vérité, et de les examiner sous le rapport de leur situation, de leur exposition, de leur construction, de leur grandeur ou de leur petitesse et de leur tenue.

1° *De leur situation.* — Celles qui sont situées dans des lieux bas et humides près de pièces d'eau, dans le fond de cours étroites et sombres, présentent les conditions d'un air chaud et humide, ou froid et humide, suivant leur étendue et le nombre des animaux qui y sont logés, et en même temps vicié par les émanations du fumier, par l'urine, par l'air expiré, etc.

J'ai vu deux fois l'encéphalite se déclarer dans des écuries chaudes et humides, et j'attribue à cette cause le développement de l'immobilité chez plusieurs chevaux du reste bien soignés.

Les affections catarrhales du poumon y sont communes, les maladies de la peau y naissent ou s'y aggravent, les eaux aux jambes, le farcin; la moindre blessure des pieds y devient grave. J'ai vu plusieurs années de suite les chevaux qui habitaient de pareilles écuries contracter des panaris incurables, les béliers y périr presque tous après la castration, et les suites de la même opération chez les taureaux y être souvent funestes. Chez les porcs se développent ces gastro-entérites typhoïdes qui en enlèvent un si grand nombre; chez les lapins, l'adase et la diarrhée, et chez les poules l'hydropisie abdominale.

2° *Exposition.* — L'exposition des écuries devient cause de maladies à raison des vents froids qui les frappent et des effluves de mares, d'étangs, qui s'élèvent dans la direction de leurs jours.

Dans le premier cas les animaux sont frappés par le froid lorsqu'ils sortent pour boire, pour aller aux champs; lorsqu'ils rentrent, pendant qu'on les détèle ou qu'on les décharge; de là les maladies de poitrine, les rhumatismes des lombes, le phlegmon des mamelles et même la péritonite dans les vaches après le vélage.

Dans le deuxième cas on voit se développer des affections typhoïdes, des charbons, qui ne cessent que quand on perce les jours sur d'autres façades, ainsi qu'un vétérinaire du département de Vaucluse eut occasion de l'observer dans sa propre écurie.

3° *De la construction.* — Celles que l'on construit en planches, comme dans les environs des grandes villes, sont fort chaudes le jour et froides la nuit pendant l'été, et froides en tout temps pendant l'hiver.

Celles qui sont seulement terrassées et non pavées, sont des foyers d'infection à cause du croupissement des urines. Elles sont toujours humides; la suppuration et le ramollissement des fourchettes et même le crapeau, les crevasses, les eaux aux jambes, le farcin, la morve s'y engendrent. J'ai vu dans une écurie mal couverte du département de l'Isère, six chevaux d'agriculture y contracter successivement la morve et périr.

Les écuries voûtées étant fraîches en été, chaudes et humides en hiver, sont la source de plusieurs maladies. À Paris et à Lyon, elles causent la perte de beaucoup de chevaux par suite de la suppression brusque de la transpiration lorsque le corps est en sueur.

Celles qui sont plafonnées si on les occupe trop tôt et si elles sont basses et humides, donnent naissance à diverses maladies des voies respiratoires et digestives, lesquelles s'accompagnent d'adynamie et de tumeurs gangréneuses. Les écuries du dépôt d'étalons de Grenoble ayant été exhaussées avec des platras, en moins de quinze jours les urines des étalons les ayant détrempées, l'on vit presque tous les chevaux atteints de la maladie précédente, c'est-à-dire, de morve avec symptômes typhoïdes, et la plupart succombèrent.

4° *De leur tenue.* — Les écuries seront malsaines si on y laisse croupir le fumier et les urines, ou qu'on y amasse le fumier en tas. Dans ce dernier cas, j'ai vu dans trois ou quatre écuries, le farcin se développer sur des chevaux du reste bien nourris et bien pansés.

L'insalubrité des écuries qui servent d'infirmeries dans les quartiers de cavalerie, est cause du développement de ces pourritures d'hôpital, qu'on observe dans l'espèce humaine. Gohier a observé un fait de ce genre à Metz. Les plus petites blessures, les plaies des sétons devenaient gangréneuses.

5° *Le peu de capacité des habitations.* — Eu égard au nombre des animaux qui y séjournent, le peu de capacité des habitations devient cause de maladies de plusieurs manières :

1° En mettant les animaux dans le cas d'user entièrement l'oxigène; ils meurent asphyxiés. Des bœufs aux armées, des porcs dans des étables trop petites sont péri de ce genre de mort.

2° En altérant l'air par le dégagement de miasmes ; de là des maladies épizootiques et contagieuses, et chose remarquable, c'est surtout pendant l'hiver que les épizooties de ce genre se développent, parce que les écuries y sont fermées constamment et que l'air ne s'y renouvelle pas.

3° Enfin l'élévation de la température des écuries et le passage brusque d'une grande chaleur au froid sont une nouvelle cause de maladies, comme le savent les vétérinaires et les nourrisseurs de bestiaux des pays de montagnes.

Des Saisons.

Chaque saison donne aux corps une constitution organique passagère mais distincte, à tel point qu'Hippocrate a dit : que l'homme du printemps ne ressemble pas plus à celui de l'automne, que celui de l'été ne ressemble à celui de l'hiver. Il en est de même des animaux. Mais l'influence propre à la saison est toujours modifiée par la constitution générale de l'air qui est sec ou humide, et de la température qui est chaude ou froide; ainsi l'été qui est remarquable par l'intensité de la chaleur et de la lumière produira des maladies différentes de celles qu'il a coutume de produire si l'air y est frais et humide. Cette discordance de l'air et de la saison constitue les saisons irrégulières qui, au rapport d'Hippocrate, sont toujours plus fécondes en maladies que les autres.

On appelle hibernales les maladies propres à l'hiver, vernales celles du printemps, estivales celles de l'été, et automnales celles de l'automne.

I° *De l'hiver.* — Il est en général peu constant; tantôt sec et froid, tantôt froid et humide, ou humide et tempéré, avec beaucoup de neige, des pluies ou des vents continuels. Trois circonstances atmosphériques le partagent : celle où le froid est sec et l'air calme; celle où les vents du nord ou de l'est lui donnent plus de vivacité, et celle où les vents du sud ou de l'ouest amènent les neiges et les pluies.

Parmi les fonctions, la digestion et la nutrition sont fort actives, la circulation lente, mais le pouls plein et fort; le sang augmente de quantité, le tempérament devient sanguin. Ces changements arrivent chez les animaux bien nourris et bien abrités. Pour ceux au contraire qui passent cette saison dans les pâturages, sans abri et sans supplément de nourriture, elle devient une époque de souffrance, d'affaiblissement et de maigreur. Un grand nombre de chevaux et de bœufs périssent par le froid et la disette, lorsque l'hiver est rigoureux. Chez les moutons, cette saison étant l'époque de l'agnelage, les petits y périssent en grand nombre, et les mères si elles échappent, contractent les germes de la pourriture qu'un printemps humide fait développer.

Les maladies diffèrent suivant les trois constitutions atmosphériques indiquées. Dans la première, les animaux robustes se portent bien ; ceux qui sont faibles, convalescents ou porteurs d'affections organiques, sont exposés à des congélations partielles des pattes ou des autres parties extrêmes du corps, à des congestions cérébrales, à des états nerveux, tels que crampe, convulsions, chorée, immobilité, paralysie ; les produits de sécrétion se ramollissent à l'intérieur. Les femelles qui ont mis bas contractent des congestions du cerveau et de la moelle, et des phlegmasies des mamelles. Le pissement de sang pour les muletons.

Dans la deuxième, les phlegmasies du poumon et de la plèvre, chez les animaux de course et de trait véloce, surtout lorsqu'ils vont contre le vent ; les chevaux de poste, de diligence, d'omnibus. Ils arrivent dans nos hôpitaux dans un état de courbature, d'immobilité, de stupeur, d'adynamie profonde et qui laisse peu d'espoir.

Dans la troisième, les catarrhes pulmonaires, les mauvaises gourmes, la morve, le farcin, les eaux aux jambes, les crevasses des plis du paturon, les furoncles, dits javarts cutanés et tendineux, les gastro-entérites, les entérites, diarrhées, dysenteries, les rhumatismes et l'anémie pour les chiens qui chassent au marais ; la gale, le pouillentement, le tournis, etc., pour les moutons.

Les animaux qui passent la belle saison aux pâturages et restent l'hiver dans les étables, contractent des indigestions, des affections calculeuses, des éruptions cutanées, des engorgements, et à la fin de l'hiver des indigestions par les vieux fourrages. La chaleur du foyer et des poêles devient pour les chiens et les chats l'occasion du développement du psoriasis et des diverses espèces de dartres.

Indications. — Elles se rapprochent de celles du tempérament sanguin quand l'hiver est sec et froid, ou du lymphatique quand il est humide.

2° *Du printemps.* — Cette saison est fort remarquable par les grands changements qui se manifestent dans la nature, et dont la cause paraît être dans l'affluence continuelle de la chaleur et de la lumière qui succède à un temps froid. La nourriture devenant alors fraîche et abondante, les animaux vivant en plein air une partie de la journée au lieu de rester enfermés dans des écuries malsaines, toutes les fonctions prennent une activité extrême, le sang augmente de quantité, la pléthore est l'état ordinaire de la saison, la transpiration devient plus abondante à la peau, la circulation et la respiration sont plus fréquentes, le sang pénètre et parcourt plus rapidement tous les tissus ; toutes ces circonstances vont nous donner la théorie des maladies de la saison.

Leur marche est rapide, leurs symptômes violents au début ; leur durée est courte et leur terminaison a lieu en général par résolution ; les crises spontanées ou causées par l'art y sont fréquentes ; les congestions, les inflammations, les hémorrhagies sont les genres qui dominent, ce que l'abondance du sang et la rapidité de son cours faisaient supposer.

Nous avons d'abord les diverses hémorrhagies connues sous le nom de mal-rouge, sang de rate, hématurie, cette dernière est produite par les feuilles des arbres résineux ; des maladies de la peau causées par des fourrages nouvellement récoltés et excitants ; si la saison est variable, qu'il y ait de fréquentes transitions du chaud au froid, les conjonctivites, les coryzas, les angines, la gourme, les bronchites ; si pendant ces variations, l'air acquiert tout-à-coup un refroidissement remarquable, les pneumonies, les pleurésies, les rhumatismes; et si cette température persiste un certain temps, ces maladies prennent le caractère épizootique ; alors le vert qui est si généralement avantageux à la santé des herbivores, leur devient tellement nuisible qu'on est forcé d'y renoncer. C'est à cette époque que se déclarent généralement ces pleuro-pneumonies que l'on a vues prendre la forme épizootique dans les corps de cavalerie.

Les maladies chroniques éprouvent des effets divers de la part du printemps; celles qui sont caractérisées par l'anémie, la faiblesse, l'épuisement en reçoivent une influence avantageuse. C'est aussi à cette époque que les opérations chirurgicales réussissent le mieux. La castration, par exemple, réussit mieux alors que dans toute autre saison, pourvu qu'on puisse mettre les animaux au pâturage et leur permettre de faire de l'exercice. Au contraire les affections organiques qui ne sont pas susceptibles de résolution, les altérations organiques, les tubercules, les squirrhes et les encéphaloïdes, les mélanoses sont menés vers une terminaison funeste ; il se forme autour de ces produits des congestions qui en amènent la fonte purulente.

Enfin, une dernière cause de maladie se tire du passage brusque des étables aux pâturages ; des pneumonies en sont souvent la suite.

Indication. — La quantité et la bonne qualité du sang, la nature des maladies fournissent l'indication antiphlogistique ; mais comme elles cèdent assez facilement, il ne faut pas trop insister sur les moyens actifs de traitement.

Au reste il faut se rappeler que la constitution médicale du printemps est toujours liée à celle de l'hiver, et que l'influence qu'exerce le premier ne se fait pas sentir immédiatement, mais après un temps assez long.

Si l'hiver a été sec et froid, ce qui est favorable à la santé, le printemps trouvera les animaux dans un bon état de forces ; la pléthore alors sera générale, ainsi que la disposition aux maladies inflammatoires. Le contraire arrivera si l'hiver par son humidité a affaibli le corps et y a fait prédominer les flux séreux. De même si le printemps est humide, cette humidité modifiera l'influence de la chaleur et empêchera le développement d'un sang de bonne qualité qui caractérise le printemps.

Les épizooties constitutionnelles, c'est-à-dire celles qui tiennent à l'état d'une qualité persévérante de l'air, durent pendant un certain temps après que la constitution atmosphérique qui les avait produites a cessé, attendu que la modification que le corps animal en a reçue se prolonge et ne s'affaiblit que successivement sous l'influence d'une nouvelle saison et d'une nouvelle constitution de l'air.

3° *Été.* — C'est la saison où le soleil est le plus rapproché de nous ; c'est alors que ses rayons de chaleur et de lumière ont la plus grande vivacité possible. On sait que ces deux agents sont des stimulants très-puissants ; or leur action continuelle finit par produire la faiblesse et l'épuisement, absolument comme les liqueurs fortes le font chez les personnes qui s'y livrent avec excès. Aussi le système nerveux est-il excité en été ; tous les organes sont fort impressionnables, ils sentent vivement, mais ils ont perdu de leur énergie. L'appétit est moindre, revient moins souvent, les digestions sont lentes et pénibles, le pouls est plus vif et plus fréquent, mais moins fort ; la respiration est plus fréquente que dans les autres saisons ; parmi les sécrétions celles de la peau et du foie sont très-actives ; l'appareil locomoteur est disposé à agir, mais la fatigue suit de près l'exercice.

Les maladies de cette saison sont : 1° du côté de la peau , des congestions , des espèces d'urticaires connues en vétérinaire sous le nom d'échauboulures , la congestion du tissu sous-ongulé dite fourbure ; des inflammations telles que l'eczèma-solare , dit petite échauboulure , boutons de chaleur, la gale, le psoriasis, certaines dartres avec efflorescence de l'épiderme ; toutes sont accompagnées de démangeaisons plus ou moins vives et d'alopécies plus ou moins étendues , qui amènent des souffrances telles que les animaux en perdent l'appétit et le sommeil et deviennent fort maigres ; l'érythème de diverses régions du corps où s'opèrent des frottements des membres ou des onglons tels que le fraiement des ars , ceux des onglons, dits intertrigo, piétain, fourchet ; l'érysipèle des oreilles des porcs , des chiens , etc. Ces dernières maladies de la peau, dans le midi et sur les ânes , les mulets et les taureaux , sont suivies d'ulcération , de suppuration excessivement fétide qui y appelle des milliers d'insectes, de l'induration du tissu cellulaire, comme dans l'éléphantiasis, et sont d'une guérison très-difficile.

2° Du côté des muqueuses, des inflammations de la bouche , de l'estomac ou des intestins causées par les aliments irritants pour les adultes et surtout pour les jeunes animaux qui viennent d'être sevrés ou qui tettent encore ; la stomatite simple ou avec pustules (bouquet, givrogne, noir museau), la gastrite, la gastro-entérite , les constipations opiniâtres , l'entérite commune chez les mulets des pays chauds et chez les agneaux ; les fièvres gastriques ou bilieuses avec symptômes cérébraux peu saillants ou avec congestion cérébrale (vertige abdominal) ;

les fièvres typhoïdes à forme ataxo-adynamique, avec ou sans exanthème cutané, dans les vallées très-chaudes, près des mares, des étangs, etc., dans les bauges infectes où on renferme les cochons. La privation de boissons et surtout les boissons insalubres, les eaux croupies ajoutent à l'infection miasmatique.

3° Du côté du système nerveux, les congestions cérébrales, dites coups de sang, le tétanos chez le cheval et la chèvre ; la méningite, l'encéphalite.

4° Une autre série de désordres est produite par le développement d'un grand nombre d'insectes, qui irritent violemment la peau, qui tourmentent les femelles au point que le lait en est altéré ou tari, d'où s'ensuit la perte des nourrissons ; qui déterminent des phlegmasies en déposant leurs larves sous la peau qu'ils percent ; qui introduisent leurs œufs ou leurs larves dans le nez, la bouche, l'anus ; et lorsque les œufs se développent, ils déterminent des douleurs vives, des convulsions, des troubles de la digestion, et quelquefois perforent presque l'estomac des poulains.

La constitution estivale, c'est-à-dire de l'été, consiste dans la prédominance des fonctions de la peau, de la muqueuse gastro-intestinale et du foie, et du système nerveux. Le sang y est moins abondant et moins riche qu'au printemps, la peau le débarrasse de la sérosité et des sels, le foie des parties grasses. Ce sont les deux seules fonctions actives. Les maladies sont plus graves, plus persistantes qu'au printemps, souvent avec des symptômes ataxo-adynamiques.

Indications. — L'état du sang réclame d'abord les boissons abondantes, fraîches, tempérantes ; il ne faut pas se faire illusion sur les symptômes nerveux qui sont presque toujours précédés ou accompagnés de congestions ; les narcotiques ne doivent donc venir qu'après les dégorgements sanguins. Peu de révulsifs à la peau à cause de son impressionnabilité, il en est de même des purgatifs qui sont indiqués dans les états bilieux apyrétiques.

4° *Automne.*—La chaleur et la lumière si intenses de la saison précédente diminuent successivement. Les jours sont encore chauds, mais les soirées sont humides, les nuits et les matinées sont fraîches, la température s'affaiblit, les pluies et les orages sont fréquents. L'excitation si vive n'est plus entretenue. La peau, jusqu'alors le siége d'une sécrétion abondante, perd de son activité et par contre les différents sécréteurs intérieurs, la muqueuse digestive, les reins, les séreuses, le tissu cellulaire augmentent d'activité : de plus, l'humidité dispose aux vices de sécrétion. Ce refoulement du sang à l'intérieur rend la digestion plus active à mesure que la saison devient plus froide ; et il semble donner même aux animaux une teinte mélancolique.

Les maladies du commencement de l'automne ont encore le cachet de celles de l'été si le passage de cette saison à la suivante est gradué et insensible et que la température se soutienne ; si le changement est brusque, les maladies prennent le caractère de celles de l'hiver. Les maladies de la peau négligées pendant l'été, ou qui ont résisté au traitement, s'accompagnent d'œdématie du tissu cellulaire ; le farcin ou l'éléphantiasis leur succèdent, elles deviennent alors fort tenaces. Les affections catarrhales des conjonctives, du nez, des bronches, s'aggravent et peuvent se changer en morve.

Les affections catarrhales des différentes muqueuses dominent; elles sont toujours remarquables par l'abondance du fluide excrété et sa tendance à la fluidité; celles qui ne sont pas traitées convenablement vieillissent et deviennent chroniques, les ganglions lymphatiques voisins s'engorgent, les muqueuses s'indurent, se ramollissent ou s'ulcèrent. La conjonctivite par exemple, est suivie d'infiltrations, de taches de la cornée; l'ophthalmie se reproduit et est suivie d'ulcération; la diarrhée et la dysenterie sont fréquentes. C'est dans cette saison que le typhus des bêtes à cornes règne le plus fréquemment, parce qu'à l'état catarrhal de la saison se joignent les émanations marécageuses plus abondantes alors qu'à toute autre époque de l'année.

Les mêmes émanations produisent les fièvres gastriques avec horripilation et frissonnement de la peau, suivies de congestions sur le foie et la rate beaucoup moins aiguës que celles du printemps; affections souvent mortelles qui prennent parfois le caractère épizootique. Ces fièvres revêtent une autre forme que le commun des praticiens considère comme une indigestion avec surcharge d'aliments, et qui sont des fièvres typhoïdes, c'est-à-dire des inflammations du tube digestif avec altération plus ou moins prononcée du sang, entraînant la constipation, le séjour des matières alimentaires dans la panse et le feuillet des ruminants, et dans le cours desquels se montrent des exanthèmes gangréneux, dits charbons.

Les affections charbonneuses, toujours remarquables par des symptômes ataxo-adynamiques, et s'accompagnant soit d'ictère, soit de diarrhée, sont généralement des maladies d'automne; et il est à remarquer que les grands ruminants qui avaient été exempts de ces maladies pendant tout l'été, lorsqu'ils habitent sur les montagnes,

en sont atteints lorsqu'on les fait descendre dans les vallées avant de les enfermer dans les étables.

Les maladies de l'automne ont généralement moins d'a-
cuité que celles de l'été ; leur marche est lente , les crises
sont plus rares et moins complètes ; elles se terminent
souvent par des vices de sécrétions, des engorgements ,
des épanchements ; elles deviennent facilement chroniques
chez les animaux pour lesquels les règles de l'hygiène
sont négligées ou qui par la nature de leurs travaux subissent l'influence de cette saison variable. Les convalescences sont longues et les rechutes ou récidives fréquentes.

Indications. Les principales se tirent de la marche , de
la disposition aux vices de sécrétion et de l'état des viscères. Il faut savoir attendre leur résolution sans la hâter
par des moyens trop énergiques, éviter de trop affaiblir
l'économie que la saison précédente a trop stimulée et
qui cesse de l'être, exciter les forces et l'action des organes à l'époque de la terminaison, tenir la peau chaude
et ménager la sensibilité des voies gastriques.

Des Aliments.

Nos animaux se divisent , par rapport aux aliments ,
en deux classes, en herbivores ou granivores et en carnivores ; mais ces différences naturelles dans la manière
de se nourrir sont modifiées par la domesticité , et les
carnivores s'habituent à manger des végétaux, comme le
cheval et le bœuf de la viande ou du poisson.

Magendie a démontré que les principes immédiats ,
c'est-à-dire ceux qui ne se composent que d'une seule espèce de substance, comme la fibrine , l'albumine, la gélatine, le sucre, ne peuvent pas nourrir les animaux. Il
faudrait bien se garder de vouloir appliquer ces expé-

riences aux animaux qui ne vivent que d'une seule espèce de fourrages, comme l'a fait un auteur, parce qu'une plante n'est pas un principe immédiat, et qu'au contraire elle en contient toujours un certain nombre. Du reste il n'est pas d'animal qui ne mange absolument que d'une seule espèce de fourrages. Ainsi ce que Magendie a démontré pour les principes immédiats n'est plus vrai pour les substances qui renferment plusieurs de ces principes immédiats.

Les végétaux par leurs diverses qualités produisent un certain nombre de maladies. Examinons-les successivement :

Le trèfle et la luzerne, pris en vert, avec avidité et en certaine quantité, principalement par les temps humides et pluvieux, lorsque l'eau de végétation y est fort abondante, causent des indigestions terribles pour les grands et petits ruminants et moins fréquemment pour le cheval. Fanés et employés comme fourrages avant d'avoir perdu par la fermentation dans le grenier ou en tas une partie de ce principe âcre qu'ils contiennent, ils irritent le tube digestif; la bouche s'échauffe et rougit, la soif et la constipation s'ensuivent, et des éruptions cutanées se montrent et entraînent la chute des poils sur de grandes surfaces du corps. Ces mêmes plantes sont une cause fréquente d'entérites graves chez les mulets et les mules des pays méridionaux ; de la même maladie et d'indigestions redoutables chez les chevaux de halage du Rhône : dans les campagnes de Lyon, des départements de l'Isère et de l'Ain, elles causent chez les vieux chevaux des constipations et des coliques stercorales souvent mortelles.

Les grains sont fort nourrissants ; leur usage produit la pléthore et des congestions, tantôt vers la tête, tantôt vers les pieds ou sur d'autres parties. Les éleveurs de troupeaux le savent pour la gesse ou jarousse *lathyrus cicera*. L'usage de l'orge fait développer la fourbure, comme l'avaient remarqué Absyrthe et Végèce qui ont donné à cette maladie le nom de hordeatio. Il en est de même du froment et de sa farine.

Les végétaux qui contiennent beaucoup de tannin ou d'acide gallique, comme les jeunes pousses de chêne, procurent de la constipation, des douleurs intestinales, quelquefois la gastro-entérite. Suivant Chabert, les monogastriques en souffrent plus que les ruminants. Les principes résineux que contiennent les feuilles de l'aulne, du bouleau, du peuplier, causent chez les animaux qui pâturent aux bords des fossés ou sur la lisière des bois une hémature plus ou moins grave que Chabert a appelée maladie de brout ou de bois, et Favre, de Genève, hématurie des feuilles. On évite l'hématurie en apaisant la grosse faim des animaux avant de les conduire sur le bord des fossés où croissent les arbres résineux. Le genêt d'Espagne qu'on sait être fort diurétique pour l'homme, produit aussi l'hématurie chez les moutons. Tessier qui a décrit cette hématurie sous le nom de génestade, assure qu'il en meurt jusqu'à un cinquième des troupeaux.

Les végétaux dans lesquels prédominent les parties ligneuses et parenchymateuses, comme on le remarque dans les années de sécheresse, fournissent peu de matériaux nutritifs, aussi le lait des femelles en souffre-t-il, et dans ces circonstances les jeunes agneaux périssent presque tous d'inflammations d'entrailles.

Pendant les années pluvieuses et dans les lieux habituellement humides, la végétation présente un développement remarquable de parenchymes et de ligneux.

beaucoup d'eau et des principes immédiats mal élaborés. Ces aliments sont indigestes et font prédominer la sérosité dans le sang; ils aident avec l'humidité de l'air au développement de la pourriture.

Il est des plantes qui, comme les renoncules, ne contiennent des matières âcres et irritantes que lorsqu'elles ont acquis tout leur développement. Alors, comme l'a observé Brugnone, les moutons pressés par la faim qui en mangent, en éprouvent une sorte d'empoisonnement.

La plupart des plantes qui croissent dans les bois ou dans les lieux ombragés conservent l'acidité qu'elles avaient au commencement de la végétation. Leur usage cause de la diarrhée, de la maigreur, de l'affaiblissement. Il en est de même de la dernière coupe des prés, dite regain, qui pendant les années froides et humides n'éprouvant qu'une dessication incomplète fournit des aliments insipides, lourds et qui causent des indigestions fâcheuses.

Les maladies des végétaux, la rouille, la carie, le charbon, l'ergot, produisent la faiblesse, la maigreur du corps. Les aliments de mauvaise qualité que donnent ces plantes malades engendrent des épizooties, et même des typhus charbonneux. La gangrène que le seigle ergoté détermine chez l'homme est rare chez les animaux, et n'a guère été produite que chez le porc et à titre d'expérience.

Les végétaux éprouvent aussi diverses altérations, soit sur pied par le débordement des rivières ou par des pluies abondantes, soit après avoir été coupés, lors de la fanaison, ou après leur séjour sur un sol humide, dans les greniers ou dans les bateaux. Lorsque la disette force à employer ces fourrages ainsi altérés, on voit se déclarer des toux rebelles, des bronchites et des pneumonites fâ-

cheuses, des indigestions, des inflammations des premières voies ou des affections typhoïdes qui causent l'a-
vortement des femelles et font périr un nombre considérable d'animaux.

Quant aux chairs dont les carnivores font usage , celles
qui proviennent des jeunes animaux, qui sont fades et
gélatineuses, celles qui contiennent beaucoup de sérosité
et qui proviennent d'animaux atteints de pourriture ,
sont peu nutritives, troublent la digestion des carnivores
malades ou convalescents et leur donnent la diarrhée.
Quant au résidu des graisses , dit pain de croton que l'on
est dans l'usage de faire manger aux chiens de garde , il
contribue d'une manière évidente au développement des
maladies cutanées psoriques.

CHAPITRE II.

DES SYMPTOMES ET DU SIÉGE DES MALADIES.

On donne le nom de phénomènes à ces divers caractères que chaque organe et chaque fonction présentent
pendant la santé, et on donne le nom de symptômes aux
modifications que les phénomènes de la santé éprouvent
lorsqu'une maladie s'est déclarée dans le corps.

Il faut distinguer le symptôme du signe. On appelle
signes les conclusions que le praticien tire des symptômes.
Ainsi la peau est chaude et sèche, voilà un symptôme ; si
cette chaleur sèche persiste vers la fin d'une maladie qui
semblait s'amender, le vétérinaire en tire la conclusion
que la convalescence n'est pas près d'arriver et que le

mal quoique diminué persiste. Les symptômes de chaleur et de sécheresse lui ont donné des signes sur la marche de la maladie. On appelle symptomatologie un traité sur les symptômes, et séméiologie un traité sur les signes des maladies. (*Symptoma*, symptôme, *séméion*, signe, *logos*, discours.)

En pathologie générale on ne peut pas traiter des symptômes de chaque organe en particulier, ce serait empiéter sur la pathologie spéciale ; mais on peut rechercher ceux qui appartiennent aux grands appareils nerveux, digestif, respiratoire et circulatoire ; et ceux qui sont fournis par la chaleur et la douleur pour tous les organes en général. C'est ce que j'ai fait.

Par sa position et par la nature de la fonction qu'il remplit, chaque organe présente dans la santé une série de traits distinctifs, lesquels se conservant nécessairement pendant la maladie, donnent les moyens de s'assurer qu'il a éprouvé quelque trouble. Ainsi le cœur dans l'état normal se contracte et se resserre un 40° de fois par minute chez le cheval ; l'oreille appliquée sur la poitrine à l'endroit correspondant, perçoit d'abord la sensation d'un choc, ensuite deux bruits, un premier plus sourd et plus prolongé, un second plus clair et plus bref, puis il y a un instant de repos, après quoi les bruits recommencent. Si le cœur est le siége de quelqu'un des genres de maladies connus, le nombre de ses battements, leur succession régulière, leur force, la nature des bruits, présenteront des changements et des nuances diverses qui s'expliquent par les modifications nouvelles que l'inflammation, les vices de sécrétion, les états nerveux auront imprimées à cet organe. Ces données mettront sur la voie du siége des maladies, ce qui est fort important.

Car le siége fournit aussi des indications très-utiles pour la thérapeutique. Je prends pour exemple une maladie de poitrine. Dans ce cas on sait : 1° qu'il faut éviter les refroidissements, à cause de la sympathie de la peau avec la muqueuse pulmonaire, et au contraire que la sueur est avantageuse ; 2° qu'il faut condamner l'animal le plus possible au repos, pour éviter d'accélérer le passage du sang à travers le poumon; 3° que, par cette raison, la saignée est avantageuse dans cette maladie ; 4° que le tube digestif étant sain on peut administrer par cette voie des médicaments qu'il serait dangereux de faire prendre s'il était malade ; 5° qu'il faut faire autour de la poitrine les dégorgements sanguins locaux ou l'application des révulsifs. Il en est de même des autres organes ; chacun d'eux par sa position, par ses fonctions et ses rapports sympathiques exige des modifications correspondantes dans le traitement.

Avant d'étudier les caractères fournis par les grands appareils cérébro-spinal, respiratoire, circulatoire et digestif, je vais envisager la douleur et la chaleur dans les différentes parties de l'organisme. Comme ce sont deux symptômes communs à la plupart des maladies, et comme les animaux privés de la parole ne peuvent pas nous en indiquer le siége autrement que par le langage d'action, il convient de rechercher les poses, les attitudes et les différences d'expressions faciales, au moyen desquelles il nous est permis de découvrir ce siége.

De la Douleur.

La douleur est un phénomène nerveux dans lequel il faut distinguer trois choses : 1° l'impression éprouvée dans quelque partie du corps ; 2° la transmission de cette impression au cerveau par le moyen des nerfs ; 3° la perception de cette impression par le cerveau. Des causes très-variées peuvent la produire, et pour éviter des répétitions je dirai que les causes que j'ai énumérées comme pouvant développer la fièvre font naître de même la douleur ; d'où il suit, comme je l'annonçais plus haut, que la douleur est un symptôme commun à presque toutes les maladies.

On a distingué diverses nuances dans la douleur : 1° la douleur tensive qui consiste en une sensation de distension, elle s'observe dans les phlegmons ; 2° la douleur gravative ou de pression, qui consiste en une sensation de pesanteur, comme dans les engorgements glanduleux, les collections de liquides et dans la courbature ; 3° la douleur pulsative est caractérisée par des battements correspondants à ceux des artères ; elle arrive au moment de la suppuration ; 4° la douleur pongitive, où il semble que la partie soit traversée en tous sens par un corps pointu. A cette forme se rapporte la douleur lancinante du cancer, et la douleur térébrante où la partie semble percée comme avec une tarière ; 5° la douleur prurigineuse des dartres ; c'est une démangeaison ou une cuisson plus ou moins violente ; 6° la douleur brûlante du charbon et des gangrènes, de l'érysipèle et de certaines dartres, elle ressemble à celle de la brûlure par un fer rouge.

Les animaux ne pouvant pas nous communiquer leurs sensations par la parole, nous ne pouvons constater chez eux que la douleur prurigineuse et la douleur brûlante. La première nous est annoncée par l'action de se gratter à laquelle les animaux se livrent sans ménagement ; les grands en se servant des pieds, des dents et en se frottant contre tous les corps durs ; les petits en employant le bec, les ongles, les griffes. La seconde se caractérise par une rougeur vive de la partie, par la douleur de la cuisson et l'exsudation de sérosité, comme dans certaines dartres, l'érysipèle.

Le siége de la douleur est plus facile à constater que sa nuance; nous avons différents moyens pour cela.

1° L'animal dirige en général son regard vers les parties malades; c'est ainsi que dans les douleurs de ventre il regarde souvent cette région; 2° quand la partie souffrante est libre, la pose que l'animal lui donne, ou ses déplacements fréquents nous mettent sur la voie. Ainsi si un œil ou une oreille sont douloureux, l'animal le témoigne en abaissant sa tête et en la portant sur le côté de l'encolure; ce peut être encore la contusion ou le catarrhe de la corne correspondante; de plus dans l'otite les oreilles sont continuellement agitées. S'il souffre de la partie supérieure de la tête et du cou il les abaisse toutes deux; si c'est de la gorge il porte la tête en avant. Les mouvements continuels de la queue annoncent des œstres dans le rectum et l'irritation de l'organe.

Si un animal tient un de ses membres en l'air, qu'il le déplace souvent, c'est une preuve qu'une des parties qui le compose est en souffrance; de même si un ou deux de ses membres sont posés fréquemment sur le sol en avant des autres. Il faut vérifier le pied, les tendons, les articulations de l'épaule, du bras, du fémur et du coxal. Si un des grands animaux étant debout fléchit fortement ses jarrets pour opérer la défécation, on soupçonne une forte constipation, une entérite chronique ou des douleurs de lombes.

L'action de se tordre le corps et d'abaisser la croupe en même temps, annonce des douleurs de l'intestin ou des reins, des tranchées légères ou des coliques. Celle de se frapper le ventre avec les pieds de derrière indique aussi des douleurs aiguës des intestins.

L'acte de se jeter à terre et de se rouler indique de vives tranchées; il devient fâcheux s'il persiste et fait craindre une rupture du diaphragme, de l'estomac ou des intestins.

3° Le décubitus fournit plusieurs renseignements. Il n'a pas lieu dans les maladies graves de la poitrine. Les chiens qui souffrent du ventre se couchent à plat sur cette région.

Quand l'animal est couché, s'il souffre des pieds, comme à la suite des enclouures douloureuses, de la brûlure de la sole, du panaris, du javart ou de la fourbure, on le voit s'étendre sur un des côtés du corps, le plus souvent du côté sain, quelquefois cependant du côté malade, position défavorable à la guérison. On juge de l'intensité des douleurs par le déplacement fréquent de la partie souffrante, qui est dans une extension permanente, par des soupirs et une respiration plaintive; si l'animal replie ses jambes sous son corps c'est une preuve que la douleur est moins vive.

4° La douleur est exprimée par un état de malaise et quelquefois d'anxiété. L'animal témoigne de la crainte si on approche la main ou si on touche à la partie malade, et même se défend si on la presse. Lorsque la douleur est obscure, une pression forte la développe, l'exagère et provoque des mouvements, des convulsions mêmes, des plaintes, des cris, des actes défensifs. Dans les maladies des viscères de la poitrine et de l'abdomen, la douleur est annoncée par l'éloignement de la crêche, l'abaissement de la tête, un souffle bruyant, des gémissements, de la toux et la pression exercée sur le thorax.

5° On découvre encore la souffrance d'un organe en tenant compte de l'exécution des actes de la fonction qui est troublée. Ainsi c'est lorsqu'il marche , qu'il court, qu'il se lève, se couche ou travaille, qu'on s'assure qu'un des agents de la locomotion souffre.

Pour les sens, leur inaction, ou au moins l'impossibilité de s'en servir ; l'œil est-il enflammé, la lumière ne peut être supportée. Les voies respiratoires sont-elles le siége de la douleur, la difficulté de respirer et la toux se prononcent. Sont-ce les voies digestives, c'est tantôt la mastication, tantôt la déglutition, tantôt la digestion stomacale ou intestinale qui sont troublées, suivant le siége du mal. Alors surviennent , soit la perte de l'appétit et de la rumination, les vomissements , soit les coliques, la constipation , la diarrhée , la dysenterie. Sont-ce enfin les voies urinaires , alors se montrent les douleurs des lombes, la rétraction des testicules, les coliques néphrétiques, la suppression ou la fréquence de l'émission des urines , les érections fréquentes ou le prolapsus du pénis , etc.

De la Chaleur.

La production de la chaleur est entièrement liée à la circulation, ainsi que j'ai eu déjà l'occasion de le dire; c'est la combinaison de l'oxigène de l'air avec le sang qui la produit , et c'est cette combinaison continuelle qui entretient constamment la chaleur du sang au même degré.

Le sang artériel est de 1 degré 1/4 à 1 degré 1/2 centigrade , plus chaud que le sang veineux; sa température est de 40 degrés cent. chez nos animaux ; elle s'élève jusqu'à 42 degrés chez les oiseaux.

Les cavités gauches sont les parties les plus chaudes de tout le corps. La température diminue à mesure qu'on s'en éloigne. L'aisselle est la région la plus chaude à l'extérieur. La température est un peu plus élevée sur le trajet des gros vaisseaux et sur la partie concave des articulations.

Elle est moindre chez les jeunes animaux que chez les adultes , excepté chez le jeune cochon d'Inde qui produit presque autant de chaleur que l'adulte. Ainsi plus la circulation est rapide dans une partie , plus le sang y afflue et plus cette partie est chaude ; mais aussi plus elle est rapprochée de la peau , plus tôt elle perd son calorique à cause de la loi de l'équilibre de température des corps. Par la même raison la chaleur d'une partie ne peut jamais dépasser celle du sang artériel, puisque c'est lui qui est la source de la chaleur. Or la peau qui est continuellement en équilibre avec l'air extérieur, a dans les circonstances ordinaires, une température fort inférieure à celle du sang artériel , mais lorsque le sang vient à circuler très-rapidement et à affluer en quantité dans certains points , la température de la partie augmente en proportion et se rapproche de plus en plus de celle du sang artériel. La température de la peau , des muqueuses à leur orifice donne donc le moyen de reconnaître l'afflux anormal du sang , soit dans le tissu , soit dans les parties plus profondément situées.

C'est à l'aide de la main que l'on fait cette appréciation. Le thermomètre qu'on dit être assez employé en Allemagne, est d'un faible secours. Les parties que l'on peut explorer, sont la peau et la muqueuse du commencement et de la fin du tube digestif. On peut encore apprécier la chaleur des fluides sécrétés , des urines , des fécès ; enfin il y a divers symptômes qui coïncident avec l'élévation de la température.

Mais avant de faire sérieusement cet examen, le praticien doit s'assurer si l'élévation de la température ne vient pas de l'atmosphère, de l'habitation qu'occupe l'animal, de l'exercice qu'il a fait, d'un état de fatigue ou d'agitation causée par la piqûre des insectes, du défaut de sommeil, d'une émotion vive, de mauvais traitements, de la chaleur de la femelle, du rut chez le mâle, toutes causes qui accélèrent la circulation et augmentent la chaleur.

Pour bien juger de l'accroissement, de la diminution et des autres modifications de la chaleur des malades, le praticien doit avoir l'attention de tenir sa main à une température modérée lorsqu'il la porte sur le malade ; il l'appliquera sur diverses parties successivement et principalement sur les extrémités du corps et des membres, comme aux oreilles, au bout du nez, aux jambes et sur les pieds. Il comparera la chaleur de ces parties avec celle de la poitrine, du dos, des reins et du ventre, et toutes ces parties avec la région qui paraît être le siége de la maladie et des symptômes prédominants. La main devra rester appliquée quelque temps comme douze à quinze secondes sur chacune de ces parties, afin qu'on puisse reconnaître si l'impression qu'on éprouve reste la même ou devient différente par le contact prolongé. Ensuite il faut comparer les deux oreilles l'une par rapport à l'autre ; souvent on découvre en elles une différence marquée de température.

C'est ainsi que nous parvenons à découvrir le nombre des pieds malades, celui qui souffre plus particulièrement, ou même la région du pied qui est affectée : l'étonnement du sabot, la retraite, la bleime sèche sont dans ce dernier cas. En général on peut dire que l'inflammation lorsqu'elle est aiguë et limitée, soit dans les tissus sous-cutanés, soit dans les viscères eux-mêmes, peut être reconnue par l'exploration de la température de la région cutanée correspondante. La douleur que la pression développe sert aussi à confirmer le diagnostic porté d'après l'état de la chaleur.

La bouche et le rectum peuvent être explorés aussi. Pour apprécier leur température il faut prendre la peau pour terme de comparaison, en se rappelant cependant que ces parties sont bien plus chaudes qu'elle. La coloration ou la pâleur de la muqueuse aident, pour la bouche plus que pour le rectum, à juger sainement de l'augmentation de chaleur; plus la bouche est rouge, plus elle doit être chaude. La chaleur et la rougeur de la bouche appartiennent à la glossite, à la stomatite et même à l'angine, comme aussi à l'inflammation de la muqueuse du tube digestif, et aux autres phlegmasies accompagnées de trouble général et de fièvre. La muqueuse rectale, outre les signes qu'elle fournit sur l'état de l'intestin lui-même, nous permet de reconnaître encore la cystite et la néphrite; dans la première, la chaleur est surtout vive sur le plan inférieur du rectum et dans la seconde, vers les parties supérieures.

Quant aux produits de sécrétion, les seuls qui nous fournissent des renseignements sont l'air, les urines et les fécès dont la température est plus élevée pendant la fièvre et dans les maladies du poumon, de la vessie et des reins et du gros intestin.

Parmi les différents symptômes qui nous permettent d'apprécier la température de différentes parties du corps, je citerai : 1° les déterminations instinctives ; 2° la transpiration.

1° La soif vive, le refus des boissons tièdes, l'empressement marqué avec lequel les animaux recherchent les lieux frais, l'eau fraîche ou froide, s'exposent à la pluie ou se plongent dans l'eau ; le soin que prend le chien de placer son ventre sur le sol frais de sa loge, s'il souffre du ventre ; tout cela indique l'augmentation de la chaleur à l'intérieur.

2° Il en est de même de la transpiration cutanée et pulmonaire. Les sueurs locales nous instruisent sur le siége des organes souffrants. On voit la sueur être plus abondante sur les parois du thorax dans les maladies de la plèvre et du poumon, plus particulièrement dans les maladies chroniques de ce dernier viscère ; nous voyons la sueur abondante sur le ventre dans le cas de coliques et de cystite ; sur les reins lors de néphrite ; sur le scrotum lors de hernie inguinale; sur les régions scapulo-humérale et coxo-fémorale, après l'exercice auquel nous soumettons, pour les examiner, les grands animaux qui souffrent de ces jointures.

Comme la douleur, la chaleur nous offre quelques nuances à noter. Elle peut persister sans interruption pendant tout le cours d'une maladie ; d'autres fois l'augmentation de la chaleur alterne avec son abaissement, c'est ce dont nous nous assurons en touchant les oreilles et les autres extrémités du corps. Le retour prompt de la chaleur sur le corps ou sur des parties quand ils étaient moins chauds auparavant, porte le nom de bouffées de chaleur. Enfin on a désigné sous le nom d'erratique la chaleur partielle et passagère, qui se fait sentir, tantôt dans un point, tantôt dans un autre (*errare*, varier, se déplacer).

La chaleur peut offrir trois modifications principales qui sont : 1° la chaleur halitueuse ou moiteur ; 2° la chaleur sèche ; 3° la chaleur âcre ou mordicante.

1° La chaleur halitueuse est ainsi nommée de *halitus*, haleine, parce qu'elle est comparée par l'impression qu'elle produit sur la main à la chaleur douce et humide de l'haleine. Elle est modérée, également répandue sur toute la peau, qui est alors dite en état de moiteur. Elle annonce que la transpiration insensible s'opère bien. J'ai traité à propos des forces, de sa valeur comme signe.

2° La chaleur sèche se fait remarquer par une certaine rigidité de la peau, une sorte de raideur du poil et par l'absence de moiteur. Elle est habituelle en santé chez les animaux à tempérament bilieux, comme la précédente chez les animaux à tempérament sanguin. Je ne reviendrai pas non plus sur sa valeur séméiologique.

3° La chaleur âcre ou mordicante est un degré plus élevé de la précédente. Elle a été comparée par un médecin de l'antiquité à la douleur que la fumée produit sur les yeux. Elle annonce le plus haut degré d'intensité des phlegmasies soit cutanées, si la peau est malade, soit viscérales.

Tels sont les principaux renseignements qui nous sont fournis par la douleur et la chaleur sur le siége des maladies. Ils sont d'une grande importance ainsi qu'on a pu le voir; et lorsqu'on s'est bien exercé à comprendre leur valeur, à les reconnaître dans la pratique et à les contrôler l'un par l'autre, on peut parvenir à poser d'une manière précise le siége d'un très-grand nombre d'affections. Quant à la question de savoir quelle est la nature du trouble morbide qu'on observe, si c'est une congestion, une inflammation, un état nerveux, c'est une seconde partie du diagnostic qu'on résoudra au moyen des signes que j'ai donnés dans mon premier volume. Je vais passer à l'étude plus précise des quatre grands appareils : nerveux, digestif, respiratoire et circulatoire.

De l'appareil nerveux.

Il n'y a guère à s'occuper que des symptômes qui mettent sur la voie des maladies du cerveau, les symptômes des maladies nerveuses en général ayant été décrits d'une manière fort détaillée dans le second livre. Il y a deux périodes générales dans ces maladies directes ou indirectes des centres nerveux : une première d'agitation, de convulsion, de sensibilité extrême ; une deuxième de prostration, d'affaissement, de paralysie. Les symptômes nous en sont fournis par le système locomoteur et les organes des sens.

De l'attitude.—Si le cerveau souffre et que le sang soit déterminé vers la tête, on voit les grands animaux prendre un point d'appui sur la crèche et y poser la tête. Mais si des douleurs vives s'y font sentir, ils portent la tête dans le fond de la crèche, rouent leur encolure, et font entendre alors une sorte de respiration bruyante désignée sous le nom de stertor. Suivant le degré ou le siége de la douleur, on voit le cheval élever la tête convulsivement, et s'arcbouter avec force contre le ratelier, le mur, etc.

Quelquefois l'abaissement de la tête, l'impossibilité de la lever pour prendre le foin dans le râtelier indiquent l'existence de l'immobilité, pourvu que l'encolure n'offre aucune lésion des muscles ou des vertèbres, et surtout si en même temps la mastication est comme convulsive et souvent interrompue, en sorte que le foin reste dans la bouche et sorte vers les commissures.

De l'expression.—Une expression qui est propre à toutes les affections directes ou indirectes du cerveau, est celle désignée sous le nom de stupeur. Elle est caractérisée par le défaut d'expression des traits en général et des yeux en particulier. L'animal paraît étranger à tout ce qui l'entoure, n'est occupé de rien et semble être dans un état d'ivresse; cela est propre au typhus, au vertige, à l'apoplexie, au tournis, à la rage-mue.

Du regard.—Il a deux formes générales : A la première se rapportent le regard égaré ou troublé et le regard hagard. Le regard est dit égaré lorsque le malade ne le fixe sur aucun objet, de manière à faire croire qu'il y porte quelque attention; le second a quelque chose de dur et de menaçant, comme on l'observe dans les maladies charbonneuses. A la seconde appartiennent le regard fixe, immobile, et le regard terne où l'œil est mat, sans vivacité, avec décoloration du fond azuré du globe. La première de ces formes correspond à la période d'excitation, la deuxième à celle de paralysie.

De l'œil.—L'injection des vaisseaux de la conjonctive annonce la congestion du cerveau, quand l'œil lui-même n'est pas le siége direct de ce trouble morbide, et s'observe lors des grandes fatigues avec besoin du sommeil, dans l'insomnie que causent les grandes douleurs, dans l'apoplexie, les attaques des maladies convulsives.

Quand le corps clignotant s'épanouit à la surface du globe oculaire qui est retiré au fond de l'orbite, et qu'il en couvre une partie, ce symptôme annonce le tétanos ou l'inflammation du cerveau.

Quant aux mouvements des paupières, la rétraction et le relèvement convulsif de la paupière supérieure se font remarquer à l'occasion des maladies nerveuses, comme le tétanos, l'immobilité, et en général chez les individus éminemment nerveux dès qu'ils sont vivement excités.

Pituitaire. — La forte coloration de la pituitaire,

lorsqu'elle n'est pas malade, indique la direction du sang vers les parties antérieures du corps, et principalement vers la tête.

Lèvres. — Elles sont convulsées ou paralysées. La contraction ou rétraction de la lèvre supérieure ou des commissures a lieu dans le tétanos, le vertige aigu, les affections convulsives. Le spasme cynique et le rire sardonique sont produits par les convulsions des lèvres. Le premier consiste dans la contraction spasmodique d'une des lèvres ; c'est le faciès du chien querelleur ou de l'étalon qui flaire une jument. Le deuxième dépend d'un écartement convulsif des lèvres et des joues qui laisse les dents à découvert, comme quand le mors fait grimacer le cheval.

Comme symptômes de paralysie on a le prolapsus ou relâchement de la lèvre inférieure, et la respiration labiale, dans laquelle l'air sort par la bouche pendant la respiration, parce que les lèvres étant paralysées ne peuvent le retenir dans la bouche. C'est ce qu'en médecine humaine on appelle fumer la pipe.

Je ne pousserai pas plus loin cette analyse des symptômes des maladies des centres nerveux. Ils ont été décrits ailleurs.

Appareil digestif.

Avant de décrire les symptômes de maladie qui nous sont fournis par l'appareil digestif, je vais exposer ses principaux caractères dans l'état de santé.

Pendant l'état de santé, l'appétit se fait sentir, comme chacun le sait, à des intervalles réglés ; l'animal prend ses aliments avec plaisir ; sa soif est modérée. La digestion s'opère librement sans gêne ni douleur ; les matières fécales sont liées, assez consistantes, peu abondantes ; leur excrétion s'opère sans douleurs et à des époques qui ne sont pas trop rapprochées.

Chacun des organes qui composent cet appareil offre un caractère de santé ; les dents sont blanches, lisses, solidement implantées, excepté chez les ruminants dont les dents incisives sont mobiles dans leurs alvéoles ; les gencives fermes, unies, d'un rouge pâle, la surface interne de la bouche est humide et rosée ; l'abdomen est souple et d'un volume proportionné au corps. Or, plus ces différents caractères s'éloigneront de cet état normal, plus nous reconnaîtrons qu'il existe ou qu'il va se déclarer une maladie dans quelque point de cet appareil.

Ayant déjà parlé de la faim et de la soif, je n'y reviendrai pas, et je passerai aux symptômes fournis par la langue, le volume de l'abdomen, et les changements survenus dans les fonctions de l'estomac et des intestins.

De la langue.—Cet organe qui dans l'homme fournit au médecin des renseignements si précieux et si utiles sert peu au vétérinaire. Chez les ruminants où elle est recouverte d'une couche épidermique très-épaisse, et où elle éprouve peu de changements pendant les maladies, elle n'offre par conséquent aucun intérêt. Dans les carnivores et le porc où la peau est lisse et souple comme dans l'homme, on pourrait l'explorer ; mais on a à craindre d'être mordu, et il faut exercer sur l'animal, pour le forcer à ouvrir la bouche, une grande violence qui est plus nuisible pour lui que les renseignements fournis par la langue ne peuvent être utiles.

Les monodactyles sont les seuls à mon avis qui peuvent être observés avec quelque avantage sous ce rapport. Voici la manière d'y explorer la langue. On introduit l'index dans l'espace interdentaire, et on en applique le bout au palais pour inviter l'animal à ouvrir les mâchoires; ou bien on introduit à la fois l'index et le medius dont le premier presse sur la langue et le second sur la voûte palatine ; ou enfin on se sert des deux pouces qu'on applique sur chaque bord alvéolaire, de manière à écarter les mâchoires. La première manière est plus usitée. Lorsque par ces moyens on a fait bâiller le cheval, la langue se trouve à découvert et on peut l'observer; mais on doit éviter de la prendre à pleine main, comme le font certains praticiens, et de la tirer hors de la bouche, parce que cette manœuvre la dépouille de son enduit et lui donne une autre couleur que celle qu'elle avait.

La langue n'est pas avec l'estomac dans un rapport aussi intime chez les animaux que chez l'homme. Aussi sert-elle surtout dans le diagnostic de l'angine. Sa sensibilité, sa tuméfaction, la coloration en rouge de sa base se font observer toutes les fois qu'il existe une angine pharyngée et plus particulièrement celle du fond de la gorge, dite gutturale. Alors elle éprouve une certaine tension et les moindres tractions faites sur elle avec la main font naître des contractions douloureuses des muscles linguaux; le malade se défend et les yeux par leur saillie et leur larmoiement expriment de vives souffrances.

Ces symptômes et surtout l'injection et l'augmentation considérable de volume apparaissent au début des angines violentes, dans l'apoplexie et lorsqu'il y a menace de suffocation.

La rougeur de la langue, surtout vers ses bords et à sa pointe, qui passe pour être un symptôme de l'inflammation de l'estomac, a peu de valeur séméiologique chez les animaux. Elle se montre aussi au début des angines, des bronchites, des pneumonies. Plus tard on la voit diminuer de rougeur et même se recouvrir d'un enduit grisâtre.

Cet enduit est fort abondant dans les fièvres **muqueuses**, surtout quant à l'inflammation de la muqueuse des voies aériennes se joint celle du tube digestif. Mais il y a sans doute alors du côté de la langue ce qui se passe dans tout le reste de l'économie, une sécrétion plus abondante qu'à l'ordinaire. Nous avons vu que le fond de la fièvre muqueuse est un état sécrétoire plus ou moins général avec des congestions dans certains organes, surtout dans ceux de la respiration et de la digestion.

La langue se couvre d'un enduit jaunâtre dans les mêmes cas que la conjonctive et la buccale, lorsqu'il existe un ictère ou une inflammation du foie ou de la partie voisine du tube digestif.

Elle se recouvre plus rarement que chez l'homme de l'enduit noir appelé *fuligo* (suie de cheminée). Cette coloration appartient aux fièvres typhoïdes, aux typhus. En général la langue est sèche et rude à sa surface dans tous les états inflammatoires intenses, elle s'humecte et devient douce au toucher à mesure que les symptômes de ces maladies s'affaiblissent ou disparaissent.

De l'inspection du ventre. — L'abdomen dans l'état de santé a un volume variable suivant les espèces ; il acquiert généralement de l'ampleur et s'abaisse ou s'avale dans la vieillesse ; il est ferme sans dureté et souple sans mollesse dans l'état normal. Nous allons examiner les changements qu'il offre dans les maladies, sous le rapport de l'augmentation ou de la diminution de son volume, de sa tension ou de sa mollesse et de sa sensibilité.

L'augmentation de volume dépend de plusieurs causes :

1º de gaz ; 2º de sérosité ; 3º du gonflement de quelqu'une des parties renfermées dans le ventre.

L'augmentation de volume par la présence de gaz prend le nom de météorisme (de *météôros*, élevé) ; et lorsqu'elle est très-considérable on lui donne le nom de ballonnement. Cette distinction entre le météorisme et le ballonnement d'après le degré de tension, est insignifiante. On dit que le ventre est ballonné, toutes les fois qu'il est distendu par des gaz. On reconnaît les gaz par la percussion du ventre. En appliquant la main gauche à plat sur les diverses régions du ventre successivement, et en frappant perpendiculairement sur elle avec les cinq doigts de l'autre main réunis, on obtient un son clair ; voilà pourquoi on a aussi donné au ballonnement le nom de tympanite (de *tympanon*, tambour). On l'observe dans les indigestions et les inflammations du tube digestif.

Si l'augmentation de volume est due à un liquide , on le reconnaît de la manière suivante : on applique une main sur l'abdomen à sa partie inférieure , et de l'autre main on frappe à une certaine distance ; les liquides jouissant comme on sait de la propriété de transmettre la pression dans tous les sens, la main qui est mise à plat éprouve la sensation d'un choc produit par le liquide mis en mouvement ; c'est ce qu'on appelle la fluctuation et qu'on sent partout où il y a des collections de liquides, comme dans les abcès en suppuration. On peut encore sentir la fluctuation en introduisant une des mains dans le rectum et en percutant les diverses régions du ventre avec l'autre, ou réciproquement ; ou bien encore en imprimant des mouvements au liquide avec la main qui est dans le rectum. Outre la fluctuation , la percussion permet de reconnaître la présence des liquides dans l'abdomen. Elle donne un

son mat, comme celui qu'on obtient en frappant un tonneau plein. S'il y avait en même temps épanchement de
liquides et production de gaz, les premiers étant plus
lourds occuperaient la partie inférieure de l'abdomen où
l'on obtiendrait la fluctuation et la matité, et les gaz plus
légers occuperaient la partie la plus élevée, et les flancs
percutés donneraient le son clair du tambour ou du tonneau vide.

Le liquide qu'on trouve le plus souvent dans le ventre
est la sérosité. Ce peut être, dans quelques cas, du pus ou
du sang. Ces liquides peuvent être libres dans le ventre
ou réunis dans des sacs formés par des adhérences inflammatoires ; c'est ce qu'on appelle des hydropisies enkystées.

Le ventre peut être le siége d'un gonflement partiel. Les
hypochondres sont tuméfiés dans les maladies du foie et
de la rate. Ce dernier viscère fait parfois une saillie très-
remarquable à la partie inférieure de l'abdomen. Les
ganglions lymphatiques du mésentère hypertrophiés ou
remplis de matière tuberculeuse, peuvent faire sur l'un
des flancs une saillie considérable très-distincte au toucher
et quelquefois à la vue dans le chien, et qu'on reconnaît
aisément chez le cheval en introduisant la main par le
rectum. Il en est de même des kystes développés dans le
foie, les ovaires, de la tuméfaction du vérumontanum et,
dit-on, des uretères. Lorsque la vessie est distendue par
l'urine, elle forme une tumeur ronde et saillante qui s'é-
tend, dans quelques cas, jusqu'à l'ombilic. Dans l'espèce
du chien, les intestins sont quelquefois rétractés et forment une boule dure, tantôt placée au-dessous des flancs,
tantôt accolée aux lombes.

Dans tous ces cas, avant de porter un diagnostic, il
faut faire un examen très-attentif, parce qu'il vaut mieux

méconnaître une tumeur que d'en reconnaître une là où il n'y en a pas.

La diminution de volume du ventre a lieu après les violentes coliques, surtout celles causées par le plomb (coliques saturnines); dans la péritonite où il se retire et s'aplatit de haut en bas, dans les courbatures, dans les vives douleurs des pieds lorsqu'elles persistent et dans beaucoup de maladies chroniques.

On dit que le ventre est tendu et rénitent, lorsqu'on éprouve de la peine à le déprimer en pressant avec la main. Cette tension annonce l'inflammation des intestins ou du péritoine. La pression du ventre donne des renseignements sur la plénitude ou la vacuité des intestins et de l'estomac. Le second est trop profondément placé chez le cheval pour qu'on puisse l'explorer ; mais on peut le faire chez les ruminants. Chez eux la panse étant située le long du flanc gauche, on presse avec le poing dans cette région. Si le viscère contient beaucoup de gaz, le poing s'enfonce sans éprouver une grande résistance ; s'il y a des matières alimentaires accumulées, il éprouve plus de résistance, et il laisse son empreinte dans cette masse molle et pâteuse.

La mollesse du ventre se trouve dans quelques cas de névroses intestinales.

La forme du ventre doit être aussi prise en considération. Après la péritonite, il semble s'aplatir de dessus en dessous vers la région des flancs. Dans l'hydropisie il s'arrondit, descend et se dilate sur les côtés en même temps que les flancs se creusent. Dans le gonflement œdémateux de ses parois, il semble s'aplatir en dessous et s'élargir sur les côtés où il forme un bord extérieur plus ou moins saillant.

L'endolorissement du ventre coïncide avec sa tension. Chez les chevaux ou les bœufs, chez lesquels les parois de l'abdomen sont recouvertes inférieurement d'une couche épaisse de graisse, il faut pour développer la douleur exercer une forte pression, soit avec le poing, soit avec le genou; c'est par les contractions obscures des muscles abdominaux qu'on s'assure alors de l'état de douleur du ventre.

Un avantage que nous possédons pour l'exploration du ventre et que les médecins n'ont pas, c'est de pouvoir introduire la main fort avant dans l'intestin et exercer à travers ses parois le toucher des différentes régions de l'abdomen, ce qui nous permet d'obtenir des indications positives sur le siége de la douleur. Par ce moyen nous pouvons apprécier la température de cet intestin et sa sensibilité, celle de la vessie, des uretères, des reins; la forme de ces parties, le volume des ganglions lymphatiques du mésentère; l'état de plénitude ou de vacuité des intestins, de la vessie et de la matrice.

Des changements survenus dans les actes de l'estomac et des intestins.

Du côté de l'estomac nous observons des vomituritions, la régurgitation, l'éructation, le vomissement. Du côté des intestins, les borborygmes, les vents, le gargouillement, les tranchées et les coliques, le dévoiement et ses diverses formes, la dysenterie, les ténesmes, la constipation. Nous allons décrire ces différents troubles des actes naturels.

Les vomituritions consistent en une sorte de vomissement incomplet, avec rejet d'une très-petite quantité des aliments contenus dans l'estomac; les vomituritions ont lieu même chez les animaux qui ne vomissent pas, comme les monodactyles et les ruminants. On les observe chez eux après l'injection des substances qui, comme l'émétique, provoquent le vomissement dans les autres espèces.

Elles accompagnent dans le cheval les indigestions intenses, la surcharge alimentaire de l'estomac qui produit le tournoiement ou vertige, la présence des corps étrangers dans l'œsophage ou dans l'estomac, l'inflammation de la muqueuse gastrique et les affections cérébrales.

La régurgitation est l'acte par lequel des substances gazeuses ou liquides, rarement solides, remontent par gorgées de l'estomac et sortent par les naseaux, sans qu'il y ait en même temps les efforts propres au vomissement. Elle accompagne fréquemment les indigestions avec fort ballonnement du ventre, surtout lorsqu'elles sont anciennes. C'est un symptôme fort grave et qui indique le plus haut degré du trouble de la digestion stomacale, la distension des parois de l'estomac par des gaz et des liquides, la persistance et l'accroissement de l'indigestion. Il se retrouve aussi avec des lésions de l'œsophage et la dégénérescence cancéreuse de l'estomac ou de la caillette. Si avec la régurgitation, on observe des douleurs abdominales vives, l'action de se coucher et de se relever presque aussitôt, de se laisser tomber sur le sol comme une masse inerte, un pouls petit et serré et des tremblements convulsifs, on est sûr qu'il s'est fait quelque déchirure du diaphragme ou de l'estomac.

S'il n'y a pas ces symptômes, la régurgitation quoique annonçant un trouble grave n'est pas constamment suivie de mort. On a vu la guérison avoir lieu.

Elle dépend quelquefois de l'obstruction de l'œsophage par un corps étranger, une pomme de terre, cas mortel si on ne peut repousser le corps dans l'estomac.

L'éructation est l'éruption de gaz qui s'échappent avec bruit par la bouche. Les rots sont toujours involontaires chez les animaux et annoncent la présence de gaz en certaine quantité dans l'estomac. L'éructation est un symptôme des névroses de l'estomac, des inflammations chroniques, de l'indigestion, de la plénitude du viscère.

Le vomissement consiste dans le rejet par les naseaux et la bouche, d'une certaine quantité des matières contenues dans l'estomac, rejet qui est opéré par la contraction du diaphragme et des muscles abdominaux réunis. Il n'a lieu que chez les carnivores où le plus souvent il annonce, soit une indigestion, soit une inflammation simple ou produite par empoisonnement. Les matières rendues sont dans le premier cas, les substances alimentaires peu ou point altérées; dans le deuxième, du mucus mêlé souvent à des vers (fièvre muqueuse); dans le troisième, des matières alimentaires et du mucus avec du sang rouge. Enfin lorsqu'il y a quelque dégénérescence cancéreuse, le sang vomi est noir (melœna), parce qu'il a séjourné quelque temps dans l'estomac où il a été en contact avec les acides du suc gastrique.

Plus les vomissements sont fréquents dans un temps donné, plus l'état de l'estomac est grave. Il arrive souvent que les premiers vomissements sont muqueux et qu'ils deviennent ensuite bilieux et même sanguinolents, sans que pour cela l'inflammation du viscère soit de beaucoup augmentée.

Passons aux symptômes fournis par les intestins.

Borborygmes. — Dans les légers troubles de la digestion, qui sont compatibles même avec l'état de santé, des gaz se dégagent de l'estomac en produisant des éructations; les médecins désignent cet état sous le nom de flatuosités (*flatus*, vent) ; quelque chose de semblable a lieu dans les intestins. On nomme borborygme ce bruit sourd que font entendre, lorsqu'ils se déplacent, les gaz contenus dans le conduit intestinal.

Les borborygmes annoncent en santé, la vacuité des intestins, la lenteur ou la difficulté de la digestion, l'usage d'aliments appelés venteux et le plus souvent le commencement et la fin de la digestion intestinale ; ils précèdent la défécation. Ils sont habituels chez quelques chevaux dont le tube intestinal est peu contractile. Après l'administration des purgatifs, ils annoncent leur passage dans l'intestin et la contraction de ses plans charnus.

D'après cela on voit qu'ils sont favorables dans le vertige, et à la fin des entérites et des gastro-entérites aiguës, parce qu'ils indiquent que le cours des matières a lieu, que l'estomac s'en débarrasse dans le premier cas, et dans le deuxième, que l'inflammation a diminué, la contraction du plan charnu n'ayant pas lieu quand elle est très-intense.

C'est au contraire un mauvais signe que les borborygmes rendent un son aigu, vibrant et presque métallique. Cela annonce la présence de beaucoup de gaz et une grande tension des parois des intestins ; tension qui est due soit à un état nerveux, soit à l'inflammation de la muqueuse ou du péritoine.

Les vents sont produits par les gaz contenus dans les intestins qui, comprimés justement au moment où ils surmontent la résistance opposée par le sphincter de l'anus, se dilatent lorsqu'ils ont franchi ce passage et déterminent un bruit par leur expansion.

En santé, l'expulsion des vents précède toujours la défécation ; lorsqu'elle est fréquente, elle indique un état de faiblesse du tube digestif ou l'usage d'aliments venteux, tels que le trèfle et la luzerne mouillés et échauffés, les choux, l'orge fermentée, le pain moisi. Il est de remarque que les chevaux poussifs rendent plus de vents que les autres.

La sécrétion et l'expulsion des gaz est commune aux indigestions, aux embarras gastriques et intestinaux, aux inflammations gastriques et intestinales. Il est rare que le ballonnement n'existe pas en même temps ; dans les herbivores, la puanteur des vents, dans les maladies déjà nommées, est un signe de la gravité de ces affections.

Dans les coliques, la sortie des vents en certaine quantité est d'un bon signe, parce que les coliques étant causées souvent par le développement des gaz, leur expulsion doit les diminuer.

L'expulsion de vents fétides, lorsqu'il y a diminution de l'appétit, maigreur et sécheresse du poil, annonce une inflammation chronique de l'intestin.

Quant à la nature des gaz, c'est en général de l'acide carbonique dans l'estomac ; un chimiste dit avoir trouvé de l'azote dans la panse d'une vache ballonnée. Dans les intestins, ce sont les gaz hydrogène carboné et sulfuré.

Le gargouillement est un bruit causé par les liquides contenus dans les intestins. Il existe dans l'état de santé, par exemple, chez le cheval qui vient de boire, surtout si on presse sa marche. Il est habituel dans certains chevaux grands buveurs, et il est fréquent de trouver chez eux un ventre ample et avalé. Ce symptôme, quand il ne coïncide pas avec la vieillesse, indique l'existence de la gastro-entérite chronique.

Les coliques sont des douleurs qui, d'après leur étymologie (*cœlica passio*, douleur du colon), ne devraient appartenir qu'au colon, mais qui désignent par extension les douleurs des intestins et même celles de tous les viscères de l'abdomen ; aussi distingue-t-on des coliques hépatiques, rénales, vésicales.

On appelle tranchées des douleurs abdominales vives et occupant un espace assez limité. Ce sont donc de vives coliques bornées à des points circonscrits. Elles indiquent l'existence d'une inflammation, d'une hémorrhagie ou d'une névrose occupant un petit espace des intestins.

La défécation ou excrétion des matières fécales, fournit plusieurs symptômes ; il peut y avoir augmentation ou diminution du nombre des selles.

Le premies cas constitue ce qu'on appelle le dévoiement ou la diarrhée, mots à peu près synonymes, quoique le second semble exprimer un état un peu plus grave. Dans la diarrhée, les excrétions alvines sont donc plus fréquentes et plus abondantes ; on la dit séreuse, quand les matières sont très-liquides et très-abondantes ; muqueuses, quand elles ont plus de consistance et sont mêlées de mucus, comme dans ce que les hippiatres appellent *gras-fondure*. Ces deux états annoncent la maladie du colon, soit une inflammation, soit un vice de sécrétion.

Les anciens médecins appelaient lienterie une diarrhée copieuse de matières, dans lesquelles on trouve les aliments à moitié digérés. L'état des chevaux vuideurs peut être appelé lienterique.

On nomme dysenterie (*dus* difficile, *enteron* intestin) le flux de ventre accompagné de douleurs d'intestin, désignées sous le nom d'efforts ou de ténesmes, et dans lequel les matières contiennent du sang, soit en stries, soit en quantité plus considérable. La dysenterie annonce aussi l'affection du colon. On appelle épreintes ou ténesmes, une envie continuelle de rendre des matières fécales accompagnées de douleur, de cuisson et de tension.

Les fécès qui contiennent de la bile en certaine quantité, indiquent la maladie de l'intestin grêle.

On donne le nom de constipation à l'état dans lequel les fécès sont rendues plus rarement que d'habitude. Lorsque les matières sont consistantes, moulées et marronnées et qu'elles sont rendues sans difficulté, c'est un signe de santé. Cet état est habituel aux animaux qui, après avoir mené une vie active, séjournent dans nos hôpitaux pour des maux de pieds, des fractures, etc.; à ceux qui, passant la belle saison au pâturage, sont rentrés et séjournent pendant l'hiver à l'écurie; à ceux dont on change la nourriture, à qui on donne beaucoup de paille.

Il n'y a vraiment constipation que lorsque les matières sont rendues avec peine ou même qu'elles ne peuvent pas l'être. C'est chez le chien qu'on voit exister cet état au plus haut degré. La constipation est la compagne inséparable des inflammations chroniques de la peau; elle a lieu au début des inflammations du tube digestif; elle annonce la suppression de la sécrétion muqueuse et la moindre contractilité du colon. Elle peut tenir aussi à des affections de la moelle ou à des obstacles mécaniques, une invagination, des masses d'excréments arrêtées dans la portion étroite du colon ou des os dans le rectum.

Appareil respiratoire.

Nous allons parcourir les symptômes fournis 1° par l'inspection des mouvements respiratoires; 2° par ce qu'on appelle les phénomènes respiratoires; 3° enfin par la percussion et l'auscultation de la poitrine.

1° *Inspection des mouvements respiratoires.* —

Dans la santé on compte de 9 à 10 inspirations par minute dans le cheval adulte, et 10 ou 12 dans le jeune; 18 à 20 dans les jeunes bœufs, de 15 à 18 dans les adultes; dans les jeunes moutons de 16 à 17, dans les adultes de 13 à 16; dans le jeune chien de 18 à 20, dans l'adulte de 15 à 18.

Pendant les maladies ce nombre est augmenté ou diminué, et on peut dire d'une manière générale que plus la circulation est fréquente, plus la respiration elle-même s'accélère. Chacun des mouvements respiratoires est lui-même allongé ou raccourci; tantôt ils s'exécutent lentement, tantôt ils se font avec rapidité. C'est ce qu'on appelle la respiration vite et lente. Elle est grande lorsqu'il entre une grande quantité d'air dans les poumons.

La respiration difficile qu'on appelle aussi dyspnée (de *dus*, difficile et de *pnéô*, je souffle), appartient à toutes les affections de la poitrine. Elle en est un des symptômes les plus apparents et les plus caractéristiques. Elle offre diverses nuances que les vieilles séméiologies ont distinguées avec beaucoup de soin, et auxquelles on a donné des noms assez généralement abandonnés.

Lorsque par suite d'une altération organique qui occupe une partie du poumon la poitrine est obligée de se dilater énergiquement pour faire entrer assez d'air dans les portions saines de cet organe, l'animal prend diverses positions destinées à tendre les muscles qui s'attachent à la poitrine et qui opèrent l'inspiration. Il se tient debout et écarte ses membres, orthopnée (*orthos* debout et *pnéô* je souffle); il tend le cou et la tête, respiration haute, sublime.

La respiration peut être convulsive, c'est-à-dire, brusque et saccadée, ce qui arrive en général quand il y a

beaucoup de douleur, comme dans la pleurésie, la pleu-
rodynie ou rhumatisme des parois thoraciques.

Sous le rapport de la régularité des mouvements, on
observe dans la pneumonie que l'inspiration est lente et
peu étendue, tandis que l'expiration est courte et brusque.
Il en est à peu près de même de la pleurésie, où l'on dit
généralement que c'est l'expiration qui est la plus douloureuse.

On remarquera en général que l'expiration est presque
toujours plus facile que l'inspiration. En effet, c'est l'é-
lasticité du tissu jaune élastique des bronches qui est
chargée de l'opérer, et cette puissance étant indépendante
de la volonté et du système nerveux agit toujours de
la même manière. Il n'en est pas de même de l'inspiration qui a lieu par la contraction des différents muscles
inspirateurs sous l'influence du système nerveux, et qui
par conséquent s'affaiblit et s'éteint avec la force de contraction du système locomoteur général.

Une dernière nuance de la dyspnée qu'il faut men-
tionner est la respiration entre-coupée ou soubresautante.
C'est le symptôme pathognomonique de la pousse. La dilatation du thorax a lieu par plusieurs mouvements d'inspiration qui sont convulsifs et saccadés, et son resserrement par plusieurs expirations successives également
saccadées. En santé on observe cette respiration chez les
animaux, comme l'étalon lorsqu'il flaire la jument, et
chez l'homme lorsqu'il pleure.

2° *Phénomènes respiratoires.* — Ces phénomènes
sont le bâillement, l'ébrouement, la toux et l'expectoration.

Le bâillement consiste dans une longue et profonde
inspiration avec écartement des mâchoires suivie d'une

forte expiration qui se prolonge. Les bâillements s'accompagnent des pandiculations, qui consistent dans une contraction involontaire de la plupart des muscles avec
extension et écartement des membres de devant et de
derrière, voussure et abaissement alternatifs du dos. C'est
ce qu'on voit surtout chez les chats.

Ils apparaissent dans la période de frisson d'un grand
nombre de maladies, et coïncident fréquemment avec
l'embarras gastrique.

L'ébrouement consiste en une forte et violente expiration dans laquelle l'air sortant avec rapidité des voies
respiratoires, va frapper les parois anfractueuses des
fosses nasales, y occasionne un bruit remarquable, balaie
la surface de la pituitaire, et entraîne les mucosités ou
autres corps qui peuvent y être appliqués. Il correspond
à l'éternuement de l'homme. L'ébrouement bien sonore
annonce le bon état des forces, et est d'un bon signe dans
les maladies. Il appartient au coryza commençant.

La toux est produite par des expirations violentes,
courtes, sonores et fréquentes. L'air chassé brusquement
des poumons entraîne avec lui les mucosités sécrétées
dans les diverses portions des conduits respiratoires. Elle
est par rapport à la poitrine ce que l'ébrouement est par
rapport aux fosses nasales.

La toux est sèche ou humide : la première a lieu au
début des affections de la poitrine où il n'y a pas encore
de sécrétion ; la seconde appartient à une période plus
avancée.

La toux n'a lieu ordinairement qu'une ou plusieurs fois
de suite, après quoi elle cesse quelque temps. Mais elle
peut revenir par quintes, c'est-à-dire qu'une inspiration
est suivie de cinq à six expirations successives, et la toux

se reproduit rapidement un grand nombre de fois. Elle s'accompagne dans ce cas de larmoiement, de rougeur des yeux, de gonflement des veines de la face, et parfois du vomissement chez les carnivores. La toux quinteuse et suffocante annonce toujours une vive irritation.

Le son de la toux est tantôt aigu, criard, et comme étouffé, comme dans le croup; tantôt il est rauque, sourd, profond et traînant, comme dans la phthisie pulmonaire des grands animaux. Il est une espèce de toux particulière à la phthisie du mouton lorsqu'elle coïncide avec la pourriture, et que les bergers de la Provence connaissent fort bien. C'est une sorte d'enrouement, d'extinction de la voix, avec toux faible, traînée et convulsive.

La toux est idiopathique ou sympathique, elle est idiopathique dans les irritations qui ont leur siége dans les différentes parties des voies respiratoires dans le gosier, le larynx, la trachée, les bronches, les vésicules pulmonaires ou sur les plèvres. La seconde peut avoir pour point de départ l'estomac ou le foie, comme on le voit dans le cours de la maladie des jeunes chiens, et dans les empoisonnements. Elle est sèche et criarde, et accompagnée d'oppression et de vomissements. La toux hépatique est sonore sans être forte, elle est sèche et douloureuse, et coïncide avec la tuméfaction de l'hypochondre droit ou avec l'ictère.

Expectoration (*ex* hors, *pectus*, *pectoris* poitrine.) C'est l'action par laquelle les matières contenues dans les bronches ou la trachée sont expulsées de ces conduits, et portées dans les naseaux et la bouche d'où elles sont rejetées au dehors. C'est par les naseaux surtout qu'elles passent chez les grands animaux, par la cavité buccale chez le chien, et dans quelques cas chez les herbivores, par les naseaux et la bouche à la fois.

L'expuition ou crachement n'a pas lieu chez les animaux, et l'expectoration n'est jamais volontaire; elle succède toujours à la toux.

Les matières expectorées varient suivant la nature et les périodes des maladies. Celles de la bronchite varient depuis le mucus séreux jusqu'au pus bien consistant et bien élaboré, et pour la couleur depuis la transparence jusqu'au blanc, au jaune et au vert. Dans la pneumonie elles sont visqueuses, plus adhérentes, mêlées de stries de sang. Dans la phthisie, elles sont tantôt de couleur lie de vin, chez les grands ruminants; fétides et grisâtres ou roussâtres, et floconneuses chez les monodactyles.

L'expectoration facile, sans mauvaise odeur, est de bon augure; elle doit diminuer peu à peu quand la marche de la maladie est régulière; si elle est supprimée brusquement c'est un mauvais signe. L'expectoration abondante de pus ou de sang, sans presque d'efforts de toux, est un signe fâcheux et annonce la mort.

Avant de passer à l'auscultation et à la percussion de la poitrine, il convient de dire deux mots de la mensuration et de la succussion de la poitrine.

La succussion consiste à secouer la poitrine d'un malade pour savoir s'il y a un épanchement. On pensait autrefois que le liquide ainsi agité produisait un bruit de flot qu'on pourrait entendre. Nous verrons plus loin qu'il ne peut y avoir production de bruit que dans le cas où les plèvres communiquent avec les bronches, et qu'il y a de l'air dans la cavité des plèvres. On sait en effet qu'il n'y a jamais d'espace vide entre le poumon et les côtes; si un liquide est épanché, il ne peut pas se mouvoir dans un espace libre, puisqu'il n'y en a pas ; et s'il ne peut pas se déplacer, il ne peut produire du bruit. Si au contraire il y a de l'air dans les plèvres, le liquide agité peut prendre la place de l'air, et produire ainsi la sensation de flot. La succussion est un vieux moyen qu'on n'emploie plus.

La mensuration a pour objet de s'assurer de l'étendue de la poitrine en général, et de chacune de ses parties en particulier. Un épanchement pleurétique augmente la grandeur d'un côté de la poitrine. Ce cas ne se présente en général que chez les carnivores ; le cheval, à raison de la forme criblée de son médiastin, a presque toujours un double épanchement. Une atrophie du poumon rétrécit la poitrine, parce que les parois thoraciques sont toujours exactement appliquées sur les poumons.

Les variations dans la capacité des parois thoraciques n'ont guère été observées chez les animaux ; il faudrait les conserver long-temps en état de maladie, et c'est ce qu'on ne peut pas faire, si ce n'est peut-être chez les vaches qui vivent fort long-temps avec de graves altérations des poumons. On mesure avec une ficelle depuis la base du garrot jusqu'au milieu du sternum.

J'ai vu des circonstances où un des côtés du thorax était plus étroit que l'autre, sans qu'il y ait eu altération du poumon.Cela se voit chez les jeunes animaux qui par suite d'une maladie sont restés long-temps couchés sur un des côtés du corps,et cette différence est quelquefois tellement sensible qu'on n'a pas besoin de mesurer. J'ai vu tous ces animaux périr quelque temps après de pneumonie ou de pleurite.

3° *Percussion et Auscultation.*

Deux moyens précieux qui ont porté à un degré étonnant de précision le diagnostic des affections de poitrine, sont la percussion et l'auscultation ; le premier, découvert par Avenbrugger, médecin allemand, et employé en France par Corvisart ; le deuxième, découvert par Laennec. MM. Delafond et Leblanc ont eu le mérite de faire connaître aux vétérinaires ces deux méthodes d'exploration, et ils ont parfaitement développé les conditions différentes dans lesquelles se trouvent les animaux, par rapport à l'homme.

Percussion — Elle a pour but d'apprendre si l'air pénètre bien dans le tissu pulmonaire, comme il le fait dans l'état normal, ou s'il n'y pénètre plus qu'incomplètement ou même pas du tout. On sait qu'un instrument fermé de toutes parts, comme un tambour, un tonneau, s'il est vide et ne contient que de l'air, donne un son clair quand on le frappe, et que s'il est plein d'eau, par exemple, il ne rend qu'un son mat. Il en est de même de la poitrine ; dans l'état normal, où l'air y pénètre bien, si on la percute, elle donne un son clair ; dans certaines maladies, l'air n'y arrivant plus, elle donne un son plus ou moins mat, suivant que le poumon est plus ou moins perméable à l'air.

Pour percuter on a employé divers instruments appelés plessimètres (de *plaisso*, je frappe) ; d'autres auteurs vétérinaires les nomment pleximètres ; tels que des rondelles de liége recouvertes d'une lame d'éponge ou de caoutchouc, sur lesquelles on frappe avec un brochoir ; on peut voir dans le *Journal de Médecine-Pratique*, pour les années 1829-1830, la description de ces divers instruments. Ce qu'il y a de plus commode pour les praticiens, est de se servir du poing fermé, en frappant avec la face opposée à celle où est le pouce ; on peut aussi employer les deux mains, l'une étant mise à plat et servant de plessimètre, l'autre étant fermée et frappant sur la première.

On recommande de frapper perpendiculairement aux côtes, et d'éviter les espaces intercostaux, où le son est moins sonore, parce que les os, comme corps solides, sont meilleurs conducteurs du son.

On ne peut percuter qu'une partie de la poitrine, un tiers, suivant M. Delafond. La partie antérieure de la poitrine recouverte par l'épaule, ne peut être percutée; il en est de même de la partie supérieure à cause des muscles forts et nombreux qui y sont logés; enfin, quand on s'approche du cercle cartilagineux des côtes, comme il correspond chez les animaux à l'estomac, aux grosses courbures du colon, au cœcum et à une partie de la panse chez les ruminants, et que ces viscères contiennent souvent des gaz, on obtient une résonnance qui n'est plus celle de la poitrine, mais celle de ces viscères eux-mêmes. Ainsi, en définitive, la région percutable de la poitrine est comprise entre les gouttières vertébrales, le bord postérieur de l'épaule et le cercle cartilagineux des côtes; et il faut se souvenir que le son devient plus clair lorsqu'on se rapproche de cette dernière ligne au moins à gauche, car à droite les fausses côtes correspondant au foie, le son devient moins clair au contraire à mesure qu'on se rapproche de cette même ligne.

Parmi les animaux, le chien est celui dont la poitrine résonne le plus, et les grands ruminants ceux où elle résonne le moins. Aussi est-ce pour eux surtout qu'on a proposé l'emploi des plessimètres. La laine chez le mouton gêne la percussion, il faut l'écarter pour percuter; les animaux gras, ceux à peau épaisse, les jeunes animaux ont une poitrine moins sonore que ceux qui sont maigres, à peau fine et qui sont vieux.

Avant d'essayer la percussion sur les animaux malades, il faut s'exercer avec soin à la faire sur des poitrines bien sonores, pour bien en apprécier l'état normal; et lorsqu'on percute un animal malade, il faut comparer les régions correspondantes des deux côtés de la poitrine. Car bien que les deux côtés n'aient pas exactement la même résonnance, la différence n'est pas telle que cet examen comparatif ne soit très-rationnel et très-utile, comme j'ai eu très-souvent occasion de m'en convaincre dans ma pratique.

La sonoréité de la poitrine est augmentée dans l'emphysème, tandis qu'elle diminue et qu'il y a matité dans le deuxième degré de la pneumonie, dans la pleurésie avec épanchement et dans la phthisie tuberculeuse au premier degré. Dans ces trois derniers cas, l'air n'arrive plus qu'incomplètement dans le poumon, et suivant que la matité est plus ou moins étendue, on peut juger qu'une portion plus ou moins grande de cet organe est malade.

Auscultation. — Elle a pour but de faire connaître les différents bruits qui se passent dans la poitrine des animaux qui sont affectés de maladies des viscères contenus dans cette cavité, c'est-à-dire, du poumon, des plèvres, du cœur et du péricarde.

Laennec a inventé pour ausculter un instrument qu'il a nommé stéthoscope, qui se composait d'un cylindre de bois percé, dans toute sa longueur, d'un conduit qu'on pouvait boucher à volonté pour écouter les bruits du cœur. Cet instrument est généralement abandonné en médecine humaine, au moins dans les hôpitaux; il est fort incommode chez les animaux, et il vaut mieux, sous tous les rapports, appliquer immédiatement son oreille sur la peau. Le stéthoscope n'est conservé que dans les cas où on veut ausculter des points très-limités, comme une oreillette, un ventricule, un vaisseau artériel.

Tous les bruits qu'on entend dans la poitrine, le cœur excepté, peuvent se rapporter à deux espèces : 1° au bruit naturel de la respiration qui est augmenté, diminué ou aboli ; 2° à divers bruits qui se font entendre en même temps que le bruit respiratoire naturel.

1° *Du bruit naturel de la respiration.* — Il est plus fort chez les jeunes animaux, chez ceux qui sont maigres, et à mesure qu'on se rapproche des grosses ramifications bronchiques vers la partie supérieure et antérieure de la poitrine. L'exercice, le tirage, la course augmentent son intensité ; il est produit par la pénétration de l'air dans le tissu du poumon et on le compare au bruit d'un soufflet dont la soupape ne ferait aucun bruit.

Il varie beaucoup chez les divers animaux, et avant de passer à l'étude des altérations de ce bruit, il faut apprécier toutes les variétés qu'il peut offrir dans l'état naturel ; il faut le distinguer des divers bruits qui se passent dans le ventre et dont j'ai déjà parlé ; des borborygmes, du bruit produit par la rumination chez le bœuf et que M. Delafond compare au glou-glou d'une bouteille.

Dans les maladies, ce bruit subit diverses altérations ; 1° Il est diminué dans l'emphysème qui consiste, comme on le sait, dans l'infiltration de l'air dans le tissu cellulaire interlobulaire. Or, le poumon qui est gonflé et qui revient peu sur lui-même, est, par conséquent, peu perméable à l'air ; aussi le bruit respiratoire est-il très-faible, et comme la percussion dans ce cas donne une grande sonoréité, la réunion de ces deux signes permet de reconnaître cette maladie avec la plus grande facilité ; 2° il cesse de se faire entendre dans les hépatisations du poumon, dans les épanchements pleurétiques. Plus l'hépatisation ou l'épanchement sont étendus, plus le bruit respiratoire est suspendu dans une grande partie de la poitrine; mais il continue à se faire entendre dans les portions saines, de sorte qu'on peut aisément limiter l'étendue de l'hépatisation et de l'épanchement. Dans les portions saines, le bruit respiratoire est même plus fort que dans l'état naturel; il semble qu'elles sont obligées de suppléer les parties malades. Ce bruit plus fort qu'on a comparé à celui de l'air poussé avec force dans un tuyau d'airain, a été nommé souffle bronchique, respiration tubaire, parce qu'il se passe dans les gros tubes bronchiques.

Ainsi, le bruit respiratoire cesse dans les portions de poumons hépatisées ou comprimées par un épanchement pleurétique, et il continue de se faire entendre, mais avec plus de force dans les portions restées saines, et alors son intensité plus grande lui a fait donner le nom de souffle bronchique, de respiration tubaire. Si tout un poumon était hépatisé ou comprimé par un épanchement, le souffle bronchique se ferait entendre dans l'autre poumon. Toutes les fois donc qu'avec les symptômes d'une affection de poitrine, le bruit respiratoire sera fort, soufflant, dur, sec, on pourra diagnostiquer l'une des deux altérations anatomiques que j'ai indiquées, l'hépatisation ou l'épanchement. Si maintenant nous mettons la percussion en regard de l'auscultation, nous verrons que la percussion donne un son clair quand le bruit respiratoire est naturel; que quand il diminue, si la percussion donne un son clair, on a un emphysème; mais que s'il y a une pneumonie au deuxième degré, c'est-à-dire, une hépatisation ou bien une pleurésie avec épanchement , on aura un son mat dans tous les points où le bruit respiratoire manquera , et un son clair dans tous ceux où on entendra la respiration bronchique ou tubaire.

2° *Des bruits particuliers qui accompagnent la respiration naturelle*. — Les bruits particuliers qui accompagnent le bruit respiratoire naturel, peuvent se diviser en quatre espèces , suivant qu'ils se passent : 1° dans les vésicules pulmonaires ; 2° dans les bronches ; 3° dans la trachée ; 4° dans des cavités anormales appelées cavernes. On donne à ces bruits le nom de râles.

1° *Des râles vésiculaires*. — Il y en a deux, le râle crépitant et le râle sous-crépitant ; ils correspondent aux deux espèces de pneumonie ; le premier, à celles qu'on appelle franches ; le second, à ces pneumonies des états typhoïdes où, comme nous l'avons vu , le sang n'ayant plus toute sa coagulabilité, s'infiltre dans les tissus et les engoue.

***Râle crépitant*.** — Le râle crépitant se passe uniquement dans les cellules bronchiques , à l'oreille il donne la sensation d'une multitude de petites bulles égales entre elles , dont les parois minces et sèches se rompent subitement en produisant une crépitation analogue à celle que produirait une pincée de sel bien également pulvérisé qu'on jetterait dans le feu.

Voici ses caractères distinctifs : 1° Il est toujours égal ; les petits craquements que l'on entend sont partout de même force ; ce qui est le contraire dans les râles bronchiques dont je parlerai tout-à-l'heure , et dont les différents bruits sont fort inégaux pour la force; 2° il ne s'entend que dans l'inspiration et jamais dans l'expiration; tandis que les râles bronchiques s'entendent également bien dans l'inspiration et l'expiration. Or, il est facile d'apprécier ce qui se passe dans la poitrine pendant chacun de ces deux mouvements, chez le cheval où il n'y a que 10 ou 12 respirations par minute, tandis qu'il y en a de 18 à 20 chez l'homme; 3° il n'éprouve aucune modification après la toux et l'expectoration. Le contraire arrive toujours aux râles bronchiques qui sont produits par le passage de l'air à travers les mucosités des bronches ; lorsque la toux déplace les mucosités, les râles se déplacent aussi ; mais le râle crépitant se fait toujours entendre aux mêmes points.

On ne l'entend que dans une seule maladie, c'est la pneumonie au premier degré. Il apparaît avant que la percussion indique aucun changement dans la sonoréité de la poitrine. Il signale la maladie dès son début, et suivant qu'il occupe plus ou moins d'espace, on peut juger que la maladie a plus ou moins d'étendue.

Lorsque la pneumonie passe au deuxième degré, c'est-à-dire que le poumon s'hépatise, le râle crépitant disparaît, le son devient mat; l'air n'arrive plus dans les vésicules, mais il continue d'arriver dans les bronches, et l'on entend alors le souffle bronchique.

Lorsque la pneumonie se résout, et repasse du deuxième au premier degré, le râle crépitant reparaît avec le bruit respiratoire et la sonoréité, et le souffle bronchique cesse d'avoir lieu.

Ce râle permet de reconnaître toutes les pneumonies, excepté celles qui sont centrales, c'est-à-dire, autour desquelles existe du tissu pulmonaire sain. Dans ce cas le bruit naturel de la respiration couvre le râle crépitant.

Râle sous-crépitant. — Il donne la sensation de bulles plus volumineuses, plus humides, moins égales ; du reste il a les mêmes caractères que le précédent. Il appartient aux pneumonies des états typhoïdes, aux œdèmes, aux pneumonies qui se résolvent lentement, parce que dans ce cas il y a toujours de l'infiltration comme dans les pneumonies des typhus. C'est l'infiltration de sérosité ou d'un sang fluide qui donne au râle cette sensation de bulles humides et inégales.

J'insiste sur ce râle qui est un bon caractère de ces pneumonies qu'on appelle fausses, parce que le sang ne jouit pas de sa propriété de se coaguler pleinement comme dans les pneumonies que, par contre, on nomme franches.

2° *Râles qui se passent dans les bronches.*—Il y en a deux aussi : le râle muqueux et le râle sec.

Râle muqueux.—Il se passe dans les bronches et est produit par l'air qui traverse les matières muqueuses renfermées dans ces conduits. Il ressemble au bruit qu'on produit en soufflant avec une paille dans une solution de savon. L'oreille appliquée sur la poitrine entend des bulles humides, d'inégale grosseur, qui se dégagent et crèvent.

Ce râle caractérise la bronchite, lorsqu'il y a sécrétion muqueuse. Ses caractères sont de se suspendre par moments, lorsque le mucus est déplacé, et de reparaître quelque temps après dans les mêmes points, lorsque des liquides y sont de nouveau sécrétés.

Râle bronchique sec.—Ce râle présente beaucoup de variétés. Tantôt il ressemble à un bruit de sifflement, tantôt au ronflement d'une corde de basse; il peut être grave, aigu, plaintif.

Il paraît se passer dans des tubes qui ne contiennent rien d'humide. Il coïncide toujours avec la sonoréité de la poitrine. On l'entend dans l'emphysème où il donne la sensation d'un sifflement sec, dans la bronchite à son début, lorsqu'il n'y a pas encore de sécrétion muqueuse, et enfin dans certaines bronchites sans sécrétion, et que pour cela on appelle sèches.

Son principal caractère est de se faire entendre surtout pendant l'expiration qui, dans les maladies où on l'observe, est toujours plus longue que l'inspiration. Dans l'inspiration, l'air chassé avec force par la pression atmosphérique force les obstacles que lui opposent soit le gonflement de la muqueuse comme dans les bronchites, soit des liquides très-visqueux, très-tenaces, comme dans l'emphysème. Mais la respiration n'est effectuée que par la seule contractilité des bronches; or, comme leur action est moins énergique que la pression atmosphérique, il en résulte que l'air est expiré plus lentement et avec plus de peine qu'il n'est inspiré.

3° *Râle qui se passe dans les cavernes.*—Le râle caverneux a lieu dans les cavités formées dans le poumon par le ramollissement des tubercules, et communiquant avec des ramifications bronchiques; on l'appelle aussi gargouillement. On entend un bouillonnement limité dans un certain point et permanent. C'est le même bruit que le râle muqueux, mais plus abondant, et non sujet à changer de place.

4° *Râle qui se passe dans la trachée, le larynx et les fosses nasales.*—Le râle trachéal s'entend sans qu'on ait besoin d'ausculter. C'est ce qu'on appelle stertor, ou respiration stertoreuse. Il s'accompagne d'une sorte de gargouillement, de grosses bulles liquides qui s'agitent dans la trachée artère, comme dans une marmite en ébullition. Il s'entend dans certains catarrhes avec sécrétion très-abondante; à un degré élevé, il an-

nonce la réplétion des bronches et une asphyxie immi-
nente. C'est le râle de l'agonie.

Le passage de l'air à travers la trachée donne lieu à un
bruit de souffle qui peut être plus ou moins sec et plus
ou moins analogue au souffle bronchique de la pneumonie au deuxième degré, suivant que la muqueuse est
plus ou moins gonflée.

Dans le larynx il en est à peu près de même, on entend un bruit de souffle ou un sifflement, et s'il y a sécrétion de mucosités, on a le gargouillement comme dans
la trachée.

Les fosses nasales présentent les mêmes bruits, lorsque
leur muqueuse vient à se gonfler ou que quelque obstacle
s'oppose au libre cours de l'air.

Outre ces râles il est deux bruits qui se passent dans
les plèvres, et qu'il est important de noter, ce sont le
bruit de frottement et la respiration amphorique ou bruit
de glou-glou.

Bruit de frottement. — Il se passe entre les deux
feuillets de la plèvre qui frottent l'un contre l'autre pendant les mouvements de la respiration. Il donne la sensation d'un corps qui semble monter et descendre en
frottant avec âpreté contre les parois thoraciques. C'est à
la partie inférieure de la poitrine et contre le bord cartilagineux des côtes qu'on l'entend le mieux.

Il a lieu dans les pleurésies où les deux feuillets des
plèvres n'étant plus lubréfiés et rendus glissants par la
sérosité frottent avec bruit l'un contre l'autre ; et dans
l'emphysème où le poumon étant très-volumineux et revenant peu sur lui-même frotte rudement contre les parois
thoraciques.

Respiration amphorique. — Elle a lieu dans un seul

cas , lorsque la cavité des plèvres contient un liquide, de l'air et communique avec les bronches. C'est dans ce seul cas aussi qu'on a entendu un bruit de gargouillement en imprimant divers mouvements à la poitrine de l'animal.

On dirait en auscultant que l'air pénètre dans un vase large, en terre ou en verre, et dont le goulot serait étroit. M. Delafond qui l'a entendu plusieurs fois , le compare au glou-glou d'une bouteille que l'on vide à plein goulot.

Ce bruit ne s'entend jamais hors des trois circonstances réunies dont j'ai parlé plus haut.

Tels sont les principaux bruits que l'auscultation fait reconnaître dans la cavité thoracique, le cœur excepté. Ceux qui les écoutent pour la première fois n'entendent rien distinctement au premier abord ; tous les bruits se confondent, et l'oreille n'en saisit aucun nettement. Mais à mesure qu'on répète ces tentatives, l'oreille s'exerce et s'habitue à ce nouveau genre de sensations qu'elle finit par bien reconnaître. Au reste , il faut se souvenir qu'on doit, quelque habile qu'on soit , ausculter lentement, à plusieurs reprises , en comparant les régions correspondantes des deux côtés de la poitrine , et en faisant observer autour de soi le plus grand silence.

Du Cœur.

L'étude du cœur ne présente pas un très-grand intérêt chez les animaux , où les maladies de ce viscère sont assez rares. Je vais néanmoins en présenter un aperçu rapide.

Dans la santé on distingue les battements, des bruits du cœur ; à chaque contraction de ce viscère , sa pointe vient frapper contre les parois de la poitrine, comme on peut le sentir en plaçant la main sur l'espace compris entre la sixième et la septième côtes gauches, au dessus du sternum, en arrière du coude. Outre ce battement sensible à la main, on entend en y appliquant l'oreille deux bruits, l'un plus sourd et plus prolongé qui correspond à la contraction des ventricules, un plus clair et plus court qui correspond à la contraction des oreillettes ; après ce deuxième bruit il y a un petit intervalle, après quoi le premier bruit recommence. Ainsi un bruit sourd, un second plus clair et plus rapide, puis un temps très-court de repos, tel est ce qu'on appelle le rhythme des bruits du cœur.

Dans les maladies les battements et les bruits du cœur éprouvent des changements divers.

Des battements.—Leur force augmente par toutes les circonstances qui accélèrent la circulation : l'exercice, la peur, les passions, le travail de la digestion, la fièvre. Elle augmente considérablement dans l'hypertrophie du cœur. Dans ce cas on sent une impulsion très-forte contre les parois de la poitrine, à tel point que souvent ce choc donne la sensation d'un bruit qu'on produirait en frappant sur du cuivre ou sur un métal retentissant ; c'est ce qu'on appelle tintement métallique. Mais l'hypertrophie est très-rare chez les animaux.

Les battements sont forts et désordonnés, c'est-à-dire, se pressent et se suivent avec énergie et sans ordre, dans les inflammations du cœur ou de ses membranes ; dans les typhus, surtout quand des tumeurs gangréneuses se développent dans le voisinage de la poitrine ; dans les violentes gastro-entérites. Souvent chez les grands ruminants ces battements violents tiennent à la présence dans le péricarde ou dans le tissu du cœur d'un corps étranger, comme une épingle, une aiguille à coudre ou à tricoter.

Quand le cœur bat tantôt d'un côté, tantôt de l'autre, que les battements sont faibles et semblent être éloignés de la poitrine, ces signes annoncent un épanchement dans le péricarde, une hydro-péricardite.

Des bruits du cœur. — Ils doivent être examinés sous le rapport de leur éclat, de leur rhythme et de leur nature.

1° *De l'éclat, du retentissement de ces bruits.* — Si les bruits sont clairs, éclatants et l'impulsion faible contre la poitrine, il y a amincissement des parois du cœur. S'ils sont sourds, prolongés avec une impulsion très-forte, il y a épaississement des parois.

2° *Du rhythme.* — Dans les palpitations, dans les hypertrophies considérables, dans les inflammations du cœur, les bruits ne se succèdent pas régulièrement. Tantôt la contraction des oreillettes, c'est-à-dire le second bruit qui coïncide avec elle, semble anticiper sur celle des ventricules, c'est-à-dire le premier bruit; tantôt on n'entend que le premier bruit; quelquefois on entend deux fois le bruit ventriculaire sourd et prolongé qui masque celui des oreillettes; ou bien au contraire on entend deux ou trois fois le bruit plus clair des oreillettes venant après le premier bruit.

3° *Nature des bruits.* — Elle change dans les maladies. Deux bruits principaux se font entendre : 1° le bruit de souffle; 2° le bruit de rape ou de scie. Le bruit de souffle peut remplacer un seul des deux bruits normaux ou tous les deux à la fois. On entend le bruit de souffle dans les cas d'anémie, de pléthore, et dans les inflammations du cœur et de ses membranes. Il n'annonce pas une altération organique.

Mais lorsque ce bruit de souffle au lieu d'être pur, devient rude , bruyant comme le bruit d'une rape ou d'une scie , on peut être sûr qu'il y a une altération organique à quelqu'une des quatre ouvertures du cœur; c'est-à-dire un rétrécissement , une ossification , des végétations , des adhérences qui empêchent aux valvules de fermer complètement l'orifice.

L'auscultation du cœur est du reste fort difficile chez les grands animaux, à moins qu'on ne rencontre une grande docilité et une grande patience ; car il est impossible de songer à les coucher de force , la maladie s'aggraverait par ces efforts imprudents. La position du cœur que recouvre une lame du poumon augmente encore la difficulté de bien percevoir des bruits souvent fort délicats.

Du Pouls.

Je ne reviendrai pas sur ce que j'ai dit à propos des forces en général. Je ne me propose d'étudier ici que la manière de l'explorer et les artères sur lesquelles on se livre à cet examen.

Pour le cheval , on tâte généralement le pouls à l'artère glosso-faciale ou maxillaire interne , dans le contour qu'elle décrit sur le bord de la mâchoire , pour aller se ramifier sur le chanfrein. Dans cet endroit , le vaisseau a un diamètre assez fort; il repose immédiatement sur l'os , où il est à la portée de la main du vétérinaire.

J'ai l'habitude de tâter le pouls en pressant l'artère de dedans en dehors de manière à la rapprocher de l'os , avant qu'elle ne le contourne, et au commencement de son contour.

S'il est impossible de toucher cette artère, à cause du gonflement des parties voisines on peut s'adresser à d'au.

tres. Hartmann assigne l'artère brachiale, à son passage au-dessus de la châtaigne, dans *l'extrémité* antérieure. On peut encore explorer les carotides sur les faces de l'encolure, et l'artère temporale (sous-zygomatique) au-dessus du petit angle de l'œil. Labéreblaine conseille l'artère du métacarpe (artères latérales) à l'un ou à l'autre des côtés du paturon ou même postérieurement. Enfin on a proposé les artères coccygiennes, à la face inférieure de la base de la queue.

Dans le bœuf, on consulte les mêmes artères ; mais la glosso-faciale, chez cet animal, se perçoit plus facilement sur la face externe de la mâchoire postérieure, pourvu qu'on ait soin de déprimer un peu les téguments et de comprimer le vaisseau sur l'os maxillaire. Après celle-là c'est particulièrement à l'auriculaire antérieure, au-devant de l'oreille, qu'il faut avoir recours ; puis aux coccygiennes et à l'humérale, vers le pli de l'avant-bras, là où elle se dirige en arrière du cubitus.

Dans le mouton et la chèvre on peut tâter le pouls à cette dernière artère, mais il vaut mieux choisir l'artère fémorale (artère crurale) dans son trajet à la face interne de la cuisse, près de l'aine. L'artère a un gros calibre dans cet endroit.

On explore le pouls du chien, du chat et du lapin au côté interne de la callosité des deux carpes. Toutefois l'artère fémorale est préférable dans la même région que je l'ai indiqué pour le mouton.

C'est à la face interne des ailes et des cuisses, aux artères humérale et fémorale que l'on s'adresse dans les oiseaux de basse cour.

Quant au porc, ses artères sont si profondément enfoncées sous la graisse, qu'il est fort difficile d'apprécier leurs battements. On essaiera cependant aux carpiennes et aux autres artères des membres, et s'il est impossible d'y trouver des battements on tiendra compte des mouvements de la respiration ou de ceux du cœur.

Vitesse du pouls. — Pour l'état normal Girard a dressé le tableau suivant :

Cheval adulte,	32 à	38	par minute.
Ane,	45 à	48	
Bœuf et vache,	35 à	42	
Mouton,	70 à	79	
Chèvre,	72 à	76	
Chien,	90 à	100	

On sait que les chevaux de race ont le pouls un peu plus fréquent que les autres. Il en est de même pour les chevaux du midi comparés à ceux du nord ; pour les animaux de grande taille comparés à ceux de petite taille ; suivant Labéreblaine la différence entre deux individus de taille fort inégale peut aller jusqu'à douze ou quinze pulsations par minute. Le cœur d'un grand animal devant envoyer le sang plus loin, éprouve plus de résistance et par conséquent met plus de temps pour accomplir sa contraction.

On remarquera du reste que toutes les causes qui augmentent la rapidité de la circulation et dont il a été plusieurs fois question déjà, font varier la vitesse du pouls dans l'état normal.

CHAPITRE III.

Jusqu'à présent nous n'avons étudié que les différences qui existent entre les maladies sous le rapport de la nature, du siége et des conditions générales qui les modifient. Il faut rechercher maintenant ce qu'il y a de commun entre elles.

Si ce quelque chose de commun n'existait pas, il ne serait pas permis de dire, la maladie en général, puisqu'il n'y aurait aucun rapprochement à établir entre les divers états morbides. Mais le rapprochement peut se faire. Les anciens croyaient que toutes les maladies avaient au fond la même nature, parce qu'ils n'avaient saisi que les rapports généraux dont je vais parler et qui appartiennent plus ou moins à toutes les maladies. Si leur opinion n'est pas vraie d'une manière absolue, elle est cependant fondée sur une profonde connaissance des maladies.

En effet une maladie étant donnée, le premier effet qui en résulte c'est la douleur; or la douleur, où existe-t-elle? non pas dans la partie malade, mais dans le cerveau qui reçoit l'impression des nerfs de cette partie. Voilà donc un premier effet qu'on nomme sympathique de (*sun* avec, et de *pathein* souffrir), ce qui veut dire souffrir par suite de la souffrance d'une autre partie.

Après ce premier phénomène sympathique, le cerveau

lui-même n'accomplit plus ses fonctions comme auparavant, pour peu que la douleur soit un peu continue; les sens deviennent plus impressionnables, les yeux supportent avec peine une lumière, et les oreilles des sons, dont ils n'étaient pas fatigués auparavant; la peau est plus sensible au froid et souvent tout l'extérieur du corps est douloureux. Le système locomoteur ne se contracte plus avec la même énergie, la faim est diminuée ; enfin toutes les fonctions qui reçoivent, comme on sait, l'impression du système nerveux ne se font plus de même, parce que l'influence nerveuse sous laquelle elles s'opéraient est elle-même modifiée, et que la douleur du centre nerveux se fait ressentir plus ou moins partout.

Ces sympathies générales sont un des phénomènes fondamentaux communs à toutes les maladies. Portées à un plus haut degré, l'accélération de la circulation s'y ajoute et il y a ce qu'on appelle fièvre.

Outre ces sympathies générales il y en a de propres aux divers organes, ce sont les sympathies spéciales. C'est une 2e série de phénomènes communs aux diverses maladies.

Ce trouble général et sympathique par cela même qu'il met un certain temps à s'établir, met aussi un certain temps à décroître. Il suit une marche régulière, il y a donc encore quelque chose de commun à toutes les maladies, c'est la marche et les terminaisons générales.

Un quatrième phénomène commun aux maladies c'est ce qu'on appelle l'état des forces. Plus l'organisme a de force, plus il y a de chances de guérison pour les maladies quelles qu'elles soient. Moins au contraire les forces sont développées, plus on doit craindre une terminaison éloignée et fâcheuse. Il est donc très-important d'étudier l'état des forces en général.

Telles sont les principales conditions communes à toutes les maladies. Je vais les développer avec soin et je finirai par quelques considérations sur le diagnostic et le pronostic en général.

De la Fièvre.

On donne le nom de fièvre à ces premières sympathies qui sont excitées par des causes diverses sur le système nerveux directement, et par son intermédiaire sur les autres systèmes de l'économie ; néanmoins deux phénomènes principaux la caractérisent ; d'une part l'accélération de la circulation, et de l'autre l'augmentation de la chaleur de la peau ; phénomènes qui ne sont pas tellement inséparables qu'on ne puisse trouver soit un refroidissement de la peau , soit ce qui est plus fréquent des alternatives de chaud et de froid , coïncidant avec une plus grande rapidité de la circulation. M. Andral considère le trouble de la calorification comme le fait fondamental de la fièvre , quoiqu'il y ait des cas , où , comme nous venons de le voir, la chaleur n'est pas augmentée. En général les deux phénomènes se présentent en même temps, et à eux viennent s'ajouter d'autres symptômes du côté de la sensibilité générale de la locomotion , de la digestion, etc, de telle sorte qu'il ne faut pas dire , comme les anciens l'ont fait, que c'est la fièvre qui produit ces divers accidents. Ils sont eux-mêmes les différents éléments dont l'ensemble constitue la fièvre. C'est donc un mot qui exprime une série de phénomènes qui appartiennent à la circulation et à la calorification aussi bien qu'aux diverses autres fonctions de l'économie.

Le mot fièvre vient de *fervor* , chaleur , parce que les anciens pensaient qu'elle était causée par un dégagement intérieur de chaleur. Hippocrate définit une fièvre fort vive par l'expression de *pur*, qui en grec veut dire *feu*. Cependant quelques autres médecins ont fait venir ce nom de *februare*, purifier, parce qu'ils regardaient la fièvre comme le moyen dont la nature se sert pour purifier et nettoyer le corps. Mais ce n'est pas là la véritable étymologie.

Les anciens la considéraient comme la cause de la guérison et de la mort des malades. Ils lui attribuaient dans beaucoup de cas une action bienfaisante. Hippocrate dit que dans les convulsions, c'est un bon signe que la fièvre survienne; qu'alors les mouvements convulsifs cessent le même jour, le lendemain, ou le troisième jour au plus tard. Nous nous expliquerons bien cette opinion sur l'influence salutaire de la fièvre, si nous faisons attention que les différents phénomènes qui la constituent indiquent une réaction du système nerveux, et qu'alors le spasme qui constitue la première période de la fièvre est remplacé par l'expansion du fluide nerveux dans tout l'organisme. Il en est de même des grands typhus où, si la fièvre ne survient pas, l'animal meurt empoisonné en une ou plusieurs heures ainsi que j'ai eu occasion de le dire; tandis que si la fièvre survient, la maladie se prolonge; mais ce n'est pas parce qu'elle se déclare que la maladie se prolonge; la fièvre ne se développe que parce que l'animal a résisté à l'empoisonnement. La fièvre indique donc que le système nerveux développe les sympathies dans les divers organes, ce qui indique l'activité et l'énergie de ce système puisque lorsqu'il est épuisé il ne peut pas produire ces différents phénomènes. On appelle aussi la fièvre une réaction de l'économie, parce qu'en effet le système nerveux excité par une cause quelconque, agit ensuite sur l'ensemble des organes, et en les excitant trouble leurs fonctions.

Nous allons maintenant parcourir fonction par fonction les différents phénomènes dont l'ensemble est appelé fièvre. Nous savons que le cœur est un des premiers à recevoir l'action du système nerveux , action dont le résultat est d'accélérer ses contractions ; le nombre des pulsations des artères est alors augmenté dans la même proportion. Quelquefois les battements du cœur deviennent très-énergiques, et lorsqu'on l'ausculte ils rendent un son métallique. D'autres fois il arrive que quoique le cœur se contracte fortement, le pouls est serré et petit; cela indique que les artères sont pleines de sang, qu'il y a embarras de la circulation , et dans ce cas une saignée rend le pouls plus large et plus plein.

Les contractions du cœur et des artères peuvent au contraire être faibles et molles, et lorsqu'elles deviennent irrégulières et intermittentes, cela indique un trouble profond du système nerveux et une mort prochaine.

Quant à l'augmentation de chaleur, une fois développée elle est le plus souvent permanente et sans alternative de refroidissement; elle peut être de 2, 3, 4 degrés, suivant MM. Becquerel et Breschet ; il arrive souvent qu'avant qu'elle ne s'établisse, la peau reste froide, au-dessous de son type normal. C'est ce qu'on appelle communément un refroidissement, un chaud et froid. Outre l'abaissement de la température, il y a en même temps des frissons, des contractions du pannicule charnu, et souvent un tremblement plus ou moins général et plus ou moins fort. Qu'arrive-t-il alors? Le cœur est dans un état de spasme, il ne se contracte pas et ne se dilate pas amplement comme dans l'état normal ; le sang ne parvient pas à la périphérie en quantité suffisante ; de là le refroidissement ; il stagne par conséquent dans le système veineux et diminue dans le système artériel ; il séjourne dans les parenchymes et les comprime ; de là un état de malaise et d'anxiété. Lorsque le spasme du cœur , quelle qu'en soit la cause , vient à cesser , le sang se répand librement à la surface cutanée ; les viscères n'en sont plus embarrassés ; le malaise, l'anxiété, les secousses convulsives cessent. Si cet état de spasme s'augmente ou est augmenté par des médications imprudentes , le malaise, l'angoisse , les convulsions augmentent et la mort survient. Nous verrons quelle indication en résulte.

Lorsque le refroidissement a cessé , l'accélération de la circulation et la chaleur surviennent, et ils sont d'autant plus intenses que le refroidissement et les frissons ont été plus forts ; en même temps apparaissent plusieurs autres phénomènes que nous allons énumérer.

I° Du côté de la digestion ; la perte d'appétit, la sécheresse de la bouche, la soif. La digestion ne se fait pas ou du moins ne se fait plus aussi bien, lorsque la fièvre dure depuis un certain temps, et qu'elle est un peu forte. Cette perte d'appétit et de soif est pour les médecins physiologistes un signe que l'estomac est enflammé. Il n'en est rien dans le plus grand nombre des cas, il y a simplement trouble sympathique nerveux. Les matières contenues dans l'intestin ou sont retenues ou sont rejetées beaucoup plus rapidement.

2° Du côté de la respiration ; les mouvements de la respiration sont en général augmentés. Ils sont en rapport avec la rapidité de la circulation.

3° Du côté des sécrétions. Les sécrétions sont supprimées dans la première période de la fièvre ; elles se rétablissent ensuite peu à peu. C'est un bon signe qu'elles reparaissent abondamment , pourvu qu'il y ait en même temps du soulagement dans la maladie ; car si sa violence n'en est point diminuée, on peut assurer que la maladie sera de longue durée. La sécrétion salivaire diminuée rend la bouche sèche ; l'urine est moindre, plus rouge, avec des dépôts. Cet état de l'urine est caractéristique dans la fièvre.

4° Du côté de la sensibilité, elle est constamment troublée. Il y a un malaise général très-caractéristique ; il n'est pas aussi facile de le reconnaître chez les animaux qui ne peuvent pas rendre compte de leurs sensations que chez l'homme ; néanmoins, on peut encore le découvrir par divers phénomènes expressifs sur lesquels j'aurai occasion de revenir. Il en est de même de l'endolorissement des membres, surtout aux grandes articulations ; l'homme éprouve des douleurs contuses, ce qu'on appelle une courbature, état par lequel commence souvent la fièvre. Les douleurs à l'épigastre et dans toute la région abdominale peuvent être constatées par la pression. La sensibilité des divers organes des sens est exagérée au point que les stimulants ordinaires causent des impressions douloureuses. L'action de la lumière, des sons, devient pénible, et l'animal recherche l'obscurité et le silence.

5° Du côté de l'intelligence. Les phénomènes de cet ordre, fort apparents dans l'espèce humaine, sont fort obscurs chez nos animaux.

6° Du côté de la contractilité. Un phénomène remarquable est la faiblesse du système musculaire. De même que les sens de la vue et de l'ouïe ne peuvent plus remplir leur fonction ordinaire et ne supportent plus leurs excitants naturels qui sont la lumière et les sons, de même les muscles ne peuvent plus se contracter comme dans l'état normal, et l'animal cherche le repos. Il se passe aussi dans cet appareil diverses secousses convulsives, des soubresauts de tendons, dont les premiers appartiennent à la période de froid, comme nous l'avons vu.

Après avoir parcouru les différents phénomènes connus sous le nom de fièvre, si nous nous demandons quelles peuvent en être les causes, nous reconnaîtrons qu'elles sont très-variées. Tantôt on peut trouver une cause locale, telle qu'une inflammation aiguë ou chronique, celle qui se développe autour des produits accidentels, une congestion, une hémorrhagie, un vice de sécrétion même.

J'ai montré en parlant de cet ordre de maladies, que le développement de masses cancéreuses, à diverses époques de leur existence, était accompagné de fièvres qu'il est fort difficile de reconnaître chez nos animaux, dont tous les phénomènes un peu délicats nous échappent. Il en est de même de certains vices de sécrétions, tels que des flux abondants du foie et des intestins sans inflammation concomitante.

Dans les inflammations chroniques, les suppurations anciennes, dans les désorganisations des produits de sécrétion, la fièvre revêt une forme particulière, et elle est connue sous le nom de fièvre hectique. Cette fièvre est continue, mais elle présente deux redoublements, l'un vers le milieu du jour, l'autre le soir, qui se prolonge jusqu'au matin où il se termine par la sueur.

La fièvre peut survenir par le simple trouble du système nerveux, sans inflammation ou quelqu'un de ces états organiques ; les influences morales telles que la frayeur peuvent la produire. Il en est de même de la marche et de la fatigue. Aucun organe ne paraît particulièrement malade ; il y a un endolorissement général, ce que nous avons nommé une courbature. La suppression brusque d'une sécrétion habituelle, le refroidissement lorsque l'animal est en sueur, par exemple, peuvent quelquefois donner naissance à une fièvre qui dure quelques jours sans qu'aucune inflammation locale ne survienne, et qui tombe ensuite d'elle-même ; mais souvent aussi, il survient ensuite une inflammation.

L'hypérémie générale ou pléthore, c'est-à-dire la surabondance du sang, comme aussi l'anémie peuvent la faire naître. L'altération du sang par des principes délétères absorbés dans les foyers en suppuration et exposés à l'air, dans les tissus gangrénés, ou par des miasmes qui se dégagent du milieu d'écuries étroites où sont entassés un grand nombre d'animaux, ou de matières végétales et animales en putréfaction, en est aussi une des causes les plus puissantes.

Lorsque la cause de la fièvre est localisée dans un organe, les nerfs qui y aboutissent transmettent au cerveau les modifications qu'ils éprouvent, et à la suite desquelles se développent les sympathies de la fièvre. Lorsque c'est l'altération du sang qui la produit, ce fluide agit directement sur le système nerveux avec lequel il est partout en contact.

Des indications.—La fièvre n'est qu'une réaction du système nerveux à la suite, soit de l'impression venue de quelque organe, soit de l'action d'un sang altéré. Si donc la fièvre ne se développe pas après que quelqu'une de ces causes a agi, cela indique que le système nerveux est profondément épuisé, et qu'il ne peut plus exercer d'action sur l'économie. C'est dans ce sens qu'on peut dire que la fièvre, quand elle se développe, est salutaire, parce qu'elle annonce que le système nerveux jouit encore d'une certaine énergie.

D'un autre côté, il peut se faire que la réaction exercée par le système nerveux soit très-énergique, c'est-à-dire, qu'il y ait une fièvre violente ; ces sympathies si vives développées dans les divers organes, et le mouvement si accéléré de la circulation peuvent être causes à leur tour de désordres dans l'intérieur des organes, de congestions, d'inflammations, d'hémorrhagies.

Ainsi, d'un côté la non-apparition de la fièvre lorsqu'elle devrait se développer, d'un autre côté sa trop grande intensité, sont les deux états d'où se tirent les indications. Il est certain que dans le premier cas il faut la faire naître, et dans le second apaiser sa trop grande force. Voilà pourquoi un des plus célèbres médecins qui aient jamais existé, Sydenham, lorsqu'il traitait un malade, ranimait la fièvre lorsqu'elle lui paraissait trop faible, ou la diminuait au contraire lorsqu'elle était trop intense ; lorsqu'elle était ramenée à un degré modéré, il devenait simple spectateur des efforts de la nature, qu'il se gardait bien de troubler par aucun remède donné à contre-temps ; et, se contentant de soutenir les forces par un régime convenable, il attendait sans impatience l'issue que son expérience lui avait apprise être la plus salutaire.

Lorsqu'au début d'une maladie, on a à faire aux symptômes du refroidissement, il faut se proposer de faire cesser ce spasme du cœur, et de rappeler le sang à l'extérieur ; but pour lequel on doit éviter les remèdes stimulants et fort irritants, mais employer les frictions et les fumigations chaudes à la peau, les boissons chaudes et nitrées, le séjour dans des lieux chauds, et l'emploi de couvertures chaudes qui conservent la chaleur du corps. Si au contraire on a à traiter des affections graves, des typhus, c'est par les moyens les plus énergiques qu'il faut exciter la fièvre, puisqu'on sait que la mort est certaine et rapide si cette réaction n'a pas lieu. Ces moyens seront décrits à propos de la médication excitante.

Quand la fièvre est trop violente, l'indication de la combattre est évidente, et se remplit par les moyens dits antiphlogistiques.

Des Sympathies.

Les phénomènes dont je viens de parler sous le nom de fièvre, sont bien certainement des phénomènes de sympathie; mais outre ces rapports généraux que chaque organe malade entretient avec l'économie tout entière, il en a qui lui sont propres avec divers points en particulier. C'est de cette espèce de sympathies, moins générales que les précédentes, que je vais traiter maintenant. Elles appartiennent à toutes les organisations quels que soient la constitution, le tempérament, et se distinguent ainsi de ces sympathies particulières aux différents individus, et qui font que chez l'un le poumon est l'organe le plus impressionnable, et que les sympathies troublent le plus; chez l'autre le foie, le tube digestif, les reins, etc. Je vais les parcourir successivement en traitant des appareils et des tissus du corps animal.

L'organe de la vision a un rapport sympathique remarquable avec le tube digestif, c'est la dilatation permanente de la pupille sous l'influence de vers siégeant dans ces organes.

Les diverses parties isolées les unes des autres dont se compose l'appareil de la locomotion, les muscles et les tissus fibreux, sont si bien en rapport qu'il est rare que leur inflammation, qui est connue sous le nom de rhumatisme, après avoir occupé une région, ne se porte ensuite sur une autre. Dans le rhumatisme avec fièvre presque tout le corps est successivement attaqué, et s'il a commencé par les grandes articulations il se termine ensuite par les petites, et réciproquement.

La peau entretient avec les muqueuses des rapports très-intéressants. Comme organe de sécrétion, c'est surtout avec la perspiration pulmonaire qu'elle est liée ; ainsi quand la peau est en sueur, l'haleine sort moins chargée d'humidité ; c'est le contraire quand la peau est froide. Sous ce rapport les reins suppléent aussi la peau, car dans les temps froids l'urine est plus abondante que dans les temps chauds. C'est par suite de la sympathie qui existe entre la peau et le poumon que la plupart des affections accidentelles des voies aériennes sont le résultat du refroidissement de la peau surtout lorsqu'elle est en sueur. Voilà pourquoi lorsque le poumon est malade, et que sa perspiration n'a plus lieu, la peau est elle-même le siége de sueurs abondantes ; et si dans la phthisie nos animaux présentent moins de sueurs que chez l'homme, cela tient sans doute à ce que chez eux un écoulement catarrhal abondant remplace la perspiration pulmonaire, et peut même être plus considérable. Chez l'homme où cela n'a pas lieu, les sueurs générales et partielles sont un des caractères de la phthisie. Outre le poumon, la peau est encore en rapport avec la muqueuse gastro-intestinale ; et beaucoup d'exanthèmes, d'éruptions érysipélateuses, gangréneuses, etc., se font sous l'influence de maladies de ce tissu.

Parmi les muqueuses nous venons de citer celle du poumon et du tube digestif pour leurs rapports avec la peau. Cette dernière a encore d'autres sympathies plus importantes. Ainsi les sympathies de l'estomac sont très-nombreuses ; nous avons vu en parlant de la fièvre que la perte d'appétit était un des premiers phénomènes des maladies. Broussais les avait singulièrement exagérées, et il croyait même que ces effets sympathiques étaient le plus souvent suivis de l'inflammation de ce viscère, ce qui est faux en général.

Les reins lorsqu'ils sont enflammés déterminent des vomissements. C'est au reste une sympathie commune à l'inflammation du péritoine et à l'étranglement des intestins.

Le foie est dans un rapport singulier avec le cerveau et le crâne ; on a noté depuis long-temps comme un phénomène très-remarquable, et dont on ne peut trouver d'explication qu'en admettant une sympathie, que les plaies de tête étaient fréquemment suivies d'abcès du foie.

Chez la femelle, deux organes, la matrice et les mamelles, sont unis de telle sorte que les irritations de la matrice déterminent toujours le gonflement des mamelles, au moins les irritations légères et en quelque sorte physiologiques. Car au contraire l'inflammation en produit l'affaissement et la suppression de la sécrétion du lait ; c'est même un des caractères à l'aide desquels on reconnaît l'inflammation de la matrice.

Les séreuses ont des rapports d'abord avec les organes qu'elles enveloppent ; ainsi la péritonite cause des vomissements, comme on le voit chez le chien ; la pleurésie produit la toux, l'inflammation des méninges, le délire, les convulsions et le vertige (I). Elles en ont ensuite entre elles ; lorsque l'une est le siége d'un épanchement, les

____

(1) On a fait connaître depuis peu, un nouveau rapport de sympathie morbide entre la plèvre et la synoviale sésamoïdienne dans le cheval. (*Recueil de méd. vétérin. pratique.* Janvier 1840.)

autres finissent par en être également affectées. L'hydropisie du ventre et celle de la poitrine se produisent ainsi
réciproquement. Il en est de même du tissu cellulaire ,
dont le travail sécrétoire s'augmente sympathiquement
dans le même cas. Les reins et la muqueuse intestinale
sont les organes qui , comme sécréteurs, ont le plus de
rapports avec les séreuses. Voilà pourquoi on purge et
on donne des diurétiques pour combattre les hydropisies.
Quant au tissu cellulaire, son hydropisie est en rapport
avec la sécrétion des reins spécialement.

Au reste, Broussais a démontré que les tissus analogues, que les organes pairs étaient liés par des rapports
sympathiques, de telle sorte que lorsqu'une partie de ces
tissus ou un de ces organes est depuis long-temps malade,
les autres finissent eux-mêmes par contracter la maladie.
Ainsi rarement une des parotides est-elle seule enflammée;
l'observation journalière apprend que le suros d'un des
canons (métacarpe ou métatarse) se répète à l'autre canon, et qu'il en est de même pour les produits morbides
de sécrétion qui se développent dans les organes symé-
triques ou analogues.

Marche. — Durée. — Terminaisons des maladies.

On réunit ordinairement ensemble toutes les considérations relatives à la marche, au cours, aux terminaisons,
aux complications des maladies, aux crises , à la convalescence. Tel est l'ordre que suivent MM. Chomel et
Delafond. Ces différents sujets sont unis les uns aux autres
de manière à ce qu'on ne puisse pas les séparer. Mais il
faut remarquer que puisqu'on ne traite que de ce qui est
commun à toutes les maladies, quelles que soient leurs
formes particulières , on doit éviter de parler de marches

et de terminaisons qui sont propres à certaines espèces de maladies seulement : c'est ce que je vais faire comprendre.

On donne le nom de type dans les maladies à l'ordre suivant lequel se montrent les symptômes, à la marche qu'elles suivent. Au reste le mot type, en grec, signifie tout simplement forme. Le type d'une maladie est donc sa forme. On en a distingué sept espèces : 1° Le type aigu ; 2° sur-aigu ; 3° sous-aigu, sub - inflammatoire ou chronique ; 4° continu ; 5° rémittent, 6° intermittent ; 7° périodique. Enfin on range sous le titre de atypiques ou erratiques, les maladies qui n'ont aucune forme distincte.

Comme nous ne devons parler que des types qui appartiennent à toutes les maladies, voyons parmi les huit qui viennent d'être cités quels sont ceux qui réunissent ce caractère. Le type aigu est annoncé par l'apparition de symptômes locaux et généraux alarmants, qui naissent, se développent et se succèdent avec rapidité, alors presque toujours faciles à saisir et à bien constater. Cette définition me paraît inexacte ; le catarrhe est une maladie aiguë, et il n'a pas de symptômes alarmants ; la maladie qui donne lieu au vertige est une maladie aiguë et elle n'est pas toujours facile à saisir et à constater.

Le type sur-aigu ne se distingue que par des symptômes encore plus alarmants. Comme il n'y a là qu'une différence de degré qu'il est impossible de préciser dans la pratique, ces deux types n'en font qu'un en définitive.

Par opposition vient le type chronique, sous-aigu, subinflammatoire caractérisé par une grande lenteur dans la succession des symptômes et par sa durée.

Remarquons que les types aigu et chronique étant fondés non pas sur la marche et la forme de la maladie, mais sur sa durée, c'est dans ce dernier article qu'il conviendrait d'en parler. De plus, en donnant au type chronique le nom de sub-inflammatoire, on regarde donc le type chronique comme appartenant aux inflammations seulement, et alors ni les congestions, ni les vices de sécrétion et de nutrition, ni les états nerveux ne peuvent être chroniques. Cependant les maladies nerveuses sont souvent de très-longue durée, comme l'épilepsie, la chorée et l'immobilité en fournissent des exemples. Je montrerai, en parlant de la manière dont naissent les maladies, que les maladies qui deviennent chroniques reconnaissent presque toujours, pour cause immédiate, une altération de tissu, un produit de sécrétion, un vice de nutrition, et qu'alors elles ont changé réellement de nature. Ainsi une maladie chronique ne diffère pas d'une maladie aiguë, seulement parce qu'elle est plus longue, mais parce que les tissus qui en sont le siége ont subi des altérations ; nous ne pouvons donc pas regarder les types aigus ou chroniques comme appartenant à toute espèce de maladies.

Il n'en est pas de même du type continu qu'on reconnaît à ce que les symptômes de la maladie naissent, s'accroissent, diminuent et disparaissent sans interruption. On a dit que les maladies à type continu sont d'un diagnostic aisé et fournissent des indications curatives faciles à remplir. Or presque toutes les maladies connues chez les animaux étant continues, il en résulterait que leur diagnostic et leur traitement sont toujours faciles. Les praticiens savent qu'il n'en est rien.

Pour moi, le type continu est le seul qui soit commun à toutes les maladies. J'ai montré que les types aigu et chronique appartenaient à quelques espèces de maladies

seulement ; il en est de même de l'intermittent , du rémittent et du périodique. L'intermittence est un phénomène
nerveux, comme je l'ai prouvé dans mon premier volume ;
chaque accès d'une fièvre intermittente peut être regardé
comme une maladie continue. Les maladies intermittentes sont toutes des névroses, et on les guérit par un seul
remède , le quinquina. Ainsi le type intermittent est propre à certaines névroses seulement.

Le type est dit périodique lorsque la maladie , après
avoir parcouru ses périodes, disparaît pendant un temps
indéterminé pour revenir ensuite. Telles sont l'ophthalmie
périodique et l'épilepsie. On s'apercevra facilement que
l'ophthalmie périodique est une maladie continue qui est
ramenée par les causes mêmes qui lui avaient donné naissance , et qui tiennent à l'organisation des parties et aux
circonstances au milieu desquelles les animaux sont placés.
Quant à l'épilepsie elle se reproduit par intervalles, comme
la plupart des maladies nerveuses.

Le type rémittent a été mal défini , lorsqu'on appelle
ainsi les exacerbations , les paroxysmes, les redoublements. Toutes les maladies continues présentent à certaines heures , en général le soir et la nuit , un accroissement plus marqué de fièvre et de douleur , ou d'un autre
symptôme ; c'est ce qu'on appelle une exacerbation, et ce
n'est pas ce qu'on entend communément par rémittence.
On appelle rémittentes , les maladies qui , quoique continues , offrent des accès intermittents, caractérisés par les
trois stades, de froid , de chaleur et de sueur. Ce ne sont
donc en définitive que des maladies continues, pendant
le cours desquelles s'est développé cet état nerveux particulier que nous appelons l'intermittence.

Quant aux maladies atypiques ou erratiques , je n'en

connais pas de décrites. On rencontre bien, dans la pratique, des états dont on ne peut pas bien se rendre compte
et qui paraissent assez difficiles à caractériser ; mais il
faut en accuser seulement l'imperfection de notre diagnostic ; et il arrive souvent que ce qu'un praticien avait mé-
connu, un autre le reconnaît fort bien.

En définitive je ne vois qu'un type qui me paraisse se
rencontrer dans toutes les maladies sans exception; c'est
le type continu avec ou sans exacerbations. Tous les autres
appartiennent à des espèces particulières de maladies, à
des névroses, à des altérations de tissus.... Ils ont été
créés par les anciens médecins qui, comme nous le savons, croyaient que les maladies étaient de même nature,
et pouvaient indifféremment se montrer sous ces diverses
formes. Les connaissances anatomiques ont détruit ces
vieux préjugés.

Cours des maladies.

Si après avoir étudié les types des maladies nous en
examinons le cours, nous rencontrerons là aussi quelques
traits communs ; c'est d'avoir un commencement et une
fin ; quand elles commencent les symptômes par lesquels
nous les reconnaissons, et les altérations anatomiques ou
chimiques des tissus et du sang qui les constituent, augmentent successivement de gravité; quand elles finissent,
les symptômes et les lésions suivent une marche contraire
et décroissent. En général, quand les maladies sont arrivées à leur plus grande intensité, au lieu de diminuer tout-
à-coup, elles restent quelque temps au même degré, sans
paraître ni augmenter ni diminuer ; c'est après ce temps
d'arrêt que l'amélioration se montre, ou qu'au contraire
un état pire survenant, la mort a lieu. On appelle phases ou

périodes ces temps d'augmentation, d'arrêt et de décrois-
sance, et elles ont été désignées par les anciens sous les
noms de période d'augment ou de progrès, d'état et de
déclin.

Quelques auteurs ont admis deux autres périodes : une
appelée d'invasion et l'autre d'incubation. A la première se
rapporte ce qu'on appelle les prodrômes, c'est-à-dire les
phénomènes précurseurs, les frissons, la lassitude, la faiblesse, la perte d'appétit, qui annoncent le début d'une
maladie, symptômes qui dans la variole durent trois ou
quatre jours. La seconde est propre à certaines maladies
qui reconnaissent pour cause un virus particulier comme
la rage, la variole ; depuis le moment où le principe dé-
létère est introduit dans l'économie jusqu'à celui où la
maladie éclate, il s'écoule un temps variable qui dans la
rage peut s'étendre jusqu'à 40 jours et plus, et qui a reçu
le nom de période d'incubation, par analogie avec ce qui
se passe dans l'évolution de l'œuf.

Les trois périodes d'augment, d'état et de déclin, ne
sont pas faciles à distinguer même dans les maladies continues fort régulières ; il est au moins souvent fort difficile
de préciser le jour où commence le déclin, sans parler
de la période d'état qu'il est à peu près impossible de bien
séparer de la période d'augment. Ce ne sont donc que
des à-peu-près que l'on peut obtenir dans la pratique, à
moins que l'on ne soit fort exercé.

Terminaisons. — La période de déclin comprend les
diverses terminaisons des maladies qui sont : la guérison,
la mort ou le changement en une autre maladie. Ce sont
là en effet les seules terminaisons communes à toutes les
maladies ; la délitescence et la résolution qu'un auteur
vétérinaire place ici, n'appartiennent qu'à la congestion ou

à l'inflammation et n'offrent par conséquent rien de général. Je reviendrai plus loin sur les terminaisons des maladies ; je ne voulais que les indiquer ici.

Durée. — La durée des maladies est l'espace de temps
compris entre le début et la terminaison. Il est assez difficile de la calculer d'une manière un peu rigoureuse pour
deux raisons : la première est qu'on ne peut pas déterminer
aussi aisément qu'on pourrait le croire, l'instant précis de
l'invasion ou de la guérison. L'incertitude d'une seule de ces
deux époques ne permet donc qu'un calcul approximatif.

La seconde vient de la manière dont on compte les
jours en médecine. Les uns , avec Hippocrate , comptent
pour un jour l'intervalle de temps compris entre l'invasion
et le premier coucher du soleil , quelle qu'ait été l'heure
de l'invasion ; ils comptent les jours suivants d'un lever
du soleil à l'autre. D'autres veulent que chaque jour soit
de 24 heures , et qu'il se termine à l'heure où l'invasion a
eu lieu. La première méthode est préférable.

Ce serait ici, et non à propos du type des maladies, qu'il
faudrait parler de l'acuité et de la chronicité. J'y reviendrai plus tard. Il suffit de dire que les nombreuses déno-
minations imposées aux différences que présentent les maladies sous le rapport de la durée , comme celles d'éphé-
mères proprement dites et prolongées , de très-aiguës,
et de sub-aiguës, ne sont plus employées aujourd'hui.

En résumé , nous avons vu que la seule forme commune à toutes les maladies était la forme ou type continu
avec ou sans exacerbations ; qu'on y distinguait trois périodes caractérisées : la première par l'augmentation progressive du mal , la deuxième par sa plus grande intensité, la troisième par sa diminution progressive ; que les
terminaisons générales étaient la guérison , la mort ou le

changement en une autre maladie; et enfin que la durée est assez difficile à bien calculer.

Tel est le résumé des notions fournies par les traités classiques de pathologie, qui se composent, comme on le voit, des vagues généralités de la vieille séméiologie. Les connaissances modernes nous permettent de pénétrer plus avant dans la question, et de nous rendre compte physiologiquement de tous ces faits sans liaison et sans explication, qu'on s'est contenté de reproduire dans les traités les plus modernes, et dans la médecine de l'homme.

Du mécanisme de la maladie en général.

Nous avons vu le rôle que le système nerveux jouait dans l'organisme, comment il était chargé d'établir les rapports entre les divers organes, de manière à ce que rien ne fût isolé; et comment en outre c'était lui qui portait dans chaque partie le sentiment et le mouvement, qui y excitait les sécrétions et les nutritions, et enfin qui agissait soit sur le cœur, soit sur les diverses parties du système circulatoire; de sorte que le système nerveux est l'intermédiaire obligé de tout ce qui se fait dans le corps et le moteur apparent de l'organisation. Si donc nous faisons attention à ce qui a lieu dans les fonctions pour l'accomplissement desquelles le concours de la volonté est nécessaire, nous verrons que le concours de la volonté est sollicité par une sensation. Ainsi dans la digestion il faut d'abord que l'animal prenne les aliments, les mâche et les avale; une fois introduits dans l'estomac, ils sont soumis aux lois de la digestion que rien ne peut modifier; mais avant de pénétrer, il a fallu l'emploi des muscles soumis à la volonté pour les prendre, et les faire arriver jusqu'au pharynx. La sensation de la faim est destinée à avertir l'animal qu'il faut fournir à la digestion ses matériaux nécessaires ; de même pour la soif, de même pour la respiration qui est précédée de la sensation si pénible du besoin d'inspirer, pour la défécation et l'expulsion des urines. Les sensations sont donc comme des sentinelles chargées de prévenir l'animal.

Il faut se représenter qu'il en est de même pour toutes les parties dont se compose le corps. Quoiqu'elles n'aient pas besoin de la volonte, elles ont besoin de l'influx nerveux qui y active le cours de la circulation, de la nutrition, des sécrétions, etc. Il y a donc dans toutes les parties quelque chose d'analogue à ces sensations qui avertissent la volonté, avec cette différence que comme le concours de cette dernière est inutile, l'animal n'a pas la connaissance de ces espèces de sensations qui sont perçues par le cerveau lui seul, et qui ne parviennent pas jusqu'à l'intelligence. Ces sensations confuses qui partent de toute l'économie, arrivent au centre nerveux qui renvoie à chaque partie la quantité de fluide nerveux nécessaire à l'accomplissement de ses fonctions. Comme le cours du sang est sous l'influence du système nerveux, la même opération distribue partout la quantité nécessaire de sang.

Dans la santé, l'équilibre existe entre ces diverses forces, qui, résidant dans chaque partie, appellent incessamment le fluide nerveux et le sang ; on peut donc les considérer comme une série de poids d'inégale grosseur, qui, mis aux deux extrémités d'un levier, sont cependant distribués de telle sorte que le levier ne penche ni d'un côté ni de l'autre. On peut encore les comparer aux attractions qu'exercent les corps célestes, qui, quoique extrêmement nombreux, se maintiennent cependant dans une série régulière de mouvements et de rapports. Mais

que par une cause quelconque un de ces organes vienne à
éprouver quelqu'une des formes morbides que nous connaissons, qu'arrive-t-il? Nous l'avons vu, le système nerveux recevant l'impression de la douleur, produit d'abord
ces sympathies générales connues sous le nom de fièvre,
puis les sympathies particulières, c'est-à-dire, que les
différents organes deviennent inhabiles à remplir leurs
fonctions, à mesure que la maladie fait des progrès. Pendant ce temps qu'on appelle la période d'augment, les
fonctions sont de plus en plus difficilement opérées. Cependant ce besoin que nous avons vu résider dans les
organes continue à se faire sentir. Il agit sur le centre
nerveux pour solliciter son excitation habituelle, et peu
à peu il tend à rétablir le cours régulier et naturel du
fluide nerveux.

Voici donc deux mouvements généraux dans l'économie : d'abord le système nerveux est de plus en plus
troublé ; les divers organes ne recevant plus leur excitation normale, suspendent de plus en plus complètement
leurs fonctions, jusqu'à ce que leur attraction l'empor-
tant, l'équilibre de la santé finit par se rétablir. C'est ce
que j'ai déjà fait comprendre à propos de l'inflammation
et de la congestion, dans lesquelles un organe se met en
quelque sorte en opposition avec le reste du corps ; le
sang et le fluide nerveux y affluant en plus grande quantité, et diminuant par conséquent partout ailleurs, ce
besoin et cette attraction que je viens d'expliquer, finissent par opérer un mouvement en sens inverse, et par
ramener le fluide nerveux et le sang dans leur distribution
normale.

Ce besoin et cette attraction des organes pourraient
s'appeler la révulsion naturelle ; celle que nous opérons

avec les moyens de la thérapeutique n'est, comme on le voit, qu'une imitation des procédés de la nature. Cette révulsion naturelle n'est point une théorie inventée à plaisir; la pathologie le prouve. Où, en effet, les maladies sont-elles le moins graves et le plus tôt terminées, si ce n'est chez les animaux forts et robustes, dont toutes les parties sont saines et actives? Où sont-elles le plus dangereuses, si ce n'est chez ceux qui sont faibles et épuisés? Voilà pourquoi les congestions et les inflammations qui ont lieu dans les convalescences, par exemple, chez les animaux affaiblis, sont longues et dangereuses, et se résolvent difficilement malgré tous nos efforts, parce que la révulsion naturelle ne s'exerce pas. Rien ne contrebalance l'irritation qui appelle le sang dans la partie; le mouvement de réaction qui doit rendre aux deux fluides leur cours régulier n'a pas lieu, faute de forces dans les organes.

Si cette théorie fondée sur les faits est bien comprise, elle va nous donner une manière simple et rationnelle d'expliquer un grand nombre de choses qui paraissaient obscures auparavant. Elle nous apprendra d'abord que les maladies doivent avoir nécessairement quelque chose de régulier dans leur marche, puisque leur marche est fondée sur cette réaction de diverses parties de l'économie.

Cette théorie nous explique comment les maladies doivent tendre à se guérir d'elles-mêmes par la constitution même du corps; c'est ce qui me faisait dire que les prétentions des écoles solidistes et humorales, qui croyaient pouvoir attaquer directement la nature même des maladies, étaient inadmissibles. Elle nous explique comment on les guérit avec les systèmes les plus opposés et les méthodes de traitement les plus diverses, pourvu qu'on ne contrarie pas trop ce mouvement naturel et régulier ; comment toutes nos méthodes thérapeutiques ne sont qu'une imitation de celles de la nature ; que les purgatifs, par exemple, sont destinés à augmenter la révulsion naturelle des intestins, les diurétiques, celle des reins, les révulsifs cutanés, celle de la peau ; comment enfin la doctrine pratique d'Hippocrate est la seule vraie, la seule en rapport avec les vraies théories ; c'est au reste ce que je montrerai mieux en parlant des crises.

Des Crises.

Ce retour vers l'équilibre de la santé, qui a lieu au déclin des maladies, peut se faire de deux manières : ou bien d'une manière lente et graduée, c'est ce qui arrive dans plus des deux tiers des cas ; ou bien au contraire d'une manière brusque et rapide. Et alors il arrive que les organes malades étant en peu de temps débarrassés, la rentrée brusque dans la circulation soit du sang, soit du fluide nerveux dont le cours se dirigeait d'abord vers les points malades, produit une de ces espèces de pléthores accidentelles dont j'ai parlé à propos des congestions, et qui vient se terminer sur quelqu'une des parties du corps sous diverses formes, en produisant en même temps ces symptômes généraux que nous avons vus exister dans les hémorrhagies spontanées, et qui ont été désignées sous le nom de *molimen hemorrhagicum.* Ce trouble général s'ajoutant à celui de la maladie, donne plus d'intensité aux symptômes, et la fait paraître plus grave dans le moment. Une fois que le trouble général appelé crise, s'est localisé en quelque point, il s'y fait un travail particulier qui en annonce la terminaison , et qu'on appelle lui-même phénomène critique.

Ainsi les crises sont des changements qui surviennent dans le cours des maladies soit en bien , soit en mal ; je dis en mal parce que le nouveau travail suscité par la crise peut être plus grave que la maladie primitive , et amener la mort.

Voici les tissus où on observe le plus fréquemment des crises , et les phénomènes critiques qui les constituent. Ces tissus sont dans l'ordre suivant : les muqueuses, la peau , les glandes, le tissu cellulaire , les séreuses et le système nerveux. Les phénomènes critiques sont : des exhalations de mucus, de sang , des aphthes , la sueur, l'érysipèle, les dartres, l'anthrax et les charbons symptomatiques , le flux de bile , d'urine , de lait , le gonflement du tissu cellulaire qui entoure les glandes , des œdèmes, des abcès , les hydropisies des séreuses qui sont en général fâcheuses , les douleurs vives le long du trajet des nerfs.

On sait qu'Hippocrate avait pensé que les crises se faisaient certains jours de préférence , comme les 7e, 14e , 20e, 28e, 34e et 40e jours, c'est-à-dire, à la fin de chaque septenaire. L'expérience semble avoir prouvé qu'en effet les crises sont plus fréquentes ces jours-là ; mais on a encore besoin de recherches nouvelles pour fixer cette question qui a été tant débattue dans ces derniers temps. Hippocrate avait admis aussi que les flux critiques, que le pus des abcès par exemple, contenaient la matière morbifique qui, suivant lui, était la cause de la maladie. Nous savons qu'il n'y a de principes étrangers introduits dans le corps que dans les maladies générales par altération du sang , et comme c'est précisément aussi dans ces maladies que les phénomènes critiques sont le plus fréquents, on serait porté à croire que les miasmes portés dans le sang en sont évacués par ces moyens, et que l'opinion d'Hippocrate est vraie pour ces maladies ; et cela d'autant plus, qu'il y a certains organes qui semblent en rapport avec certaines substances. Ainsi, les substances volatiles, l'alcool, le camphre, sont rapidement éliminés par les voies respiratoires, l'hydrocyanate de potasse par les reins, les principes miasmatiques, par le tube digestif. Mais il n'y a pas d'expérience qui prouve directement que les principes délétères, qui sont les agents de l'altération du sang, sont expulsés du corps par les flux critiques seulement, plutôt que par tous les sécréteurs à la fois.

Des Forces.

Si nous nous demandons maintenant à quelles conditions est liée cette révulsion naturelle, en vertu de laquelle chaque organe tend à rétablir ses fonctions habituelles, nous verrons que plus un organe est fort, c'està-dire volumineux et actif, plus il exerce cette attraction qui appelle en lui le fluide nerveux et le sang. C'est ce qui nous amène à étudier ce qu'on appelle les forces dans le corps animal, question des plus importantes en pathologie, puisque c'est la considération de l'état des forces qui fournit au praticien le plus grand nombre des indications sur lesquelles il fonde son traitement.

On donne le nom de force à l'énergie plus ou moins grande, avec laquelle chacun des organes du corps animal remplit la fonction qui lui est départie. On dit que l'estomac a de la force lorsque la digestion s'opère facilement, rapidement, sur toute espèce d'aliments ; le cœur a de la force lorsqu'il se contracte et chasse pleinement le sang de ses cavités, que le pouls est large et ferme, que les tissus sont bien colorés; le système musculaire a de la force, lorsque tous les mouvements s'exécutent aisément et librement, etc. On appelle *ensemble des forces* ce bon état de toutes les fonctions de l'organisme; et forces générales, le bon état des grandes fonctions qui appartiennent en quelque sorte à tout l'organisme, comme la sensibilité, la contractilité, la circulation et la calorification.

Voici les principaux signes auxquels on reconnaît le bon état de l'ensemble des forces. Une pose de la tête, du corps et des membres, qui se rapproche le plus possible des habitudes de la santé, pendant le repos et la marche, de la facilité à exécuter les allures auxquelles on soumet les malades pour les explorer; cette pose et ces mouvements doivent avoir lieu avec la certitude des membres et une certaine activité musculaire, avec un faciès qui n'exprime pas la gêne et la souffrance dans l'exécution de deux des fonctions principales, la respiration et la circulation; une certaine activité de la digestion, une coloration des tissus se rapprochant de celle de la santé, une température égale et uniformément répandue sur toutes les parties du corps; enfin, le pouls peut toujours indiquer avec précision le degré de force des malades; ses caractères sont d'être plein, grand, ferme et modérément fréquent.

Le contraire de la force est la faiblesse qui est de deux espèces, la faiblesse directe et la faiblesse indirecte. La faiblesse directe a lieu, lorsqu'il y a réellement affaiblissement dans l'énergie des différentes fonctions, soit qu'il résulte de pertes de sang, d'une nourriture insuffisante ou de mauvaise qualité, ou de la maladie d'un organe qui produit à la longue l'appauvrissement du sang, ou d'une altération du sang. Elle se reconnaît à l'absence des caractères de la force, en outre, à des nuances particulières qui sont : l'abattement, l'accablement, l'affaissement, la langueur et l'épuisement. J'y reviendrai tout à l'heure.

La faiblesse indirecte est appelée aussi oppression des forces, parce qu'elle n'est qu'apparente ; elle arrive lorsqu'il y a une congestion ou une inflammation violente de quelque organe important, le cerveau, le poumon, le cœur, l'estomac; le pouls est petit et serré, l'animal est accablé et abattu. Mais sous l'influence d'une ou même de plusieurs saignées, on voit le pouls devenir plus grand et moins fréquent, l'état d'accablement diminuer et l'animal devenir réellement plus fort, c'est-à-dire, avoir des mouvements plus aisés, des sens plus actifs et plus libres ; si, au contraire, la faiblesse est directe, les saignées ne font que l'augmenter de plus en plus.

Puisque c'est par la révulsion naturelle que les maladies se guérissent, et puisque cette révulsion se fait d'autant plus activement que les forces sont meilleures, il est doublement utile d'étudier dans les diverses fonctions, les différents changements que les forces peuvent subir et les signes qui les manifestent. On pourra juger par là de la gravité ou de la bénignité des maladies, et en second lieu, soutenir ou déprimer les forces, suivant que l'indication s'en présentera. Je dis qu'on peut juger de l'intensité des maladies par l'état des forces, c'est-à-dire, par la manière dont les fonctions s'exercent. En effet, si la maladie, quelle qu'elle soit, est fort grave, le système nerveux est fortement troublé, les fonctions des différents organes qui, comme nous le savons, sont toutes sous sa dépendance, ne recevant plus leur excitation normale, se suspendent. Nous l'avons vu à propos de la fièvre, les sécrétions se suspendent, les urines sont rares et claires, la bile ne coule pas, le mucus intestinal n'est pas fourni et il y a constipation; la peau est sèche, l'appétit se perd, les mouvements sont difficiles, le corps douloureux, les sens incapables d'un exercice un peu soutenu. Plus la maladie est grave, plus le système nerveux est troublé, plus les diverses fonctions restent complètement et longuement suspendues; les sécrétions ne se rétablissent pas, etc., etc. Moins la maladie est dangereuse, moins les fonctions sont troublées; l'appétit n'est pas complètement perdu, la peau reste moite, les urines coulent, etc.

L'état des forces est donc le principal point sur lequel se fonde le pronostic, il importe de l'étudier avec détails; c'est ce que je vais faire en commençant par l'examen de l'habitude extérieure du corps, qui comprendra : 1° l'attitude du corps; 2° son volume; 3° l'état des chairs; 4° les différents phénomènes d'expression. Je passerai ensuite aux signes fournis; 5° par la circulation et la calorification; 6° par la digestion.

1° *Attitude du corps.* — L'attitude des animaux est libre et aisée pendant la veille; pendant le sommeil, leur corps est tantôt placé sur le sternum et le ventre, les extrémités postérieures fléchies sous le corps et celui-ci appuyé sur l'un des coudes. Cependant si les animaux sont fatigués ou ont besoin de prendre une position plus propre au sommeil profond, on les voit s'étendre sur un des côtés du corps, leurs extrémités étant légèrement fléchies; en général, les chevaux forts et vigoureux dorment debout et ne se couchent que dans le cas d'extrême lassitude. Dans la maladie, l'attitude s'éloigne plus ou moins de ces divers états. En repos, on observe une sorte d'abattement des forces musculaires, qui va quelquefois jusqu'à faire sortir de leur ligne naturelle et porter dans le sens de l'extension, les quatre boulets, et dans le sens de la flexion, les genoux et les jarrets. Dans les maladies graves, et particulièrement celles de la poitrine, on voit les grands animaux prendre un point d'appui sur leur longe et se reculer autant que leur permet ce lien.

Le décubitus chez les grands animaux s'opère en santé autrement que pendant la maladie. Dans la première, les extrémités de devant commencent à se fléchir et le devant du corps se rapproche du sol; un peu après vient le tour de celles de derrière; arrivées à leur plus grande flexion, le bassin est rapproché de la litière et le corps s'y pose sur l'une des fesses. Si l'animal a les extrémités enraidies, s'il est faible ou souffrant, le corps ne se rapproche pas du sol avec la même facilité et les mêmes ménagements. C'est une espèce de chute qui s'opère dans ce cas, d'un point plus ou moins élevé et qui s'accompagne d'un soupir profond.

Il est de bon augure dans les maladies où les grands animaux ne se couchent pas, comme dans celles de la poitrine et du bas-ventre, par exemple, que le décubitus ait lieu et que le repos soit prolongé et calme; tandis que l'action de se lever et de se coucher souvent, indique de vives douleurs.

Le grand quadrupède qui éprouve de la peine à se lever après s'être couché, annonce une grand faiblesse générale, à moins que les extrémités ou les reins ne soient malades.

La pose couchée du chien en santé est à peu près la même que celle des grands quadrupèdes. Il en a pourtant une troisième, dans laquelle il se place sur une des faces du corps, se roule en arc et porte sa tête tout près des parties postérieures de son corps. Cette pose dans les maladies, est l'indice d'une grande faiblesse ; elle est par cela même commune aux maladies de longue durée.

2° *Du volume du corps.* — Généralement le corps perd de son volume dans les maladies ; il en est pourtant quelques-unes qui sont précédées d'un embonpoint apparent et quelquefois réel, de peu de durée à la vérité, comme la phthisie pulmonaire des vaches laitières élevées à l'étable et la pourriture des moutons qui naît en automne par la fréquentation des pâturages gras et humides.

La maigreur se prononce ordinairement vers la fin des maladies aiguës ou pendant la convalescence ; elle est d'autant plus marquée que la maladie a duré plus longtemps. On comprend pourquoi elle a lieu surtout à cette époque, parce que les diverses fonctions qui se rétablissent alors, causent une grande activité dans l'absorption et que la digestion ne peut pas suffire pour réparer les pertes que fait le corps. La maigreur est toujours plus rapide et plus prononcée dans les maladies qui siégent à l'intérieur du corps que dans celles qui sont situées à l'extérieur. Tant que l'embonpoint persiste dans une maladie, on peut en conclure que la convalescence n'est point prête à arriver ; et au contraire, quand la maigreur se prononce dès le début de la maladie, cela annonce une maladie grave.

3° *L'état des chairs.* — Elles deviennent flasques et molles dans les derniers temps de toutes les maladies et surtout des chroniques. Les affections adynamiques sont celles où la flaccidité des chairs est le plus remarquable.

4° *Phénomènes d'expression.* — Ils sont assez nombreux ; je vais les décrire successivement.

Le regard animé, dans lequel l'œil offre du brillant sans être trop rouge, annonce l'exaltation de la fièvre et l'excitation du système nerveux; on le voit dans les inflammations vives et surtout pendant l'exacerbation des douleurs ; comme aussi dans le cours et à la fin de certaines maladies chroniques de la poitrine, la phthisie, l'hydrothorax.

Le regard morne et abattu, est celui où les paupières semblent se clore de fatigue ; les yeux sont dits battus quand la paupière inférieure est gonflée, mollasse et comme infiltrée. Ces signes expriment de fortes et de longues souffrances et l'affaiblissement des forces générales. L'œil reste battu et comme poché pendant les maladies chroniques et pendant une partie de la convalescence des maladies aiguës.

L'abattement exprime la chute notable et subite des forces du malade ; cette chute des forces physiques s'accompagne presque toujours, même chez les animaux, d'un abattement en quelque sorte moral, comme celui qu'on remarque à l'occasion de la séparation de la mère d'avec son petit, de celle d'un animal d'avec son compagnon d'habitude. L'expression d'abattement s'applique plus particulièrement cependant aux forces locomotives. Il existe à des degrés divers au début de toutes les maladies et n'offre rien de dangereux ; porté à un degré considérable, il fait craindre que les maladies ne soient fort graves.

L'affaissement indique généralement cette augmentation rapide de la faiblesse et de la maigreur, qui survient dans le cours d'une maladie aiguë ou chronique, lorsqu'elle tend prochainement vers une terminaison funeste ; souvent l'affaissement n'a lieu que vers les derniers temps de la vie. Lorsqu'il se fait apercevoir un certain temps avant que l'on puisse saisir le groupe de symptômes qui caractérise une maladie déterminée, on doit le regarder comme d'un très-fâcheux augure pour le pronostic. Il indique le mauvais état d'un ou de plusieurs organes. Les expressions de langueur et d'épuisement s'appliquent à des états qui indiquent un haut degré de faiblesse, résultant de causes particulières, comme les évacuations abondantes, la privation des aliments nécessaires, la fatigue excessive.

La gaîté exprime une sorte de bien-être, elle est caractérisée par la vivacité des mouvement et de l'exercice des sens. L'animal prend intérêt à tout ce qui se passe autour de lui. La gaîté relative au caractère de chaque animal est un signe de bon augure dans les maladies; elle annonce le bon état des forces.

La tristesse, par contre, est l'expression de l'abattement physique et moral; elle accompagne toujours plus ou moins la faiblesse et les souffrances. Si dans la gaîté il y a expansion des forces, dans la tristesse il y a concentration. Lorsque le système nerveux est troublé sympathiquement par l'effet de la maladie, les facultés ne jouissent plus de leur activité ordinaire, de même que toutes les autres fonctions; rien n'intéresse le malade, le regard est abattu, l'œil terne et peu mobile; l'animal ne prête pas attention au bruit, son goût est blasé, il flaire à peine ses aliments; les mouvements sont lents, la pose de la tête et du corps annonce l'affaissement. La tristesse accompagne presque toutes les maladies un peu graves. A un haut degré, elle est de mauvais augure dans les maladies qui ne paraissaient pas d'une grande gravité par les symptômes ordinaires, parce qu'elle annonce le trouble profond du système nerveux.

Le calme est cet état de tranquillité de l'animal pendant les maladies légères ou après celles qui produisent
de vives douleurs et une grande agitation. Il est exprimé
par le faciès dans lequel on ne voit rien de contracté ni
de souffrant, par l'absence des mouvements que suscitent
ordinairement l'inquiétude, l'impatience et la douleur.
Après l'agitation de la douleur, la diminution et la cessation des souffrances, le sommeil calme qui surviennent
alors, indiquent la disparition de la douleur. Mais il faut que
le calme corresponde au ralentissement de la respiration,
à un pouls souple et régulier ; car si le pouls reste fréquent
ou le devient, en même temps qu'il se déprime et qu'il
prend de l'inégalité et de l'intermittence, comme après les
déchirures du diaphragme et des viscères, les violentes
entérites, la péritonite, le calme est apparent et trom-
peur.

L'agitation est le désir continuel qu'éprouve le malade de
changer de situation, dans l'espoir d'en trouver une plus
commode, ou bien elle consiste en des mouvements souvent répétés, brusques, sollicités par la gêne ou la douleur. L'agitation générale est caractérisée par le piétinement ou le déplacement fréquent de la tête, le changement de place, l'action de se lever ou de se coucher brusquement, de manger avec voracité et de s'arrêter tout-à-
coup. Elle annonce de vives douleurs dans les maladies aiguës et est un des principaux effets des névroses ; alors, les
parties sont convulsivement agitées malgré l'animal. Quand
elle se prolonge, elle aggrave le cours d'une maladie, trouble les fonctions, amène l'insomnie, l'amaigrissement rapide du corps par la diminution et la perte de l'appétit

L'anxiété ou malaise agité est un sentiment de gêne tellement pénible qu'il force les malades à changer sans cesse

de position ou à en prendre une contrainte et temporairement moins pénible. L'anxiété au début des maladies, est un signe fâcheux ; vers les derniers temps elle présage une fin prochaine.

5° *Circulation et calorification. — Circulation.* Le pouls fournit d'excellents signes sur l'état des forces générales. On distingue : 1° le pouls vite et le pouls lent ; 2° le pouls dur et le pouls mou ; 3° le pouls grand et le pouls petit ; 4° le pouls fort et le pouls faible ; 5° le pouls fréquent et le pouls rare ; 6° le pouls égal et inégal ; 7° le pouls régulier et irrégulier.

1° Le pouls vite est ainsi nommé de la rapidité avec laquelle s'opèrent la dilatation et le resserrement de l'artère. Il est aussi appelé serré. Il indique le défaut d'étendue des contractions du cœur, et par conséquent une excitation nerveuse qui produit ce spasme. Dans le pouls lent, au contraire, la dilatation et le resserrement de l'artère sont longs à se faire. Ce pouls indique peu de susceptibilité nerveuse et peu d'excitation. Lorsque le pouls, de serré qu'il était, devient lent sans que les forces générales s'affaissent, c'est d'un bon augure.

2° Le pouls dur imprime aux doigts qui le touchent la sensation d'un corps très-résistant, comme celle d'une corde fortement tendue qu'on ferait vibrer. Le cœur se contracte avec vivacité et chasse le sang en grande quantité. Ce pouls appartient à la première période des maladies, surtout inflammatoires ; il indique le bon état des forces, mais un état local violent qui développe beaucoup de sympathies.

Le pouls mou est celui où l'artère est remplie, sans offrir de résistance aux doigts. Le cœur se contracte sans énergie, ce qui annonce peu d'excitation sympathique, un état local peu grave , ou peu de forces. En santé ce pouls est celui des animaux dont le tempérament est lymphatique. Il est de mauvais augure par conséquent , lorsque les autres symptômes d'une maladie continuent à présenter la même intensité.

3° Dans le pouls petit , le diamètre de l'artère n'augmente pas sensiblement pendant la diastole , à raison du peu de sang que le cœur lui envoie ; il est en même temps souvent mou et faible, et quelquefois dur. En santé il appartient aux animaux chargés d'embonpoint. Les artères chez eux paraissent petites , attendu qu'elles sont enveloppées de tissu cellulaire graisseux ; comme signe général dans les maladies, il indique une violente douleur , un état de spasme , c'est-à-dire , un état convulsif du cœur par suite de l'excitation nerveuse , spasme qui s'oppose au libre cours du sang.

Lorsque le pouls petit devient mou et fréquent dans les inflammations très-douloureuses , il annonce la gangrène : ainsi que dans les vives coliques où il peut faire présumer quelque déchirure.

Lorsque sur la fin des maladies , le pouls reste petit et fréquent, on peut juger la convalescence imparfaite ; la maladie n'a fait que diminuer. En effet la petitesse du pouls annonçant un état de spasme, de tension du cœur qui ne se déploie pas librement , on comprend que cet état est produit par l'action nerveuse qui est elle-même excitée par la maladie, laquelle n'est pas encore terminée.

Dans le pouls grand , l'artère est volumineuse et se déploie largement sous le doigt. Il annonce que le sang est abondant et que le cœur le chasse librement dans tout l'appareil circulatoire. En général le pouls grand est celui des crises ; parce que dans les crises , le cœur , comme les autres organes, n'étant plus troublé sympathiquement , lance largement le sang dans les diverses parties du corps. Aussi est-ce un bon signe que le pouls devienne grand , de petit qu'il était ; cela annonce peu de trouble sympathique du côté du centre nerveux et du cœur qui reçoit un des premiers son influence.

4° Le pouls est réputé fort lorsque l'artère vient battre avec vigueur contre les doigts. Il suppose de la grandeur et de la fréquence, et offre à peu près les mêmes indications que le pouls grand.

Le pouls faible est celui dont les pulsations sont à peine sensibles ; il annonce une diminution de la force de contraction du cœur, et par conséquent, puisque le cœur ne fait qu'indiquer l'état du système nerveux, l'affaiblissement de l'action nerveuse. Lorsque dès le début des maladies, le pouls présente déjà de la faiblesse, le pronostic devient fâcheux , surtout si la maladie était de celles qui donnent au pouls une certaine force.

5° Pouls fréquent. Le terme moyen des pulsations est en santé, chez le cheval, de 36 à 42 par minute. Le nombre peut s'élever à 90 ou 100 dans les plus violentes fièvres. Le pouls fréquent, comme nous l'avons vu en parlant de la fièvre, est un des premiers phénomènes de sympathie. La fréquence va en augmentant dans toutes les maladies , à mesure qu'elles approchent de leur état , surtout quand après ce temps elles marchent de manière à faire craindre une issue funeste. Une grande augmentation dans le nombre des battements est donc un signe défavorable ; tandis que la diminution est au contraire d'un bon augure et bien souvent indique la convalescence , c'est-à-dire la cessation de l'excitation nerveuse qui était causée par la maladie.

Le pouls rare est celui où les pulsations artérielles s'exécutent avec lenteur ; cette lenteur est quelquefois telle que le pouls du malade donne moins de pulsations par minute que celui d'un animal sain. Il annonce le ralentissement de l'action nerveuse. Il est peu commun, et toujours remplacé par la fréquence aux approches de la mort.

6° Le pouls égal dont toutes les pulsations sont semblables pour la force et la vitesse, est de bon augure. L'inégalité a lieu quand les pulsations se font sentir avec des degrés différents de force, de dureté, de vitesse. Lorsque la durée des intervalles qui séparent les pulsations est différente, on dit qu'il est irrégulier. La seule espèce d'irrégularité utile à connaître est l'intermittence. Le pouls intermittent est celui dans lequel une seule pulsation a lieu pendant le temps où deux auraient dû se faire sentir. Si l'absence de la pulsation ne se produit pas régulièrement après un nombre déterminé de battements, elle est irrégulière.

L'intermittence qui se fait sentir toutes les quatre ou cinq pulsations est un symptôme grave, et qui a souvent lieu aux approches de la mort.

Calorification. — Toute la chaleur animale est produite et entretenue par le sang artériel qui est d'un degré plus élevé que le sang veineux, et qui reçoit son calorique par sa combinaison avec l'oxigène de l'air dans le poumon. La chaleur est donc liée à l'état de la circulation.

La chaleur moite, c'est-à-dire avec une légère sueur, se fait observer dans la troisième période des maladies qui doivent se terminer par résolution. Après une chaleur brûlante, la moiteur est de bon augure et indique l'amen dement. Dans toute maladie, la moiteur est l'indice d'un état peu grave et qui ne présente aucun danger. La moiteur annonce deux choses, un cœur qui chasse largement le sang jusqu'à la peau, un bon état de la fonction perspiratoire de la peau, qui n'est pas troublée sympathiquement.

La chaleur sèche, remarquable par la rigidité de la peau et la raideur du poil, annonce une inflammation ou une névrose intenses ; quand elle persiste aux époques où la terminaison doit arriver, elle indique que celle-ci n'aura pas lieu. En effet, cette chaleur sèche annonce la suspension complète de la fonction perspiratoire de la peau ; cette fonction ne peut être suspendue que par un effet sympathique du système nerveux ; par conséquent on peut conclure de la persistance de la chaleur sèche, que le système nerveux est encore troublé sympathiquement ; d'où il suit que la maladie qui cause ce trouble n'a pas cessé.

La chaleur âcre et mordicante, c'est-à-dire sèche et brûlante, annonce le plus haut degré d'intensité des maladies. Il n'est pas rare, lorsqu'elle existe, de voir naître un malaise anxieux avec plaintes continuelles, et si cet état dure sans amendement, le malade périr subitement ; ou bien la peau devenir froide, l'état adynamique et la mort survenir. Ce signe s'explique, comme les précédents, par la violence du trouble sympathique, qui est en raison directe de la maladie qui l'a produit. Mais pour qu'il devienne significatif, il faut qu'il y ait en même temps plénitude, dureté et embarras du pouls, rougeur des yeux et de la pituitaire, chaleur et sécheresse de la bouche, coloration, odeur forte et chaleur des urines, sécheresse et couleur brune des matières fécales.

Le refroidissement de la peau, l'impressionnabilité au

froid , les frissons annoncent que le sang n'arrive pas bien jusqu'à la peau; ils existent au début des maladies, comme je l'ai dit à propos de la fièvre. Ils existent aussi à la fin parce qu'il y a toujours un certain affaiblissement , et par la même raison on les observe pendant tout le cours des maladies où il n'y a pas une fièvre forte.

6° *De la Digestion.*—Du côté de la bouche nous remarquerons que son humectation et une température modérée sont un bon signe. Cela annonce un état peu grave ; parce qu'une maladie grave accélérant beaucoup la circulation, rend la bouche chaude , et troublant sympathiquement toutes les fonctions par l'intermédiaire du système nerveux , elle suspend la sécrétion du mucus et de la salive.

Il en est de même du bout du nez chez les grands ruminants et chez le chien. Ces surfaces deviennent sèches , chaudes et rudes au toucher dans les maladies aiguës, et sont remarquables par leur défaut de soutien dans les maladies adynamiques , et dans celles qui durent depuis long-temps.

L'appétit fournit ainsi que la soif un certain nombre de signes. Il faut distinguer l'appétit de la faim ; on provoque le premier en donnant des aliments excitants aux animaux, de l'avoine surtout. C'est ainsi que les conducteurs de chevaux les excitent à manger, et leur donnent de graves indigestions en leur faisant naître ainsi un besoin artificiel.

L'anorexie ou perte d'appétit appartient aux premiers temps des maladies; mais quand elle persiste avec l'abaissement des symptômes, et alors que les forces générales se sont affaiblies , ce signe est fâcheux chez tous les animaux, et principalement chez les chevaux qui sont peu capables, à cause de la masse de leurs muscles, de supporter une abstinence prolongée.

Les affections morales peuvent faire perdre l'appétit, comme cela arrive au chien séparé de son maître, au cheval éloigné de son camarade. L'appétit excessif et sans cause, annonce comme la perte d'appétit, un trouble prochain de la santé. Aussi, souvent des indigestions et le vertige viennent de là.

Quant à la soif, sa diminution progressive est un bon signe ; la perte de la soif, si la maladie s'aggrave, est au contraire mauvaise ; elle annonce l'abolition du sentiment de l'estomac.

C'est un bon signe que les animaux prennent les boissons d'eux-mêmes, avec plaisir et sans avidité. Il est également avantageux qu'avec la grande soif, la bouche et la langue restent humides ; il est mauvais qu'elles se sèchent et noircissent.

Une soif violente avec des sueurs abondantes fait craindre une maladie grave, ou au moins une maladie qui se prolongera. Si la soif persiste à la suite d'une maladie, on ne doit pas la regarder comme terminée ; si elle survient pendant la convalescence, on doit craindre une rechute.

Le défaut de soif annonce la dépression des forces ou adynamie, et les affections du cerveau ; la persistance de ce symptôme négatif indique la gravité de ces états morbides. Le défaut de soif, si la peau et la bouche restent chaudes et sèches, est mauvais, surtout s'il y a en même temps des vomissements. Dans le cours des maladies chroniques, le manque de soif indique la longueur et l'opiniâtreté de la maladie.

Tels sont les principaux renseignements fournis sur

l'état des forces par l'examen que nous venons de faire de diverses fonctions. Je dirai pour me résumer, que la maladie troublant de plus en plus le système nerveux, et par suite les différentes fonctions, suivant qu'elle est elle-même plus grave, on peut, par l'examen du trouble des fonctions, juger de la gravité des maladies. Or, qu'est-ce qu'on appelle forces, si ce n'est l'activité et la régularité avec lesquelles chaque fonction s'exécute? Les différents symptômes que j'ai énumérés donnent donc le moyen de juger du degré de trouble des forces. Les forces peuvent être opprimées ou réellement affaiblies, c'est-à-dire qu'il peut y avoir cette faiblesse apparente qui résulte du développement des sympathies morbides, ou cette faiblesse réelle qui résulte d'épuisement du système nerveux ou du sang. J'en ai montré aussi les différents signes. On a donc maintenant tous les éléments d'un pronostic sûr.

Il y a plus, je dis que par la seule inspection de l'habitus extérieur, de la manière d'être de la face et du corps, on peut juger et de la gravité et des progrès de la maladie. Plus la maladie est grave, plus le faciès s'éloigne de l'état naturel, plus les traits deviennent immobiles et sans expression; plus il semble qu'ils se contractent et perdent tout mouvement. Moins elle l'est, plus l'extérieur du corps conserve de la mobilité et du mouvement. Ainsi on peut dire d'une manière générale qu'il est avantageux dans l'état de maladie, que les animaux conservent à peu près leur sensibilité physique et morale, qu'ils soient impressionnables au froid, à la chaleur, à la piqûre des insectes, à l'action des topiques, à la voix, aux sons, à la présence des autres animaux, en un mot à l'action des agents qui, en santé, avaient sur eux une certaine influence; que les sens restent ouverts aux impressions extérieures; que l'animal se retourne vers vous si vous l'appelez; qu'il lève la tête, vous flaire, vous regarde; qu'il hennisse à un animal qu'il avait coutume de voir; que les cris de la mère soient entendus du petit, et réciproquement.

Plus, dans la maladie, ces symptômes sont remplacés par l'insensibilité, l'inattention, l'immobilité, l'indifférence, plus le système nerveux est troublé, plus la maladie est grave. C'est par ces remarques que du premier coup-d'œil le praticien porte son pronostic sans savoir le siége ni la nature de la maladie.

On conçoit aussi comment, guidé par ces signes seuls, on peut traiter les maladies sans poser de diagnostic précis, ainsi que le faisaient les anciens qui connaissaient très-peu le siége et le mécanisme des maladies. Les signes que j'ai donnés permettent de juger : 1° de la gravité du mal; 2° de l'état des forces; or, nous savons que ce sont les forces qui, en rappelant le sang et le fluide nerveux dans les organes, opèrent la révulsion et la guérison naturelles.

Mais il ne faut pas oublier non plus que des indications précises se tirent de la nature et du siége des maladies, ainsi que je l'ai montré. Il me reste maintenant à donner les signes des terminaisons générales des maladies; l'état chronique, la mort, et la guérison qui est précédée de la convalescence.

Des signes de la mort.

On peut les diviser en deux classes : les signes qui la précèdent de peu de temps, et ceux qui l'annoncent, mais de plus loin. Parmi les signes qui font présager une terminaison funeste, les uns appartiennent à l'expression faciale, les autres au pouls, au système locomoteur. Du côté de la face on a décrit les états suivants :

1° La face grippée caractérisée par le rappetissement des traits, la rétraction en haut et vers la ligne médiane et la contraction des muscles de la face; elle s'observe surtout dans les péritonites, les violentes douleurs de ventre et le tétanos;

2° La face hippocratique, ainsi nommée parce qu'Hippocrate l'a décrite dans son livre des pronostics; les yeux sont enfoncés ainsi que les salières et les globes oculaires, les oreilles sont allongées, les lèvres relâchées et abaissées, et les naseaux dilatés;

3° L'expression d'affaissement qui indique généralement cette augmentation brusque de la faiblesse et de la maigreur qui survient dans le cours d'une maladie aiguë ou chronique. Ce signe qui n'appartient pas proprement à la face, mais à tout l'extérieur du corps, est fort remarquable et trompe peu les praticiens attentifs;

4° L'anxiété portée à un haut degré et forçant sans cesse les animaux à se déplacer, lorsqu'elle arrive vers les derniers temps d'une maladie.

Du côté du pouls, deux symptômes sont également fâcheux, la fréquence extrême des battements et l'intermittence lorsqu'elle se fait sentir toutes les quatre ou cinq pulsations.

Enfin, du côté du système locomoteur, la paralysie et les tremblements annonçant une altération du cerveau ou un épuisement profond, indiquent une mort prochaine.

J'ai dit, en traitant des inflammations, la manière différente dont la mort arrive dans les maladies qui marchent rapidement et dans celles qui durent depuis long-temps. Dans les premières, lorsqu'on voit survenir les symptômes d'un affaissement brusque, l'intermittence ou de la fréquence extrême du pouls, les paralysies ou les tremblements, la mort n'est pas loin. Dans les secondes, il arrive que l'animal s'étant affaibli brusquement ou peu à peu, il reste long-temps dans cet état et meurt un jour sans qu'aucun changement ait pu faire connaître que cette terminaison dût arriver en ce moment, plutôt que quelques jours auparavant.

Quant aux signes prochains de la mort, leur succession constitue l'agonie. La langue devient sèche, la déglutition bruyante, gênée ou même presque impossible; la respiration est fréquente, inégale et râleuse; le pouls s'accélère en même temps qu'il devient petit, faible et profond, puis insensible; la chaleur s'éteint par degrés, à compter des extrémités jusqu'au centre du corps; l'air expiré se refroidit; l'excrétion cutanée devient gluante, quelquefois fétide, souvent froide; la bouche se refroidit et est humectée par un mucus gluant; le sphincter de l'anus ne peut plus fermer l'orifice inférieur du canal intestinal et les matières sont rendues involontairement; les sens s'émoussent, l'œil devient constamment terne; les sensations s'éteignent; le toucher surtout devient presque nul; le malade n'est plus impressionnable aux piqûres d'une infinité de mouches qui l'assiègent; il ne diffère plus alors d'un cadavre que par les mouvements de la respiration qui s'exécutent encore par intervalles, jusqu'à ce qu'enfin ils cessent complètement avec la vie.

L'agonie dure rarement chez les animaux douze ou vingt-quatre heures, comme cela arrive chez l'homme; elle est très-souvent beaucoup plus courte. L'animal lutte contre sa propre pesanteur, écarte ses extrémités pour se donner une base de sustentation étendue et la possibilité de respirer avec moins de peine, en éloignant les insertions des muscles pectoraux; il chancelle, tombe, fait tous ses efforts pour se relever, les consume enfin et meurt.

On sentira facilement que l'âge, que la constitution de l'animal et d'autres circonstances nombreuses, doivent apporter des modifications dans la manière dont les maladies se terminent par la mort. Chez les très-jeunes animaux, où les forces sont encore peu développées, le malade s'éteint pour ainsi dire. Il en est à peu près de même dans les animaux très-âgés ou fort affaiblis par suite de l'usure prématurée de leurs forces ou par suite de maladies antérieures; tandis que dans l'âge moyen de la vie, qui est aussi l'âge de la plus grande force, l'animal résiste plus long-temps à l'affaiblissement causé par la maladie, et l'agonie est d'autant plus longue et plus pénible que l'individu est plus fort.

De la Convalescence.

Le retour à la santé après les maladies, est précédé d'un état auquel on donne le nom de convalescence et qui est intermédiaire entre la maladie qui n'existe plus et la santé qui n'est pas encore rétablie. La convalescence commence lorsque les symptômes qui caractérisent la maladie ont cessé, et finit à l'époque où l'exercice libre et régulier des fonctions qui constitue la santé est pleinement rétabli. Elle n'a lieu qu'après les maladies d'une certaine gravité; après les maladies légères, elle est excessivement courte et à peine marquée, en sorte que les malades passent brusquement de l'état morbide à l'état sain.

Après les maladies aiguës, l'un des premiers caractéres de la convalescence, est l'amaigrissement subit du corps, qui a lieu par le mécanisme suivant : les fonctions étant suspendues pendant la maladie, la nutrition et l'absorption s'arrêtent; et quoique le corps perde des matériaux de toutes manières, comme la nutrition n'a pas lieu dans les organes et que l'absorption ne s'empare pas de la graisse et de la sérosité déposées dans les mailles du tissu cellulaire, l'amaigrissement ne peut avoir lieu. Quand la convalescence arrive, la nutrition recommence dans les diverses parties du corps, et la digestion ne pouvant pas fournir encore assez de matériaux au sang, l'absorption recommence d'une manière d'autant plus active que le sang lui-même a été beaucoup diminué dans le cours de la maladie.

Le système musculaire participe à cet état d'amaigrissement général, et il est remarquable par sa flaccidité et sa mollesse; aussi, les convalescents sont-ils peu capables d'efforts, et de là résulte que leur démarche est chancelante et incertaine; notamment après les gastro-entérites, dites adynamiques. Cet état est toujours plus marqué chez les animaux âgés ou préalablement affaiblis par le travail et les privations.

La circulation se ressent de cet état de débilité; généralement dans les premiers temps le pouls reste mou et fréquent : ce qui s'explique par la moindre énergie du cœur. Car on sait qu'à mesure que les forces baissent chez les malades, les battements du cœur deviennent de plus en plus répétés, mais aussi de plus en plus faibles; voilà pourquoi le pouls est mou et fréquent; le moindre exercice tend encore à l'accélérer; aussi, quand on veut juger du pouls d'un convalescent, ce ne doit jamais être après l'exercice, quelque léger qu'il puisse avoir été.

Il en est de même de la respiration qui est plus accélérée. Les convalescents sont facilement essoufflés quand on les exerce, principalement après les maladies de poitrine, où le plus léger exercice amène l'accélération des mouvements des flancs et souvent la toux.

La sensibilité générale ne peut manquer de prendre un certain accroissement, car le système nerveux devient plus irritable à mesure que le système musculaire s'affaiblit. On sait en effet que les nerfs ne maigrissent pas comme les autres parties de l'économie, et les centres nerveux renfermés dans une boîte osseuse qui n'est pas susceptible de revenir sur elle-même, ne peuvent diminuer de volume sans laisser un vide entre eux et le crâne, ce qui est impossible. Ainsi le système nerveux conservant tout son volume pendant que les autres tissus perdent du leur, devient d'autant plus impressionnable que les organes étant moins actifs dépensent moins de fluide nerveux. Il y a en quelque sorte une pléthore nerveuse. Le développement de la sensibilité dans la convalescence est encore plus marqué quand la maladie a été accompagnée de vives douleurs.

De tout temps on a regardé le retour de l'appétit comme un des signes les moins équivoques de la convalescence; il est surtout très-vif après les maladies qui se sont prolongées et ont exigé un régime sévère. On voit alors l'animal se jeter avec voracité sur tout ce qui peut lui servir de nourriture. Il faut se méfier de cet appétit et le modérer; car la digestion ne se fait qu'avec beaucoup de lenteur; quelquefois même d'une manière pénible, surtout chez les sujets qui sont d'une constitution faible. Aussi est-ce pendant la convalescence que les indigestions sont fréquentes et redoutables; la mort peut en résulter ou tout au moins une rechute plus ou moins grave.

Comme l'absorption intérieure est active, il en résulte que les convalescents éprouvent souvent le besoin de boire. Mais la persistance de l'enflure des jambes et du fourreau chez quelques convalescents annonce que la circulation est faible et languissante.

La constipation est fréquente, elle tient à l'affaiblissement que le plan charnu des intestins a éprouvé comme le reste du système musculaire, et en outre à ce que la sécrétion de la bile et du mucus est peu abondante.

Les urines ne présentent rien de remarquable, sinon que leur quantité augmente fort souvent, à mesure que l'enflure des jambes et du fourreau diminue et que le besoin des boissons se fait sentir.

On compte encore comme signe d'une convalescence assurée, le réveil des organes génitaux et leur excitation modérée; mais un effet constant, c'est la dépilation ou la mue, et l'apparition d'efflorescences ou d'éruptions cutanées.

Dans la convalescence des maladies qui ont duré long-temps, la lenteur avec laquelle les fonctions se rétablissent est le premier des caractères. La physionomie de l'animal conserve long-temps l'empreinte des souffrances qu'il a éprouvées. L'embonpoint et les forces ne reviennent à leur état primitif qu'après un temps toujours long. L'appétit est long-temps languissant et le ventre paresseux. Il arrive qu'après le repas, s'il est un peu copieux, le malade éprouve un embarras gastrique, il a des coliques et reste un ou deux jours sans appétit; après le plus léger travail le corps se couvre de sueur. Il arrive souvent aussi dans la convalescence des maladies chroniques, surtout si le sujet est âgé, qu'il ne reprend jamais entièrement ni ses forces ni son embonpoint et que fort souvent même il périt d'indigestion, de constipation ou d'une rechute.

On donne le nom de convalescence franche à celle où le rétablissement des fonctions s'opère d'une manière continue; mais il peut arriver qu'avant que la guérison complète ait eu lieu, la maladie se reproduise, c'est ce qu'on appelle une rechute; si elle ne reparaît qu'un temps plus ou moins long après la guérison, ce retour porte le nom de récidive.

Plusieurs symptômes annoncent que la convalescence n'est pas complète : 1° quoique la soif se fasse souvent sentir pendant la convalescence, lorsqu'elle persiste à la suite d'une maladie, surtout s'il y a en même temps de la chaleur de la bouche ou de la sécheresse de la peau, on ne doit pas la regarder comme terminée ; 2° de même, lorsque sur la fin des maladies, le pouls reste petit et fréquent, on peut juger la convalescence imparfaite ; 3° enfin lorsque les premiers symptômes de la convalescence ayant apparu et l'appétit s'étant un peu rétabli, on ne voit pas l'animal reprendre ses forces et qu'au contraire il maigrit peu à peu, on doit craindre ce que les anciens appelaient des obstructions, c'est-à-dire des lésions organiques qui empêchent la guérison complète et qui produiront bientôt la fièvre hectique et le marasme.

Il est quelques maladies, dans lesquelles il n'y a jamais de rechute, telles sont la vaccine et la clavelée : la pneumonie et la pleurésie y sont peu sujettes. Ce sont les maladies du tube digestif qui y sont le plus exposées, parce que les propriétaires des animaux voulant les rétablir rapidement soit pour s'en servir, soit pour les vendre, les nourrissent trop abondamment ou leur donnent des médicaments toniques.

Les rechutes sont en général plus longues et plus graves que l'affection première, et sont plus souvent suivies d'altérations organiques ; et lorsqu'elles épargnent la vie des malades, elles les laissent dans un état de faiblesse qui ne disparaît qu'avec une lenteur extrême et quelquefois ne cesse jamais entièrement.

La récidive est le retour d'une maladie après que le malade en a été guéri. Elle tient, soit à la disposition de l'organe qui fait qu'il est exposé par sa conformation, sa structure anatomique à contracter aisément une maladie qui est alors facilement produite par des causes occasionnelles, soit à ce que les animaux sont exposés par la nature de leurs travaux et d'autres circonstances hygiéniques, à l'action des causes qui avaient fait déclarer la première maladie. **On** ne peut rien établir de fixe relativement au pronostic des récidives ; les symptômes ne sont pas constamment plus légers ou plus graves que ceux de la première affection. Ils varient suivant les circonstances dans lesquelles se trouve le malade pris de récidive.

Diagnostic.

On appelle diagnostic (*dia* par, à travers, *ginosco*, je connais) le jugement que porte le vétérinaire sur la nature et le siége des maladies. Il constitue le point le plus important de l'histoire des maladies. Comment en effet traiter une maladie dont on ne connaît ni le siége, ni la nature ? aussi, sans lui, la thérapeutique ne repose que sur des bases incertaines.

Le diagnostic est plus difficile pour le vétérinaire que pour le médecin. Il ne peut obtenir aucun renseignement du malade lui-même ; aussi sous ce rapport, la médecine vétérinaire présente-t-elle quelques rapports avec celle des enfants en bas-âge.

Pour bien poser un diagnostic, il faut certaines conditions dans l'observateur lui-même, et il faut suivre certaines méthodes que nous allons parcourir.

La chose la plus nécessaire est bien certainement la connaissance approfondie de toutes les maladies. Celui qui ne connaît pas les symptômes différentiels de toutes les affections, n'est pas en état d'en distinguer une avec sûreté. Il faut donc avoir étudié avec soin l'ensemble de la pathologie, bien appris à comparer et à distinguer ses diverses parties, de manière à ce qu'il ne reste aucune incertitude dans l'esprit.

Mais il ne suffit pas de bien connaître les maladies, il faut encore avoir appris à les distinguer dans la pratique. Il faut avoir l'habitude d'observer les malades, de ne point se laisser imposer par des ressemblances trompeuses, ou au contraire par des différences qui ne sont qu'apparentes. De plus le vétérinaire doit avoir fait ou assisté à un grand nombre d'autopsies, pour s'être exercé à comparer les symptômes observés pendant la vie, avec les lésions qu'on rencontre après la mort; de telle façon qu'il puisse calculer par l'intensité des symptômes, la gravité des désordres anatomiques.

Les auteurs donnent encore comme conditions d'un bon diagnostic de la part du médecin, un esprit juste et pénétrant et des sens fidèles. Mais il en est du diagnostic comme de toute autre chose, plus l'homme qui s'y livre a l'esprit supérieur, plus il est sûr d'y réussir; et comme la justesse de l'esprit et la fidélité des sens sont des choses qui dépendent soit de notre nature, soit de notre éducation, le plus souvent il n'a pas été en notre pouvoir de les posséder à un haut degré. Mais ce qu'il est donné à tout le monde de pouvoir faire, c'est d'arriver auprès des malades avec un esprit impartial, non prévenu, sans idées toutes faites d'avance sur la nature de la maladie ; c'est d'observer les faits avec sincérité, avec bonne foi, avec envie de s'éclairer et non de faire triompher une opinion préconçue.

Du côté de nos animaux, le grand inconvénient que nous éprouvons est de ne pouvoir en tirer aucun renseignement. Mais en compensation, ils ne nous induisent jamais en erreur par de faux rapports, par de la dissimulation, en nous exposant, non ce qu'ils éprouvent, mais ce qu'ils craint sentir, ainsi que le font les hommes. Les impressions qu'ils éprouvent de nos moyens d'investigation et le langage d'action par lequel ils nous les manifestent, sont pour nous des signes sur lesquels nous pouvons compter. Il y a peu de plaintes exagérées ou de faux besoins.

Les propriétaires et les conducteurs de nos animaux nous fournissent bien ordinairement des renseignements sur la maladie, sur les causes qui l'ont précédée. Cepen dant il faut reconnaître, que peu instruits en général, ils ne nous rendent souvent qu'un compte fort imparfait et infidèle de ce qui s'est passé depuis le commencement de la maladie jusqu'au moment où on nous présente l'animal ; ils sont peu attentifs, peu observateurs ; plusieurs même sont intéressés à se taire sur les causes des maladies, parce qu'elles procèdent de leur faute.

Des méthodes à suivre dans la recherche du diagnostic. — Avant de rechercher le siége même de la maladie, il faut commencer par ce qu'on appelle le commémoratif (*cum* avec, *memorare*, se souvenir), c'est-à-dire par les renseignements que nous pouvons obtenir sur les antécédents de l'animal et sur ce qui a précédé le moment où il nous est amené. Ainsi, le vétérinaire doit d'abord s'enquérir des habitudes du malade, des maladies qu'il a supportées, des divers traitements auxquels il a été soumis, de la manière dont ces maladies se sont terminées, si l'animal avait bien repris, ou s'il était resté plus ou moins souffrant ou affaibli. Ensuite on passe à l'état présent, si l'animal est à jeun, s'il a mangé et depuis quel espace de temps, s'il a de l'appétit; s'il arrive de voyage et depuis combien de temps; s'il a été condamné au repos absolu ou s'il a été promené; s'il a travaillé la veille, s'il sue plus facilement que d'habitude.

Après ces questions et une foule d'autres qui se rattachent à l'état présent et passé du malade, après avoir étudié avec soin sa constitution et son tempérament, le vétérinaire procède lui-même à l'examen de son malade.

La première chose à chercher est le siége de la maladie. J'ai développé dans le deuxième chapitre de ce livre les symptômes qui appartiennent aux grands appareils nerveux, respiratoire, circulatoire et digestif; j'ai traité aussi de la chaleur et de la douleur en général, comme symptômes du plus grand nombre des maladies, et dans le but d'en découvrir le siége, il ne reste donc maintenant qu'à dire quelques mots des méthodes à suivre.

Première méthode, méthode directe. — Elle convient à presque toutes les maladies aiguës. Cette méthode consiste à rapporter directement les symptômes que l'on observe, à la lésion de l'organe ou du tissu dont ils expriment la souffrance, en se guidant d'après la connaissance de leurs fonctions et de leurs propriétés. Ainsi au lieu de parcourir et d'interroger successivement toutes les fonctions, nous commençons tout de suite par celle dont les symptômes nous paraissent révéler le trouble. Un malade nous est-il présenté avec de la gêne dans la respiration, une toux pénible, une douleur profonde dans la poitrine, de la fièvre, nous portons aussitôt notre attention sur la poitrine, et nous nous servons de tous les moyens d'investigation connus, pour bien apprécier, et le siége précis du mal, et son étendue, et sa nature. Après cela, nous examinons les autres appareils, pour voir s'il en est aussi de malades, et pour en apprécier le trouble sympathique. Si au contraire les symptômes annonçaient un trouble du côté de l'appareil digestif, c'est là que nous dirigerions d'abord nos recherches; ainsi de suite pour tous les autres.

Deuxième méthode, méthode par exclusion.—Elle s'applique aux cas dans lesquels les symptômes étant peu intenses, peu prononcés, révèlent un trouble général, et qu'on ne peut, en apparence, localiser en aucun organe spécialement. C'est ce qui arrive dans la plupart des maladies chroniques, où les symptômes fournis par l'organe malade lui-même, sont souvent difficiles à distinguer des symptômes qui sont purement sympathiques. On interroge alors tous les organes, les uns après les autres, jusqu'à ce qu'on arrive à celui qui donne la raison suffisante de tous les symptômes observés.

A cet effet on commence par les organes contenus dans la tête, puis on passe à ceux de la poitrine, et enfin à ceux de l'abdomen. Dans cette première revue, on s'attache à exclure, pour ne plus s'en occuper, les organes et les tissus sur l'intégrité desquels il n'est pas possible de conserver le moindre doute.

Un second examen doit être fait des tissus et des organes que l'on soupçonne malades. On procède à une seconde exclusion, tâchant de bien distinguer ceux dont le trouble n'est que sympathique, de ceux ou de celui qui paraissent être véritablement le siége du mal. On les compare donc avec soin, et par des éliminations successives, on peut espérer d'arriver avec quelque certitude à un diagnostic précis.

Néanmoins, il ne faut pas se faire illusion, et croire qu'on puisse, en un seul examen, asseoir un jugement sûr; ce n'est souvent qu'après plusieurs jours de recherches et de tâtonnements qu'on y parvient.

Troisième méthode.—Il se rencontre des cas encore plus obscurs que les précédents, dans lesquels les symptômes sont tellement vagues, qu'on ne peut procéder par cette voie d'exclusion. Un animal nous est présenté; l'examen le plus attentif ne fait rien découvrir. Cependant cet état dure depuis quelque temps; le malade maigrit, ses forces s'épuisent; on ne peut en tirer aucun service, et sa vie est compromise. Il devient indispensable de trouver le siége du mal.

Dans ce cas, on a proposé d'administrer quelque médicament excitant, afin de donner plus de force à des symptômes trop incertains, trop faibles et insuffisants pour indiquer l'organe malade. Il doit en résulter une des trois choses suivantes : ou le médicament fera disparaître les accidents; ou bien il les augmentera, et le but sera atteint, puisque la recherche du siége deviendra facile alors; ou enfin le malade n'éprouvera aucun changement, et il faudra renouveler les mêmes tentatives en augmentant la dose du médicament.

Cette méthode empirique a paru dangereuse, avec raison. Elle peut exciter dans l'organe sur lequel on dirige le stimulant, une excitation qui augmente la maladie, ou qui produit une complication dont le résultat est de masquer la lésion primitive située ailleurs.

Il vaut mieux, à mon avis, procéder en tâtonnant. Il est évident que les antiphlogistiques généraux, tels que le régime, les boissons adoucissantes, seront préférables aux stimulants. Ils ne peuvent point être nuisibles, et ils peuvent au contraire apporter du soulagement. Pendant ce temps, l'observateur, ayant constamment les yeux fixés sur la maladie, s'efforce d'en saisir l'origine, et il y parvient souvent avec du temps et de la patience.

S'il n'y réussit pas, il a recours successivement à différentes méthodes de traitement. Il examine avec soin quelle est celle qui soulage et celle qui augmente le mal. Il emploie les traitements qui réussissent dans les cas qui ont le plus d'analogie avec celui qu'il observe, jusqu'à ce que la nature des médicaments qui réussissent, lui indique la nature de la maladie qu'il combat.

En général, le diagnostic des maladies de la peau et du tissu cellulaire sous-cutané, des parties rapprochées de l'extérieur, des orifices des muqueuses, est plus facile à établir que celui des maladies situées profondément. Le diagnostic des maladies du cerveau est souvent fort difficile à établir, surtout lorsqu'il s'agit de déterminer si ce viscère est lésé primitivement ou secondairement, si c'est lui-même qui est affecté, ou seulement ses membranes. Nous sommes encore fort peu avancés dans le diagnostic des maladies du cœur. Nous sommes plus instruits sur celui des maladies de l'estomac et des intestins; le diagnostic des maladies du foie est un des plus difficiles, et celui des maladies du poumon un des moins équivoques.

Si le diagnostic des maladies simples présente déjà de si grandes et de si nombreuses difficultés, à plus forte raison augmenteront-elles, quand il s'agit de l'étude des maladies compliquées, où il y a plusieurs centres de douleurs. Ici on a à démêler, non-seulement les symptômes directs partant de l'un des organes souffrants, de leurs symptômes sympathiques, mais encore les premiers, de tous ceux qui sont fournis par les autres siéges de la maladie.

Lorsque deux ou plusieurs maladies coïncident, il arrive souvent que l'une d'elles attire toute l'attention du praticien. S'il néglige de bien observer son malade, ou s'il se borne à en faire un examen superficiel, il ne combat qu'un des états maladifs, quelquefois le moins important, et laisse l'autre faire des progrès. J'ai vu périr de la sorte plusieurs chevaux tétaniques, des suites d'une maladie de poitrine dont ils étaient atteints ; et dernièrement encore une imperforation du rectum avec dilatation en forme de sac de cet intestin, a fait négliger la maladie principale, une pleurésie.

Il importe donc d'explorer avec soin les diverses régions et appareils de ses malades, pour être sûr qu'on embrasse toute la maladie.

Pronostic.

Le pronostic (*pro* d'avance, *ginosco* je connais), est le jugement que le vétérinaire porte d'avance sur la gravité, la durée, l'issue heureuse ou malheureuse des maladies, sur les accidents qui en compliqueront la marche.

La base de tout bon pronostic repose sur un diagnostic précis. Une fois, en effet, qu'on connaît la nature et le siége de la maladie, son étendue, sa période, l'état probable des tissus malades, on a ainsi des données positives, qui, réunies à celles dont je vais parler, permettent d'exposer une opinion de quelque valeur.

Malgré l'importance qu'il faut mettre à apprécier l'état local, on doit se souvenir que les considérations qui se tirent de l'état des forces générales fournissent des renseignements encore plus utiles. Car nous avons vu que, plus un animal est fort, plus il résiste non-seulement aux causes des maladies, mais aux maladies elles-mêmes, une fois qu'elles sont déclarées ; qu'au contraire, plus il est faible, plus il a de chances défavorables contre lui. Nous avons vu que des maladies, d'une gravité en apparence ordinaire, s'accompagnaient quelquefois de symptômes fort graves, d'une chute des forces ou d'un état ataxique du système nerveux ; que deux maladies qui paraissent de même intensité, qui occupent les mêmes organes, chez des animaux placés dans des circonstances semblables, sont suivies chez l'un de la guérison, et chez l'autre de la mort. Or, comment expliquer ces différences, que le diagnostic de la nature, du siége et de l'étendue de la maladie, ne pouvait faire prévoir en aucune manière ? Ce ne peut être qu'en tenant compte de ce qu'on appelle les forces, c'est-à-dire, de l'état du système nerveux.

J'ai traité longuement des signes qui, au début, ou pendant le cours des maladies, pouvaient faire reconnaître les maladies graves ou légères, celles qui devaient se terminer favorablement ou d'une manière funeste. Je me contenterai donc ici d'en rappeler les principaux traits.

On connaît l'aphorisme d'Hippocrate qui dit que, lorsque deux maladies existent simultanément dans le corps, la plus forte fait disparaître la plus faible. Il en est de même pour les fonctions. Lorsqu'une maladie es t d ans une partie du corps, par un effet sympathique, elle trouble ou fait cesser les fonctions de tous les autres organes. Ainsi les sécrétions de la peau, des reins, de la bouche, ou diminuent ou sont presque suspendues ; la faim disparaît, il y a constipation, impuissance musculaire. Plus la maladie est grave, plus les fonctions de tous les organes sont profondément troublées ; ainsi, lorsque les irritants appliqués à la peau ne produisent aucun effet, on est assuré que la maladie est très-dangereuse. Plus la maladie est légère, moins les diverses fonctions s'éloignent de leur état naturel ; la peau est humide, les urines coulent, les fécès sont expulsées naturellement, l'appétit n'est pas complètement perdu. Et de même quand, pendant le cours d'une maladie, on voit ces symptômes survenir, c'est-à-dire, les fonctions recommencer leur exercice, on pronostique une amélioration dans la maladie, qui ne tarde pas en effet à se montrer.

Je renvoie pour le reste au chapitre où j'ai traité des forces.

Le pronostic est fort important pour le vétérinaire. En prévoyant l'issue des maladies, il empêche les propriétaires des animaux de faire de fausses spéculations ; d'entreprendre un traitement coûteux, lorsque toutes les chances sont défavorables.

Lorsque toutes les probabilités se réunissent pour établir qu'un malade ne guérira pas, ou qu'il restera estropié, incapable d'un bon service, il importe d'éviter au propriétaire les dépenses qu'il pourrait faire en pure perte.

Quand l'étude du pronostic ne conduirait qu'au point dont parle Hippocrate, de mettre le médecin dans le cas d'étonner le vulgaire par la justesse de ses prédictions , ce serait déjà fort avantageux , ce me semble. Ces prédictions, quand elles se vérifient, donnent une très-haute opinion des talents et du savoir du vétérinaire.

Le pronostic est la partie la plus difficile de l'art de guérir. Quelque expérimenté qu'on soit, il ne faut pas s'y livrer témérairement. Il faut au contraire l'émettre le plus souvent sous la forme d'un doute et annoncer que le contraire peut quelquefois arriver , parce que dans le champ de la vie, on n'a jamais de certitude absolue. De la sorte si on réussit , on a tout le mérite d'une prédiction faite d'avance, et si le pronostic annoncé ne se vérifie pas, on se met à l'abri derrière les difficultés et les chances contraires qu'on avait fait prévoir. Il est d'autant plus important de se ménager les moyens de revenir sur son opinion, que les gens du monde pardonnent au médecin ou au vétérinaire une mort qu'il a prévue; et qu'ils lui imputent à ignorance , même une guérison, s'il avait annoncé une terminaison funeste.

Ainsi on sera très-réservé sur le pronostic et on énoncera en le portant toutes les chances favorables ou défavorables qui peuvent se présenter. On fera sentir que , si dans un cas donné il y a par exemple 99 chances de guérison , il y a aussi une chance défavorable ; que celle-là précisément peut arriver ; que , par conséquent , quoique tout fasse présumer une terminaison favorable , on ne s'engage pas à la garantir.

PATHOLOGIE

THÉRAPEUTIQUE GÉNÉRALES

VÉTÉRINAIRES.

LIVRE CINQUIÈME.

THÉRAPEUTIQUE GÉNÉRALE.

GÉNÉRALITÉS. — DÉFINITIONS.

La thérapeutique est cette partie des sciences médicales qui s'occupe du traitement des maladies (de *théra-peuô*, je guéris). On la divise, comme la pathologie , en générale et en spéciale. La thérapeutique générale a pour objet de remplir les indications qui sont fournies par la pathologie générale. La thérapeutique spéciale , au contraire, se propose pour but de satisfaire aux indications qui résultent de l'étude de chaque maladie en particulier.

Mais quels sont les moyens à l'aide desquels on peut remplir les indications? ce sont les médicaments , les remèdes. Or, ils peuvent être envisagés de deux manières. On peut se contenter de décrire leurs propriétés physiques et chimiques, leurs effets sur les corps vivants et en santé, leur mode de préparation et d'administration, leurs doses, leurs combinaisons ou formules; c'est ce qu'on fait en *pharmacologie*. On peut aussi, en laissant de côté leur histoire naturelle, s'occuper uniquement des effets des médicaments sur l'économie en santé et en maladie, des cas dans lesquels ils conviennent et sont utiles, de ceux dans lesquels leur administration est dangereuse, etc., c'est ce dont on s'occupe dans la *thérapeutique générale*, qui comprend en outre l'étude des considérations qui doivent diriger le vétérinaire dans l'emploi des méthodes de traitement. Ainsi on peut faire de la pharmacologie, sans connaître la pathologie; il n'est besoin pour cela que de savoir l'histoire naturelle et la chimie, tandis que pour faire de la thérapeutique, il faut non-seulement connaître la pathologie dans les livres, mais il faut être clinicien, c'est-à-dire avoir observé la nature elle-même.

On appelle indications, les modifications que l'économie éprouve dans les maladies et qui nécessitent de la part du praticien l'emploi des moyens appropriés à la nature du changement opéré dans le corps. Ainsi la pléthore offre l'indication de la saignée, l'anémie offre l'indication des fortifiants.

La contre indication se compose de toutes les circonstances appartenant au malade, à sa maladie, à ses causes, etc., qui s'opposent à ce qu'on puisse satisfaire à une indication.

On remplit les indications avec les médicaments. On définit le médicament : une substance simple ou composée, non essentiellement alimentaire et qui produit sur les corps vivants une série d'effets que l'on peut utiliser pour le traitement des maladies.

On appelle agents de la thérapeutique, différents moyens qui ne sont pas des médicaments et qu'on emploie cependant dans le traitement des maladies, comme les sétons , cautères, moxas , la saignée.

Les médicaments ou les agents thérapeutiques produisent *des effets physiologiques* et *des effets thérapeutiques*. Les premiers consistent dans une série de phénomènes que ces moyens déterminent ordinairement sur les tissus ou sur l'ensemble du corps des animaux qui sont en santé. Ces mêmes effets se reproduisent, à quelques différences près, quand la maladie existe.

La médication est l'ensemble des effets physiologiques produit par les moyens de traitement. Il s'ensuit de là qu'il y a autant de médications, qu'il y a de séries possibles de ces effets. Nous verrons plus loin combien on a admis de classes de médicaments. Chaque classe a ses effets particuliers, sa médication propre.

Lorsqu'on combine plusieurs médications dans un même but, lorsqu'on emploie des médicaments de plusieurs espèces différentes pour arriver à un même résultat, c'est ce qu'on nomme *une méthode de traitement*. Ainsi, quand on veut affaiblir le corps, dans le traitement d'une inflammation, on a recours aux saignées, à la diète, aux boissons émollientes, aux évacuations artificielles, c'est ce qu'on appelle *la méthode débilitante* ou *antiphlogistique*. On dit aussi *la méthode révulsive*, qui est opérée par les vomitifs, les purgatifs, les diurétiques, les irritants cutanés, etc., etc.

On appelle *effets thérapeutiques*, les phénomènes que les médicaments produisent lorsqu'on les administre pendant le cours des maladies. Il est à remarquer que la guérison d'une maladie s'accomplit sous l'influence de certains médicaments, bien qu'on n'ait pu saisir d'eux aucun effet physiologique.

Traiter une maladie c'est employer tout ce que l'art possède de remèdes qui lui sont applicables.

Le traitement ne peut avoir que l'un de ces trois buts : 1° de préserver ; 2° de guérir radicalement; 3° de pallier une maladie. De là les traitements préservatif, curatif et palliatif.

Division de ce livre. — Je traiterai d'abord des médicaments et des médications et je les placerai dans l'ordre suivant :

1° les excitants qui comprendront non-seulement les excitants généraux du système nerveux, mais encore ceux des différents appareils, de la peau, du système musculaire, de la matrice, de la muqueuse bronchique, de celle du nez, des reins. Ces derniers seraient peut-être mieux placés avec les évacuants.

2° Les antispasmodiques et les narcotiques. Les premiers n'ont pas encore été traités dans les thérapeutiques vétérinaires. Les seconds s'en rapprochent naturellement par leur action sur le même appareil, quoique l'action de ces deux classes de médicaments ne soit pas la même.

3° Les toniques, les astringents et les analeptiques qu'on a l'habitude de placer ensemble.

4° Les irritants et les altérants.

5° Les évacuants, tels que les vomitifs, les purgatifs, les exutoires, la saignée. Il convient d'en rapprocher les anthelmintiques.

6° Enfin les émollients et les tempérants.

Ces six classes composeront le premier chapitre de ce cinquième livre. Dans un second chapitre, je parlerai des principes généraux de traitement applicables à toutes les maladies, et du traitement spécial de la congestion, de l'inflammation, de l'hémorrhagie, des vices de sécrétion et de nutrition, des états nerveux et des maladies qui dépendent des modifications ou des altérations des principes immédiats du sang.

Historique.

La thérapeutique vétérinaire s'est calquée toujours sur celle de l'homme. Caton l'ancien, Varron, Palladius, Columelle, Végèce avaient déjà une matière médicale aussi étendue que le comportaient les progrès de la médecine de leur temps.

Il est vrai de dire que la pharmacologie vétérinaire resta toujours en arrière des progrès de celle de l'homme. Celse faisait déjà remarquer de son temps, que les procédés de la chirurgie et les formules des médicaments s'étaient conservés, sans subir d'amélioration, dans la médecine des animaux.

En parcourant les hippiatres de la renaissance, on ne trouve dans les ouvrages qui traitent, soit de l'équitation, soit des maladies du cheval et des animaux, que des formules plus ou moins barbares dans lesquelles les médicaments sont rangés sans aucun ordre. Il faut arriver jusqu'à Solleysel pour trouver quelques notions scientifiques de matière médicale, et quelques-efforts pour se rendre compte des effets des médicaments. Garsault et Lafosse y ajoutèrent fort peu.

Bourgelat est vraiment le créateur de cette étude chez les vétérinaires. Il publia sa matière médicale en 1765. Elle était faite sur le modèle des ouvrages de la même espèce en médecine humaine. Cependant il sentait qu'une pareille analogie était fautive, puisque telle substance qui purge l'homme à 5 ou 6 décigrammes, ne purge pas le cheval à la dose de 64 grammes, c'est-à-dire qu'elle exige une dose 130 ou 140 fois plus considérable ; ce qui est hors de proportion avec les rapports matériels de l'homme et des animaux. C'est pourquoi il se livra avec Flandrin, Chabert et Huzard, à de nombreuses expériences dont il publia les résultats dans une deuxième édition imprimée en 1772.

Il divise les médicaments en internes et en externes ; les premiers : 1° en altérants qui comprennent les absorbants, les tempérants, les apéritifs et les adoucissants; 2° en évacuants parmi lesquels il place les vomitifs, les purgatifs, les diaphorétiques, les diurétiques, les béchiques et les salivants ; 3° en fortifiants qui sont : les cordiaux, les toniques, les stomachiques, les carminatifs, les astringents ; 4° en sédatifs et en narcotiques. Viennent ensuite une série de médicaments spécifiques, les antivermineux, les antiputrides, antimorveux, etc.; classes de médicaments qui ne sont plus admises maintenant comme formant des genres séparés.

A part la division en internes et en externes qui est mauvaise, parce que les mêmes médicaments pouvant être donnés à l'intérieur comme à l'extérieur, n'ont pas pour cela des propriétés différentes suivant qu'ils agissent par l'une ou par l'autre de ces voies; à part aussi ses médicaments spécifiques, il faut reconnaître que cette division s'éloigne moins des classifications modernes qu'on ne s'est hâté de le dire, et que cet ouvrage était bien plus près, que ceux qui l'ont suivi, de créer une bonne thérapeutique fondée sur l'expérimentation.

Vitet a adopté une classification moins physiologique que celle de Bourgelat. Une partie de ses médicaments sont classés par leurs propriétés physiques ou chimiques, une autre d'après leurs propriétés physiologiques ; de sorte que cette classification manque d'unité. Il faut rendre cette justice à Vitet, que sa thérapeutique est extrêmement simple.

Moiroud a fait une matière médicale; aussi, ne rentre-t-il qu'indirectement dans mon sujet. Les considérations chimiques tiennent une grande place dans son ouvrage, et les effets physiologiques des médicaments y sont raisonnés d'après Barbier d'Amiens. On peut reprocher à cet auteur, du reste plein de science, de n'avoir peut-être pas assez suivi la voie d'expérimentation et d'expériences cliniques, ouverte par Bourgelat et par Huzard, ce qui tient à ce qu'il s'était peu occupé de clinique ; mais aussi ç'aurait été trop exiger de lui que de vouloir qu'en quelques années il eût pu devenir praticien.

Quant à moi, j'ai déjà fait connaître la classification que j'ai adoptée ; je me suis fait une loi de ne rien avancer qui n'ait été vu et observé sur les animaux eux-mêmes. Si donc quelque points paraissent moins détaillés que leur importance ne le mérite, c'est que notre science ne possède rien d'authentique à leur sujet. Je me suis efforcé de montrer le tableau complet de ce qui avait été fait jusqu'à ce jour sur la thérapeutique vétérinaire.

Avant de passer à l'étude des médicaments, il convient de traiter : 1° de leurs effets en général, primitifs et secondaires ; 2° de la manière dont leur action se propage dans l'économie ; 3° des surfaces par lesquelles on les administre.

1° *Effets primitifs et secondaires des médicaments.*

Les effets primitifs des médicaments se manifestent plus ou moins rapidement après leur application sur la peau ou sur les membranes muqueuses. ; ce sont ceux qui sont produits par le contact du médicament sur la surface à laquelle il est adressé. Ainsi, l'application de la moutarde produit la rougeur, la chaleur, la cuisson; ce sont là des effets primitifs; les effets primitifs des astringents sont de resserrer les tissus, de diminuer le calibre des capillaires, etc., etc.

Les effets secondaires sont consécutifs aux premiers; ainsi, un irritant, un sinapisme est mis sur la peau, il en résulte les symptômes d'une congestion qui sont des phénomènes primitifs; mais à la suite on voit naître une excitation générale qui peut aller jusqu'à la fièvre; c'est un effet secondaire. Les excitants échauffent les tissus sur lesquels ils sont en contact, c'est là un effet primitif; ensuite, ils sont absorbés et stimulent tout le système nerveux; voilà un effet secondaire.

Les effets primitifs ont donc lieu au point de contact; les secondaires sur un point plus ou moins éloigné du lieu de l'application du médicament. Ces derniers ont nécessairement lieu par sympathie ou par absorption.

2° *Propagation de l'action des médicaments.*

L'action des médicaments se propage, c'est-à-dire, se fait ressentir à toute l'économie et par la voie des sympathies et par celle de l'absorption, qui en transporte les molécules, les met en contact avec toutes les parties du corps.

Des sympathies. — Nous connaissons déjà les sympathies et nous savons que les nerfs en sont les conducteurs. Ainsi, nous avons vu que la fièvre et toutes les sympathies morbides dont elle se compose étaient développées par des lésions locales, par des congestions, des inflammations des organes, par toutes les causes enfin qui font naître et entretiennent la douleur. Les médicaments agissent d'une manière analogue. Ainsi, un vésicant appliqué sur la peau y produit, comme effets primitifs, la douleur, la chaleur, la rougeur, c'est-à-dire, la congestion de la peau; ensuite, il cause une excitation générale et peut même faire naître la fièvre.

Plusieurs substances agissent d'abord par sympathie, ensuite par absorption. Dès que les liqueurs alcooliques pénètrent dans l'estomac, le cerveau reçoit une impression excitante; mais bientôt après ces liquides sont absorbés, et l'action directe s'ajoute à l'action sympathique.

C'est par les sympathies qu'a lieu le phénomène connu sous le nom de révulsion, et qui consiste à établir en un point de l'économie une congestion ou une inflammation artificielles, lesquelles déplacent une autre maladie née spontanément en un autre point. Nous verrons, à propos des irritants, quelles sont les lois et les indications de la révulsion.

La dérivation offre quelque rapport avec la révulsion; mais elle en diffère en ce qu'elle consiste dans une sécrétion soit artificielle qu'on entretient à la surface de la peau, soit même en une sécrétion naturelle dont on augmente l'activité normale.

De l'absorption. — L'action des médicaments se propage évidemment aussi par l'absorption de leurs molécules qui sont entraînées dans la circulation, ou, comme disaient les anciens médecins, dans les secondes voies. En effet, on les retrouve dans le sang, dans les urines, dans la matière de la transpiration, etc. On sait que la condition essentielle de toute absorption, c'est la solubilité des médicaments; mais il faut aussi, du côté du corps, une certaine vacuité des vaisseaux. Aussi, l'état pléthorique s'oppose-t-il à l'absorption, et la saignée, au contraire, la favorise.

3° *Des parties du corps avec lesquelles on met les médicaments en contact.*

Ces parties sont : 1° la peau ; 2° les veines ; 3° les membranes muqueuses. Trois méthodes différentes peuvent être suivies à la peau : 1° On peut simplement appliquer le médicament sur la peau recouverte de son épiderme, et sans opérer de frictions ; c'est ce qui arrive pour les cataplasmes, les lotions, les fomentations, les embrocations ; 2° on peut irriter la peau par des frictions. On admet généralement que ces frictions continuées au point de rougir la peau, altèrent l'épiderme et le rendent plus perméable ; c'est la méthode iatraleptique ; 3° la troisième manière ou méthode endermique consiste à enlever l'épiderme par le vésicatoire, l'ammoniaque, etc., et à déposer le médicament sur cette surface dénudée ; il faut avoir soin, dans ce cas, de mouiller goutte à goutte cette substance et de la remuer sur la plaie jusqu'à ce qu'on l'ait fait dissoudre et qu'on se soit assuré qu'elle est absorbée.

L'introduction des médicaments par les veines, porte le nom de méthode d'*infusion*. Elle offre le moyen d'agir d'une manière prompte et énergique dans certains cas désespérés ; mais les accidents graves et nombreux qu'elle peut amener à sa suite, en ont restreint beaucoup l'application.

Quant aux muqueuses, on peut mettre les médicaments en contact avec celle du nez, de l'estomac et du rectum. On n'agit sur la muqueuse nasale que dans le cas d'asphyxie et de syncope. Dans tous les autres cas, on s'adresse à l'estomac et au rectum. Il faut employer des doses plus considérables quand on donne les substances par le rectum. Au reste, on remarquera que l'on adresse presque toujours les médicaments à l'estomac, à moins que ce ne soit impossible, qu'il n'y ait une vive inflammation, ou qu'on craigne de trop l'exciter.

CHAPITRE PREMIER.

DES MÉDICAMENTS ET DE LEURS MÉDICATIONS.

DES EXCITANTS.

On appelle médicaments excitants ou stimulants ceux qui, étant appliqués sur un organe, y développent plus ou moins promptement une sensation de chaleur qui se propage aux parties environnantes, une accélération du cours du sang, et une plus grande activité de la fonction spéciale de l'organe. Ils produisent les mêmes effets sur l'ensemble de l'économie, lorsqu'ils sont absorbés et introduits dans le sang. Quelques auteurs leur ont donné le nom de pyrogénétiques (de *pur* feu et de *généticos* qui engendre).

Cette classe de médicaments se trouve sur la limite des antispasmodiques et des toniques. Ils diffèrent des premiers par l'absence d'une action calmante du système nerveux, et des seconds en ce que leur effet est plus rapide, mais moins durable et moins persistant.

Quelques auteurs séparent des agents excitants, les substances dont l'action est très-passagère et fort rapide, et leur donnent le nom de diffusibles (*diffundere*, se répandre). Cette division ayant l'inconvénient de séparer des médicaments dont l'action est fort analogue, je n'ai pas cru devoir l'adopter.

D'autres, au contraire, ont voulu réunir dans la même classe les divers agents qui ont une influence bien marquée sur certains appareils, comme la peau, les reins, l'utérus, le système musculaire, et qui sont généralement classés à part sous la dénomination de sudorifiques, diurétiques, emménagogues; mais quoiqu'ils aient comme les autres une action excitante générale, leur propriété d'agir spécialement sur tel ou tel appareil doit les faire ranger à part.

Les excitants généraux sont nombreux et ne se ressemblent pas entièrement dans leur manière d'agir sur l'économie, attendu qu'ils sont composés de principes chimiques différents; néanmoins ils jouissent de quelques propriétés communes qui constituent les caractères de la médication excitante.

Nous avons vu dans le deuxième chapitre du quatrième livre ce qu'il fallait entendre par les forces; qu'il fallait distinguer les forces générales, qui consistent dans la force des contractions du cœur, dans la chaleur générale du corps, et l'énergie du système locomoteur; et les forces de chaque appareil en particulier qu'on reconnait à ce que sa fonction propre s'exécute rapidement et complètement. Ainsi les forces de l'estomac sont bonnes lorsqu'il digère bien, sans souffrance pour l'animal, etc. Les forces résident dans le système nerveux, soit le système nerveux général pour les forces en général, soit celui de chaque organe en particulier pour les forces de cet organe. Les excitants agissent sur le système nerveux général et organique, et développent les forces. Sur chaque organe en particulier ils déterminent une sensation de chaleur, une circulation plus active, et une plus grande énergie pour accomplir ses fonctions spéciales. Absorbés et agissant sur toute l'économie, ils déve'oppent les forces générales, c'est-à-dire, accélèrent et rendent plus fortes les contractions du cœur, d'où résulte que le sang pénètre en plus grande quantité dans les organes, qu'il en arrive plus dans un temps donné, ce qui y élève la température, enfin rendent le système locomoteur plus apte à entrer en exercice, et à se contracter énergiquement. Le fluide nerveux et le sang, ces deux mobiles de la vie, sont donc distribués en plus grande quantité par tout le corps, et l'économie tout entière en reçoit l'influence. Aussi les excitants provoquent l'appétit, ils excitent la soif à cause de la plus grande rapidité de la circulation, et parfois la salivation, la transpiration insensible, et même la sueur. Au reste, ces effets sont proportionnés à la sensibilité des sujets, et à la force des excitants. Ceux qui sont très-odorants ont une action en général passagère; plus leurs principes sont fixes, et plus leur action est soutenue et durable.

Les stimulants sont fournis par les trois règnes; ceux que fournit le règne végétal ont en général une odeur forte et aromatique; ils contiennent une huile essentielle, une résine, de l'acide benzoïque ou du camphre; ces principes sont le plus souvent associés à des extractifs amers, ou à des alcaloïdes végétaux.

La famille des labiées offre un groupe de plantes bien distinctes dont la propriété paraît principalement résider dans la combinaison d'une huile essentielle très-odorante tenant du camphre en dissolution, avec un principe amer plus ou moins abondant. Dans un autre groupe, qui comprend la plus grande partie des ombellifères, les résines constituent la partie active du médicament. Une troisième section renferme la famille des crucifères, et une partie de celle des alliacées, et fournit des végétaux remarquables par la présence d'un principe âcre de la nature des huiles volatiles, associé à des mucilages ou à des substances de natures diverses telles que la scillitine.... Les pipéritées donnent le poivre qui contient une huile volatile concrète, unie à de la résine et à un alcaloïde, la pipérine. Les anthèmes, les armoises, et la plupart des corymbifères, contiennent plus ou moins abondamment une huile essentielle unie à un principe amer. Les baumes sont remarquables par l'acide benzoïque et des huiles essentielles concrètes; les conifères par la présence de la résine presque pure. Enfin un grand nombre de végétaux placés dans diverses familles renferment des principes analogues à ceux qui viennent d'être énumérés, comme la serpentaire de Virginie, la cannelle, le gérofle, la muscade....

Le règne animal ne fournit guère que l'osmazome et le phosphore; le règne minéral, les préparations mercurielles, et les eaux minérales.

Parmi les agents de l'hygiène, l'air sec et chaud, l'exercice musculaire, l'insolation, l'électricité, sont aussi des moyens stimulants.

Moiroud a classé les stimulants végétaux, sans doute d'après l'énergie de leurs propriétés actives, ce sont : la cannelle, la cascarille, le gérofle, la muscade, la badiane ou anis étoilé, le poivre noir, le gingembre officinal, la serpentaire de Virginie, le raifort sauvage, l'absinthe commune, la grande absinthe, la camomille romaine, la pyrethre, l'angélique, l'impératoire, l'anis vert, le fenouil, le carvi, la menthe poivrée, la sauge officinale, la lavande, le romarin, le genevrier commun, le gaïac, le sassafras, la salsepareille, l'alcool.

Il eût été plus pratique d'indiquer les substances dont on se sert ordinairement, et que le vétérinaire peut trouver à la campagne auprès de ses animaux ; telles que le poivre noir, le raifort, la menthe poivrée, l'angélique, l'impératoire, le fenouil, la sauge, la lavande, le romarin, le genevrier. Les excitants qui nous viennent de l'étranger ne sont pour lui que des succédanées auxquelles il a recours, en cas d'insuffisance des autres, ou quand des circonstances impérieuses en réclament l'emploi.

Toutes ces substances agissent à peu près de même, au degré d'énergie près. Les praticiens doivent savoir que ces médicaments, s'ils sont administrés en breuvages, se préparent par infusion; qu'il faut les tenir couverts, pendant qu'ils infusent, pour empêcher la volatilisation de leurs principes aromatiques, et donner les infusions chaudes (de 37 à 50 degrés centigrades); le calorique étant par lui-même un excitant.

Si on donne les excitants sous forme de substances, il faut les associer à des substances qui aident leur action; à l'alcool, au vin, au cidre, à la bière, lorsqu'on veut les administrer sous forme liquide; ou bien à l'extrait de genièvre, à la thériaque, si c'est sous forme solide. Au contraire, le miel ou la melasse affaiblissent leur action; si on les emploie comme base d'électuaires, d'opiats, il faut augmenter la dose des excitants. Il en est de même, si on les donne sous forme de pilules ou de bols, comme le font les Anglais pour leurs chevaux de course.

On peut encore mêler les poudres de ces médicaments aux aliments, au son de froment ou à l'avoine. Le praticien qui fera prendre les poudres, avec l'un de ces deux aliments, aura soin de les asperger légèrement avec de l'eau, pour empêcher que le souffle de l'animal ne les disperse et ne les perde.

On doit encore, pour aider à l'action des excitants, conserver au corps sa chaleur naturelle en le couvrant de couvertures de laine, en plaçant les animaux dans des écuries chaudes lorsque le temps est froid, et même donner de l'exercice dans un lieu abrité des vents froids.

Action thérapeutique.—D'après ce que nous savons de l'action des excitants, on comprend qu'ils conviennent pour augmenter les forces générales, et l'action du système nerveux ; or, dans quels cas est-il nécessaire de stimuler le système nerveux ? C'est ce que je vais montrer.

Comme topiques, les excitants conviennent dans la dernière période des inflammations externes, lorsque la chaleur et la douleur étant complètement tombées, la partie reste indolente, indurée, ou le siége d'une sécrétion de pus. Dans ce cas les excitants augmentent le cours du sang, facilitent la résorption des matériaux épanchés de ce fluide, et diminuent les vices de sécrétion qui sont liés, après les inflammations, à l'engouement des tissus où le sang circule lentement. Ils sont contre-indiqués tant qu'il y a chaleur ou rougeur ; on ne doit même les employer que plusieurs jours après que ces symptômes ont disparu ; et, si pendant leur administration, on voit se développer ces symptômes, il faut aussitôt en cesser l'usage, calmer l'inflammation qui revient, et ne revenir à leur emploi qu'après qu'elle a disparu depuis quelques jours.

Ils conviennent encore au début du traitement des entorses, des contusions, des tiraillements violents des articulations, suivis d'ecchymoses et d'épanchements de sang dans le tissu cellulaire, et avant que l'inflammation ne soit survenue. Dès qu'elle survient, il faut les cesser. Avant cette période ils accélèrent le cours du sang dans la partie, empêchent qu'il ne se forme de nouveaux épanchements, et hâtent la résorption du sang épanché. Les efforts musculaires qui s'accompagnent d'engourdissement et de faiblesse, les entorses suivies de faiblesse et de relâchement des ligaments, éprouvent de l'amendement par l'usage des stimulants.

A l'intérieur, on les donne dans les cas de syncope, de faiblesse résultant d'hémorrhagies abondantes, d'anémie, dans les convalescencès qui traînent en longueur, dans ce qu'on appelle le chaud et froid. Dans ce cas le corps ayant été brusquement refroidi et la transpiration supprimée, l'animal est quelque temps dans un état de courbature et de malaise général, avant qu'une congestion ou une inflammation se localise dans un point du corps. On doit agir dans ce cas sur les deux surfaces tégumentaires pour rétablir la transpiration. Il n'en est pas de même dans le cas de congélation d'une partie extérieure ; c'est seulement sur le tube digestif que les stimulants sont dirigés pour activer la circulation, tandis qu'on tient la partie gelée refroidie, et qu'on n'y excite le mouvement circulatoire que par des frictions avec de la neige, pour empêcher qu'il ne s'y fasse une congestion trop vive, avant que le cours du sang ne se soit rétabli dans la partie gelée, ce qui y amènerait infailliblement la gangrène.

On donne les excitants dans la dernière période des maladies, lorsque l'animal reste faible, que la maladie ne fait pas de progrès, et que la convalescence ne se prononce pas; mais l'appréciation de l'instant où les excitants doivent être substitués aux débilitants, est un des points les plus délicats de la médecine pratique, et dénote, dans celui qui sait le saisir, un tact exercé et profond.

Ils conviennent dans beaucoup de maladies typhoïdes qui s'accompagnent d'un grand accablement, dans les angines couenneuses, dans certains érysipèles, avec tendance à la gangrène, dans les tumeurs du même genre, dans la seconde période de la gangrène.

Ils conviennent encore toutes les fois qu'on rencontre chez un malade une grande faiblesse qui ne paraît pas en proportion avec la gravité de la maladie; lorsque avec une pneumonie, par exemple, on trouve le pouls petit et faible, la respiration lente, la peau refroidie, les forces musculaires anéanties, il faut avant tout relever les forces, de peur que l'animal ne meure par l'épuisement du système nerveux, avant que la pneumonie ait pu même suivre sa marche. La faiblesse comme les symptômes nerveux qui ne sont pas proportionnés à l'intensité de la maladie, annoncent une disposition du sujet à tomber pour la moindre cause dans l'adynamie ou l'ataxie, et par conséquent réclament les excitants pour la première, et les antispasmodiques pour la seconde.

D'un autre côté, il ne faut pas prendre pour une véritable adynamie la faiblesse qui résulte de l'oppression des forces, et qui est produite par l'inflammation vive d'une partie; on a vu, à propos des forces, en pathologie générale, le moyen de distinguer la faiblesse réelle, de l'oppression des forces.

On a dit en général que les excitants sont indiqués dans la vieillesse, et contre-indiqués dans l'enfance et l'âge adulte. Non-seulement cette opinion n'est pas absolument vraie, en ce sens que les animaux âgés et encore forts peuvent offrir une réaction fébrile assez intense pour que les stimulants soient contre-indiqués, mais aussi en ce que chez les jeunes animaux on est souvent obligé d'employer des excitants. Cependant en général les excitants conviennent dans la vieillesse.

Il en est de même des espèces ; en général celles des ruminants ont plus besoin de ces médicaments que les monodactyles et les carnivores.

Du reste, le praticien doit savoir que les organes s'habituent à l'action des excitants, et que pour que ceux-ci produisent l'effet qu'on en attend, il faut en augmenter progressivement la dose.

Sudorifiques.

On donne ce nom aux médicaments qui augmentent la transpiration cutanée. Nos prédécesseurs distinguaient les sudorifiques des diaphorétiques : les premiers faisaient couler la sueur, les seconds produisaient seulement la transpiration insensible. Les modernes ne voient avec raison que des degrés divers de force dans les médicaments qui produisent ces deux effets, et ne pensent pas qu'on puisse en faire la base d'une distinction réelle. Bourgelat l'avait déjà compris ; car, quoiqu'il répète les différences que les médecins de son temps considéraient comme caractéristiques entre les sudorifiques et les diaphorétiques, il n'emploie que ce dernier nom pour le titre du chapitre, où il traite à la fois des uns et des autres. En effet, dit-il, les sudorifiques ne déterminent pas aussi communément, chez les animaux, les effets qu'ils déterminent chez l'homme ; la sérosité qui devrait être exhalée par la peau, n'a pas chez eux autant de tendance pour la peau que pour d'autres organes de sécrétion, les reins, par exemple, comme on le voit chez les chiens qui ne suent pas, et qui urinent sans cesse. Ce que Bourgelat dit du chien s'applique encore mieux au porc, dont la peau est tout-à-fait imperméable à la sueur, mais qui a une vessie énorme, et qui urine beaucoup.

Le porc est, de tous les animaux domestiques, celui dont la peau est le moins perméable à la sueur; puis, viennent le chien, le chat, la chèvre, le mouton, le bœuf et le cheval, qui transpire le plus de tous. Le chien ne sue guère que dans certaines éruptions pustuleuses, identifiées à tort avec la variole.

Il faut convenir que les médicaments dits sudorifiques n'ont aucune action chez le porc, le chien, le chat, etc., et qu'ils en ont même très-peu sur le cheval. Encore faut-il, pour qu'on leur en voie produire, avoir recours à des moyens auxiliaires, comme l'élévation de la température de l'habitation, des couvertures, des fumigations sous le ventre avec de l'eau chaude, des frictions, l'exercice dans un lieu chaud; de sorte que les moyens accessoires semblent jouer le principal rôle dans la production de la sueur.

L'eau chauffée à la température de 25 ou 30 degrés centigrades, celle dans laquelle on a fait infuser des fleurs de bourrache, de sureau ou de tilleul, m'a semblé le sudorifique le plus sûr. Dans tous les cas, il faut l'aider par les moyens précédents. Deux conditions sont en outre indispensables : d'abord la propreté de la peau, ensuite un liquide qui ne soit pas trop excitant. C'est sans doute pour avoir donné l'ammoniaque à trop haute dose qu'on ne lui a pas vu produire la diaphorèse.

Moiroud dit avoir expérimenté sur les animaux avec le gaïac, la squine, la salsepareille, le sassafras, la fleur de sureau, la bourrache, à l'état de poudre, en infusion, ou en macération dans l'eau , et n'avoir jamais pu produire la diaphorèse. En conséquence , il les repousse du cadre des diaphorétiques, et il est conduit, par des vues que j'exposerai tout à l'heure , à considérer le soufre , le sulfure de potasse , l'antimoine et ses préparations , le kermès , le régule et le sulfure d'antimoine , comme les vrais sudorifiques.

J'ai administré l'ammoniaque (alcali volatil) , et l'acétate d'ammoniaque à la dose de 96 grammes , à des chevaux sains ; j'en ai secondé l'effet en faisant couvrir le corps de deux ou trois couvertures , la température de l'air étant à 10 ou 12 degrés centigr. au-dessus de 0, et je n'ai pu obtenir qu'une salivation plus ou moins copieuse avec rougeur de la membrane buccale.

L'opium, dans le tétanos et quelquefois pendant la santé , dissous dans l'alcool et donné à la dose de 16 ou 32 gr., m'a paru produire la diaphorèse , mieux que les substances précédentes , mais avec des mouvements convulsifs , et le narcotisme qui suit son administration à haute dose, symptômes qu'aucun praticien , je pense , ne voudra provoquer dans le seul but d'obtenir la diaphorèse.

On peut conclure des recherches de Moiroud et des miennes, que les diaphorétiques tirés du règne végétal n'ont qu'une action assez équivoque chez les animaux ; que l'eau chaude , par sa température seule et avec le secours de la chaleur de l'écurie, des couvertures, des fumigations, des frictions et de l'exercice, est le premier des sudorifiques ; mais qu'on peut augmenter son effet en y faisant infuser quelques excitants ou diaphorétiques, tels que le tilleul , le sureau, la bourrache.

Moiroud ne trouvant pas, dans les substances réputées diaphorétiques chez l'homme, une action suffisante chez les animaux, a cru remarquer qu'il y a des médicaments qui ont la propriété de diminuer l'aridité de la peau et de lui rendre sa souplesse et son humidité, lorsqu'elle les a perdues à la suite des maladies chroniques, qu'elle est devenue sèche et adhérente aux tissus sous-jacents et que le poil qui la recouvre est terne et piqué. Ces médicaments sont ceux qu'on appelle généralement expectorants ou béchiques incisifs, tels sont les préparations d'antimoine, ou altérants, tels que le soufre et le sulfure de potasse. De la sorte, il place dans le chapitre des sudorifiques ces deux ordres de médicaments qui lui paraissent également convenables contre les dartres, la gale, les eaux aux jambes, la bronchite et la pneumonie.

Tous les faits connus repoussent cette manière de voir. J'ai souvent employé les sels d'antimoine chez les chevaux atteints de morve ou de farcin, et je les ai toujours vus à la longue faire perdre l'appétit, maigrir et donner à la peau de la raideur et la sécheresse, alors qu'elle n'en avait pas auparavant, et jamais je ne les ai vus changer cet état lorsqu'il existait.

Quant au soufre, Collaine l'a, dans le temps, employé à très-haute dose dans le traitement de la morve et du farcin, et je ne sache pas qu'il en ait obtenu la diaphorèse. Gohier et moi nous en avons fait le même emploi thérapeutique, et nous nous sommes assurés qu'à haute dose, depuis 16 grammes jusqu'à 125 et même plus, et après en avoir continué l'usage pendant 8 ou 10 jours, il arrête l'appétit, trouble la digestion, cause l'amaigrissement, une diarrhée copieuse et fétide et la mort. A la dose de 32 grammes, pendant 2 ou 3 jours nous obtenons la purgation des chiens atteints d'affections psoriques.

Lorsque la diaphorèse a lieu, de quelque manière que

ce soit, spontanément ou artificiellement, au trouble, à l'agitation générale et à la sécheresse de la peau, ou bien au refroidissement de ce tissu, à la raideur du corps et à la courbature, succèdent une chaleur moins vive dans le premier cas et une température plus élevée dans le deuxième ; la face et les paupières se gonflent ainsi que les veines sous-cutanées, le poil commence à devenir plus doux, puis s'humecte, le pouls s'élargit s'il était resserré ou s'agrandit s'il était faible et déprimé et il prend de la fréquence ; la sueur commence à se ramasser sur le corps qui se couvre de goutelettes ; enfin elle peut devenir assez abondante pour couler sur les yeux, jusqu'au bout de la tête, et sous le ventre à sa partie déclive.

Quelques effets secondaires résultent de l'emploi des sudorifiques. En augmentant la sécrétion de la peau, ils diminuent celle des intestins, d'où résulte une constipation d'autant plus opiniâtre qu'ils sont plus prolongés. Ils provoquent aussi la soif et même si on se sert des substances excitantes comme l'ammoniaque, une salivation plus ou moins abondante et un peu de dégoût, symptômes qui à la vérité ne tardent pas à se dissiper.

Malgré ce que nous avons dit du peu d'efficacité des sudorifiques chez les animaux, le cheval seul pouvant en éprouver quelque effet, on les a recommandés dans un grand nombre de maladies.

On les a recommandés comme préservatifs du typhus et des maladies contagieuses, dans le but d'empêcher l'absorption par les surfaces cutanée et pulmonaire, et d'expulser par leur moyen les miasmes qui auraient pu déjà pénétrer dans le corps. Ces médicaments, dit Bourgelat, qui prennent alors le nom d'alexitères, se donnent dans le vinaigre ou le vin affaibli par l'eau, en poudre ou en infusion. Le camphre est le plus puissant alexitère. Ce qui nous montre que ces prétendus sudorifiques sont tout aussi bien des stimulants.

Sans affirmer qu'on ait obtenu précisément ce qu'on attendait de ces médicaments, ce dont on peut douter quand on connaît ce que nous avons dit sur la difficulté de procurer la sueur même chez le cheval, à l'aide des sudorifiques, toujours est-il que Flandrin s'en est servi pour les moutons à préserver ou à guérir de la maladie de Sologne, que Tessier les a encore prescrits après lui, et que l'école d'Alfort a ensuite employé et recommandé l'esprit de mindererus, acétate d'ammoniaque contre le typhus des bœufs de 1814. A mon avis, ces médicaments n'ont agi qu'à la manière des excitants et comme capables de relever les forces. C'est sans doute au même titre qu'on emploie l'ammoniaque, l'alcool succiné, l'eau de luce contre les morsures de la vipère, chez les animaux.

On les emploie en général pour faire avorter les maladies naissantes au moyen d'une transpiration copieuse. J'ai déjà parlé de cette médication à propos des excitants. Pendant que le corps est dans cet état de brisement qu'on appelle courbature, que la peau et le poil sont secs, ainsi que cela s'observe en hiver et par les temps humides et frais, au début du coryza, de la bronchite, de la pneumonie; mais dès qu'un point est le siége d'une congestion ou d'une inflammation, il faut les cesser sous peine d'augmenter le mal.

Il conviennent aussi au début de toutes les affections éruptives, quand les malades sont affaiblis par des maladies antérieures, quand ils offrent peu de fièvre et de réaction, que la peau est sèche et non congestionnée, quand l'éruption ne suit pas les périodes ordinaires,

qu'elle paraît languissante ou qu'elle rentre : Coquet, Viborg, Santin et tous les auteurs qui ont écrit sur la variole, sont d'accord sur ce point.

Dans les affections lymphatiques, la morve, le farcin,
les sudorifiques, ont été et sont même encore souvent
employés. Quant aux hydropisies , outre que la médication sudorifique n'est pas très-puissante contre elles, les
chiens et les moutons, chez lesquels cette maladie est le
plus commune, sont précisément des animaux qui ne
suent pas ou presque pas.

Le rhumatisme aigu est une des affections où on se sert
le plus des sudorifiques à l'intérieur et à l'extérieur. Le
rhumatisme chronique en exige également l'emploi, quoique leur efficacité y soit moins prouvée ; il faut plutôt
dans ce dernier cas se servir des excitants aromatiques et
spiritueux et des sudorifiques externes de même nature,
tels que les eaux minérales. Déjà quelques vétérinaires
ont obtenu d'heureux résultats de l'application de la boue
chaude des eaux minérales et des douches , dans le traitement des vieilles douleurs rhumatismales des membres,
chez le cheval et le chien.

Les sudorifiques peuvent être nuisibles dans une foule
de cas ; il est reconnu que leur usage prolongé fatigue, et
s'il est porté trop loin , peut jeter le corps dans une grande
débilité. Bourgelat, à travers le fatras des théories de son
temps, a bien fait sentir cette vérité (*Matière Médicale*,
tome Ier, page 98). Ceux qui sont trop actifs peuvent en
outre causer l'irritation des viscères. On remédie aux
mauvais effets des sudorifiques, lorsqu'ils ont produit des
sueurs trop abondantes, par la cessation des boissons
chaudes, par l'exposition graduée du corps à l'air, par
l'emploi des astringents, des toniques.

Comme ils augmentent la rapidité de la circulation, qu'ils font affluer le sang en plus grande abondance dans tous les tissus, il est évident qu'il faut se garder de les administrer toutes les fois qu'il existe une congestion ou une inflammation dans quelque organe, dans les lésions organiques du cœur et du poumon, et généralement aussi dans toutes les productions morbides qu'on appelle ordinairement dégénérescences organiques, les squirrhes, les encéphaloïdes. Un préjugé trop généralement répandu dans les campagnes, veut que presque toutes les maladies tiennent à un chaud et froid, à une suppression de la transpiration ; aussi, cherche t-on à la rétablir au moyen des sudorifiques les plus énergiques, ce qui n'a d'autre résultat que d'aggraver la maladie. Dans ces cas, si l'on veut produire la sueur, il faut le faire à l'aide de boissons émollientes chaudes et en abondance, et employer, en même temps, les moyens secondaires, à l'aide desquels on favorise la diaphorèse.

On recommande de ne pas donner de sudorifique quand une crise s'opère par une autre voie et notamment par les urines; et dans les crises mêmes qui ont lieu par les sueurs, on ne doit pas aider à cette sécrétion par des sudorifiques actifs. Pour ne pas troubler la nature on ne doit se servir que de sudorifiques fort doux et les employer avec ménagements.

Au reste, il est une règle de thérapeutique qu'il ne faut jamais oublier, c'est qu'il ne faut tenter la médication par les sueurs que quand les conditions de lieux, de température, etc., tendent à favoriser la diaphorèse ; car, comme le dit Bourgelat, ses effets sont contrariés par le froid auquel on expose les animaux et par l'air froid qu'ils respirent.

Des Utérins.

Les utérins sont des médicaments excitants, mais qui ont une action spéciale sur la matrice. On les appelle aussi emménagogues en médecine humaine, parce qu'on leur suppose le pouvoir de faire couler plus abondamment les règles ou de les ramener quand elles sont supprimées. Mais les règles n'existent pas chez les animaux.

Les médicaments de cette classe sont la rue, la sabine, le safran et le seigle ergoté. Bourgelat y joint l'armoise, l'aristoloche, la matricaire, médicaments dont l'action est fort problématique chez les animaux.

Suivant Huzard, la rue odorante provoque les chaleurs dans les femelles ; sa décoction active la sortie du délivre dans les femelles faibles et peu irritables. Moiroud se borne à dire qu'elle détermine les phénomènes de la médication stimulante et qu'elle excite l'utérus, cela est trop vague. Orfila qui l'a expérimentée sur les chiens dit qu'elle peut produire une inflammation du tube digestif, en général peu vive ; et que son huile essentielle, introduite dans les veines, agit à la manière des narcotiques. Il ne parle pas de son action sur l'utérus. On la prescrit en poudre dans du vin ou dans de l'extrait de genièvre, ou mieux, fraîche et infusée dans l'eau ou dans une liqueur fermentée. A la dose de 64 à 192 grammes (2 à 6 onces) pour les grands animaux et pour les petits de 16 à 32 grammes. On emploie aussi son extrait. Sa décoction est donnée en fomentations, en bains.

La sabine passe pour être plus active ; on la donne de même.

Le safran est à la fois un excitant général, un antispasmodique et un utérin.

Le seigle ergoté passe pour être le plus actif des utérins. Plusieurs praticiens assurent qu'il aide à l'expulsion
du délivre, et qu'il provoque les contractions de l'u-
térus dans le cas d'inertie. Je l'ai donné, pour mon
compte, à un grand nombre de chiennes dont la matrice
n'entrait plus en contraction, après plusieurs jours de
douleurs, et j'avouerai que son effet a été tellement peu
prononcé que je ne puis pas décider s'il a réellement con-
tribué à l'accomplissement de la parturition. Le plus grand
nombre des chiennes et des chattes auxquelles j'ai donné
la poudre de seigle ergoté sont mortes d'entéro-métrite
sans avoir pu faire leurs petits.

Médication utérine. — Chez les animaux on ne
donne des utérins que pour provoquer les contractions de
l'utérus ; et l'occasion de les employer ne se trouve que
dans le cas d'inertie de la matrice. On appelle ainsi l'affaiblissement de la contractilité de cet organe, lequel peut
survenir à trois époques, au commencement de la parturition, pendant son cours et à la fin, à l'époque de la dé-
livrance.

On a distingué une inertie primitive, antérieure aux
douleurs, et une inertie qui survient par épuisement après
que le travail a duré un temps plus ou moins long et qu'il
n'a pu s'achever. La première se reconnaît à l'absence de
douleurs, de dureté et de tension de l'abdomen et de l'o-
rifice utérin, à ce que l'orifice utérin est libre et dilaté,
que la main s'y introduit facilement, que les mouvements
du fœtus sont libres et les membranes intactes ; la
deuxième est caractérisée par la tension du ventre qui est
dur, sensible et chaud, par l'état du col utérin dont les bords
sont durs et souvent épais, par la rupture des membranes et l'écoulement des eaux ; l'orifice de l'utérus se res-

serre sur la main de l'opérateur que cette compression fatigue beaucoup. D'une manière générale on peut dire que la lenteur, l'éloignement et la faiblesse des contractions de l'utérus et quelquefois leur suspension totale, caractérisent l'inertie de la matrice. La première de ces espèces d'inertie est la seule à considérer.

C'est dans ce cas qu'on a proposé les utérins ; mais avant d'y avoir recours, il faut toujours les faire précéder de l'emploi des moyens ordinairement usités en pareil cas, tels que les boissons légèrement excitantes, les frictions de la peau, les fumigations sous le ventre, la promenade légère si le temps le permet, le renouvellement de l'air de l'habitation s'il est usé, les lavements excitants, des bains tièdes pour les petites femelles.

Si ces moyens échouent on passe aux utérins ; mais si malgré leur emploi l'inaction de la matrice persiste, il faut agir pour opérer l'accouchement. Au reste la main elle-même est le premier des utérins, et les praticiens savent fort bien que l'introduction de la main suffit dans le plus grand nombre des cas pour exciter la contractilité de l'utérus. On s'accorde généralement sur ce point qu'il faut se hâter de rétablir la position du fœtus si elle n'est pas favorable, et d'opérer l'accouchement dès que les eaux sont écoulées, sans compter sur l'action des utérins.

On ne doit pas les employer quand le ventre est douloureux et tendu, et si on les avait donnés il faut les cesser dès que ces symptômes se montrent.

Quant à l'expulsion du délivre, les vétérinaires ne sont pas dans l'usage de la provoquer par les utérins, tant que l'état général des animaux reste bon. On ne s'en occupe que quand les mamelles restent affaissées et que la femelle annonce du malaise par les balancements convulsifs de la queue, le piétinement, le déplacement fréquent du corps, et les contractions des muscles abdominaux. Ces symptômes annoncent l'inflammation de l'utérus.

Chez les petites femelles le séjour de l'arrière faix fournit bien rarement l'occasion d'employer les utérins. On sait que les femelles les mangent à mesure qu'ils se présentent et après la sortie des petits. Du reste la sortie du second petit entraîne toujours celle de l'arrière faix du premier placé dans la même corne, en sorte que le dernier ou les deux derniers placentas au plus, peuvent être retardés. La mère s'en délivre avec les dents dès qu'ils paraissent, et s'il en reste quelques parties, ce que l'écoulement sanieux ou brunâtre indique, des injections émollientes dirigées dans le vagin suffisent pour les faire expulser.

Des excitants du système musculaire dits excitateurs.

On donne ce nom aux médicaments qui exercent une action excitante sur les parties du système nerveux qui président à la contraction musculaire. Leur action est analogue à celle des autres excitants, seulement elle se porte sur certains organes. Or, comment agissent les excitants ? c'est en augmentant l'activité soit du système nerveux en général, pour les excitants généraux ; soit des reins, pour les diurétiques, etc. Les excitants du système musculaire agissent donc sur appareil musculaire de manière à déterminer des contractions plus ou moins violentes, plus ou moins convulsives. Les médicaments de cette espèce sont : 1° la noix vomique ; 2° le rhus toxicodendron ; 3° le seigle ergoté ; 4° l'électricité ; 5° l'acupuncture.

Si on se demande maintenant dans quels cas on doit les employer, on comprendra d'après ce que je viens de dire

qu'il faut les employer dans les mêmes cas que les excitants. Nous avons vu à propos des stimulants en général
qu'il fallait les donner lorsqu'il y avait faiblesse, adynamie, et les cesser aussitôt qu'ils produisaient la douleur,
et des symptômes d'irritation. Il en est de même des médicaments dont il s'agit, c'est contre la faiblesse des parties du système nerveux qui président à la locomotion qu'il
faut les administrer. On conçoit que s'il y avait quelque
altération anatomique, un ramollissement, une dégénérescence de ces parties, tous les excitateurs n'y ramène-
raient pas le mouvement, de même que si l'urine ne coule
qu'en petite quantité parce que les reins sont désorgani-
sés, les diurétiques ne la feront pas couler davantage.
Ainsi c'est dans le cas de simple faiblesse sans lésion organique qu'il convient de les donner. Je reviendrai sur les
diverses maladies dans lesquelles on y a recours, en parlant de la noix vomique et de la strychnine.

I° De la noix vomique. *Strychnos vomica.* — Les
hippiatres et les maréchaux s'en sont servis depuis long-
temps contre la morve et le farcin; ils faisaient un secret
de leur emploi. Les expériences entreprises par MM. Des-
portes, Delile, Magendie, Orfila et Ségalas portèrent le
professeur Fouquier à s'en servir dans les cas de paralysie, et il tira les conclusions suivantes de ses expérimen-
tations : I° la noix vomique fait naître des contractions
fortes et permanentes ou des secousses convulsives des
différents muscles soumis à l'empire de la volonté, à part
le diaphragme qui en est peu frappé ; 2° souvent la seule
contraction qui ait lieu est celles des muscles paralysés,
et l'effet de la noix vomique est d'autant plus actif que la
paralysie était plus complète; 3° les effets de cette
substance ne se manifestent pas toujours par les mêmes

phénomènes; tantôt elle fait éprouver un simple resserrement de poitrine ou un tressaillement soudain et instan-
tané, tantôt une sensation de chaleur vive, l'augmentation
de sensibilité des parties malades, ou des tiraillements et
des crampes. A des doses plus fortes elle cause de l'anxiété,
de l'agitation, des battements de cœur, des sueurs et
même un état tétanique général.

Indépendamment de ces effets spécifiques, il en est
d'autres qui appartiennent au tube digestif qui sont l'augmentation de l'appétit, la rareté des évacuations alvines,
une sorte d'ivresse.

Donnée, chez le chien, à 2, 3, 4 grammes, elle fait éprouver d'abord des contractions légères des membres avec
extensiondes doigts, une augmentation de sensibilité de tout
le corps et sur tout de la colonne épinière, au point que l'at-
touchement de cette partie fait rebondir l'animal comme
un ressort qui se détend ; la respiration est pressée, ha-
letante ; le chien ouvre la bouche et salive. Des convulsions surviennent, d'abord légères, puis plus fortes ; il re-
bondit sur le sol, tombe et s'agite plus ou moins long-
temps. La tête est renversée en arrière comme dans le
cas d'opisthotonos. Le corps est tout d'une pièce, si on le
soulève.

Rarement une seule attaque emporte-t-elle le chien. Il y
en a plusieurs suivies de rémission, et il meurt dans une
dernière plus forte avec convulsion des yeux, dilatation
des pupilles et dyspnée extrême.

M. Barthélemy dit que 3 à 4 décigrammes (7 à 8 grains)
suffisent pour tuer un loup et par conséquent un chien. On
ignore au bout de combien de temps la mort en suit l'administration. Dans plusieurs centaines de chiens que j'ai ouverts, j'ai constamment trouvé les aliments peu ou pas

altérés dans l'estomac ; ce qui prouve que le vomissement s'opère rarement d'une manière spontanée dans cet empoisonnement. Il est toujours provoqué par l'art.

Nos diverses espèces d'animaux supportent différemment cette substance. Les carnivores sont ceux chez lesquels elle agit le plus énergiquement ; les herbivores résistent davantage et surtout les volatiles. Ainsi les poules en supportent de plus fortes doses que le cheval.

On trouve dans la noix vomique trois alcaloïdes végétaux, la strychnine, la brucine et l'aide Igasurique du nom de la fève st-ignace. Le plus actif et celui qu'on emploie uniquement est la strychnine. Quant aux diverses préparations qu'on fait subir à la noix vomique, l'extrait aqueux est plus actif que la poudre, mais il l'est moins que l'extrait alcoolique.

Moiroud semble croire d'après les expériences de MM. Dupuy et Lassaigne que la noix vomique ingérée dans l'estomac n'est pas absorbée, parce que le sang d'un animal empoisonné a été sans danger pour un autre dans les veines duquel on l'a introduit. Il en a été de même de la chair d'une poule empoisonnée dont un chien mangea, sans en éprouver d'inconvénients. Cependant la noix vomique est tellement bien absorbée que, si on en introduit dans le tissu cellulaire sous-cutané, on voit se produire tous les phénomènes de l'empoisonnement. Il paraît même qu'elle est très-rapidement absorbée, ce dont on peut s'assurer lorsqu'on l'administre par la méthode endermique, en la mettant sur la peau préalablement dénudée de son épiderme.

La noix vomique a été employée par les vétérinaires dans plusieurs espèces de paralysies ; dans celle qui survient après la maladie des jeunes chiens, dans celle des vaches qui se montre après le part et qui semble due à l'impression du froid, dans celle des chevaux qui dépend de la même cause ou d'efforts des lombes.

Je l'ai donnée au chien, en poudre, depuis 1 ou 2 décigram. jusqu'à 5, 7 et 10; le traitement a été prolongé, chez quelques-uns, un, deux ou plusieurs mois, avec l'attention d'en suspendre de temps en temps l'usage quand on apercevait l'engourdissement général et l'injection des conjonctives, et plus particulièrement la sensibilité des lombes et des contractions spasmodiques. Quelques chiens ont retrouvé de la force dans les lombes, l'atrophie des muscles a disparu, et ils se sont rétablis; d'autres ont repris du mouvement, mais sont restés faibles et chancelants; la plupart ont conservé leur paralysie.

Chez les chevaux et les vaches, j'ai eu recours au même traitement pendant un mois et plus, la dose étant de 8, 16 gr. et même 32 gr., sans que j'aie pu réveiller la contractilité des muscles des membres et des lombes, de manière à permettre aux malades de se lever et de se soutenir.

En 1822, à l'école d'Alfort, M. Barthélemy a essayé la noix vomique sur les chiens atteints de paraplégie. Il la donnait rapée et en suspension dans l'eau, depuis 2 jusqu'à 5 et 10 décigr., en laissant un jour ou deux de repos, lorsque les chiens paraissaient fatigués. Les trois chiens sur lesquels on l'essaya guérirent très-bien. M. Rigot l'a essayée une fois aussi et avec succès.

Plusieurs vétérinaires, MM. Taiche, Huré, Clichy, Revel, Charlot, l'ont employée dans les chevaux et les grands ruminants, de 4 à 32 et 36 grammes. Ils ont obtenu des guérisons; mais presque tous ont employé en même temps la saignée, les exutoires et les frictions irritantes.

Au reste, il faut se rappeler que la noix vomique ne doit pas être essayée tant qu'il reste de l'inflammation, une congestion ou une vive excitation nerveuse; ce médicament ne ferait alors qu'augmenter le mal.

2° Le rhus toxicodendron, dit encore sumac vénéneux, appartient à la famille des térébenthacées. Trousseau et Pidoux le signalent comme une substance analogue à la précédente, et que M. Bretonneau de Tours, aurait employée avec succès dans les paralysies des membres inférieurs qui succèdent à des commotions de la moelle. On la donne depuis 15 centigr. jusqu'à 4 gram. Dufresnoy l'avait employée avant eux aux mêmes doses, et en avait obtenu des succès. C'était l'extrait dont il se servait. On a conseillé aussi l'infusion des feuilles récentes à 4 gram.

Mérat et de Lens disent qu'il est généralement abandonné. Les homœopathes le prescrivent contre les maladies de la peau, parce que son contact produit une éruption cutanée.

J'en ai donné le suc à 32 gram, pendant deux jours; le chien qui était devenu paralytique après la chorée, ne manifesta aucun trouble. Bosc dit que les chevaux en mangent les feuilles sans inconvénient.

Le rhus coriaria, sumac à feuilles de myrthe, appelé redon dans les environs de Montpellier, donne des convulsions assez semblables à celles de la noix vomique. J'ai vu, à l'école, périr une chèvre qui avait mangé des feuilles de cette plante, et deux autres rester stupéfiées, et sans appétit pendant trois jours.

3° L'électricité et le galvanisme n'ont guère été employés par les vétérinaires. Le dernier, seul, l'a été une fois. On conseille d'y avoir recours pour les muscles de la vie organique.

4° L'acupuncture, qui consiste à enfoncer des aiguilles métalliques dans diverses parties du corps, sur le trajet des nerfs, a été peu employée.

Ce procédé a commencé à être appliqué d'une manière assez générale vers 1810. En 1825, M. Girard fils en fit le sujet d'un article qu'il inséra dans le *Recueil de médecine vétérinaire*. M. Bouley jeune fit aussi quelques essais. Depuis cette époque, les écoles et divers vétérinaires l'ont employée souvent.

Je laisse de côté ce qui a rapport au procédé. Quant aux résultats, après avoir pratiqué plusieurs fois cette opération sur des chevaux et des chiens, il m'a semblé que quelques-uns avaient éprouvé du soulagement, et d'autres même ont guéri. Mais dans des cas semblables j'ai souvent aussi obtenu des guérisons par la cautérisation actuelle, le moxa, le vésicatoire, les sétons, et même par des frictions irritantes simplement. L'école d'Alfort n'en a pas obtenu de succès sur une vieille truie paralytique. M. Chanel a guéri un chien atteint de chorée chronique d'un membre; M. Bouley jeune n'a pas réussi sur trois chevaux atteints de claudication de vieux mal ou de paralysie. MM. Prévost, Clichy et Flammes disent avoir guéri de vieux rhumatismes des membres dans le cheval, et le dernier une paraplégie postérieure dans le bœuf; mais il avait employé en même temps la noix vomique et des frictions irritantes.

En résumé, l'acupuncture n'a pas obtenu des succès assez nombreux pour qu'on puisse la regarder comme un remède efficace. Toutefois, en ce qui concerne les claudications anciennes, leur siége est trop peu connu pour qu'on puisse s'assurer qu'on a dirigé le moyen contre lui.

Des Diurétiques.

On donne le nom de diurétiques à une classe de médicaments qui jouissent de la propriété d'augmenter, d'une manière spéciale, la sécrétion des urines. L'expression de diurèse exprime l'activité sécrétoire plus grande qui en résulte de la part des reins (du grec, *reô* je coule, *dia* à travers, *ourai* la vessie).

Des médecins modernes ont nié qu'il y eût de véritables diurétiques. Voici les raisons de cette erreur : lorsqu'une inflammation occupe un organe, toutes les sécrétions, aussi bien celle des reins que celle de la peau, sont suspendues ou diminuées; les émollients, les antiphlogistiques, en agissant contre l'inflammation, favorisent ainsi le retour de la sécrétion urinaire comme de toutes les autres. De même les toniques et les excitants, en augmentant les forces et l'absorption générale, favorisent la sécrétion urinaire ; donc ils sont diurétiques. Les médicaments ou les circonstances qui diminuent la sécrétion de la peau, les astringents, le froid, l'humidité, augmentent par contre celle des reins ; donc ils sont aussi diurétiques. Ainsi il n'y aurait pas de véritables diurétiques, mais une foule de médicaments fort variés jouiraient de cette propriété.

Cependant il y a des médicaments qui agissent d'une manière spéciale sur les reins sans avoir d'effet général sur l'économie; tel est le sel de nitre, par exemple. Quelle que soit la forme solide ou liquide sous laquelle on donne ce sel, les phénomènes physiologiques qui se manifestent après son administration, n'indiquent qu'une

simple excitation des voies urinaires. Il en est de même
de la scille et de la digitale pourprée, quoiqu'elles exercent une action sédative sur l'économie, action qu'on a
utilisée dans la médecine humaine, dans le traitement
des maladies du cœur. En effet, l'emploi de la digitale
diminue le nombre des battements du cœur, ainsi que leur
intensité. Quant à la manière dont quelques auteurs ont
voulu expliquer l'action de ces deux derniers diurétiques,
elle ne me paraît pas naturelle. Ils ont pensé qu'ils pro-
voquaient l'absorption des hydropisies, et que ce n'était
que consécutivement au trop plein des vaisseaux que l'u-
rine était sécrétée en plus grande abondance. Il est d'observation cependant que, lorsque la scille et la digitale
n'irritent pas trop vivement la muqueuse gastro-intestinale, elles produisent un effet diurétique, et cela sous
quelque forme qu'on les donne, et lors même qu'il n'existe
ni épanchement ni œdème.

Il ne faut pas considérer comme diurétiques tous les
médicaments qui agissent sur les voies urinaires. La soude
et la potasse modifient les propriétés de l'urine sans augmenter sa quantité. Les cantharides et la térébenthine paraissent exercer une action remarquable sur la vessie et
l'urètre. Ce ne sont pourtant pas des diurétiques.

Les véritables diurétiques sont, les uns tempérants,
adoucissants ; les autres actifs, excitants, aromatiques ;
on désigne ces derniers sous le nom de diurétiques
chauds. D'après le règne qui les fournit on les distingue
1° en ceux du règne végétal, la scille, le colchique d'automne, la digitale pourprée, et d'autres moins actifs qui
sont employés en infusion, la graine de lin, le chardon
roland, l'arrête bœuf, le bourgeon des ceps de vigne
muscats, etc. etc. ; 2° en ceux du règne minéral, le ni-

trate de potasse, le bi-carbonate de potasse et de soude, l'acétate de potasse; 3° en ceux du règne animal, l'urée. Tous les sels de la seconde classe ont cela de remarquable qu'ils ne sont nullement excitants. Soit qu'ils augmentent ou non la quantité des urines, jamais ils ne produisent l'accélération du pouls et l'élévation de la chaleur animale.

La scille maritime qu'on emploie en médecine, a été encore fort peu expérimentée sur les animaux. On assure que, si on en administre au chien plus de 8 grammes (2 gros), elle donne lieu à des vomissements et à des évacuations alvines, qu'elle amène en outre la gêne de la respiration, une congestion vers la tête, et par suite des vertiges et des convulsions suivies quelquefois de la mort.

Administrée à des doses convenables, comme à 2 gr. pour les petits animaux, et 32 gr. pour les grands, elle excite les organes urinaires, et en augmente la sécrétion en même temps que celle des muqueuses, et particulièrement de la muqueuse bronchique; aussi est-elle regardée en médecine comme expectorante, c'est-à-dire, comme faisant cracher. La scille, par sa double action, est utile dans le traitement des hydropisies, surtout de celles qui ne sont pas accompagnées d'irritation, et dans celui du catarrhe pulmonaire chronique. On recommande de préférence les préparations où les principes de la scille sont dissous et fixés, l'oxymel et le vin scillitique. Si l'on craignait d'irriter la muqueuse de l'estomac, on l'emploierait en frictions sur la peau. L'école d'Alfort a publié des observations de guérison d'ascites chez le chien, obtenues par ces préparations.

Je ne sache pas que le colchique d'automne ait été donné chez les animaux comme diurétique. On a constaté ses effets délétères sur les vaches et les porcs qu'il empoisonne.

La térébenthine agit d'abord comme excitant sur le tube digestif, et détermine des évacuations alvines. Absorbée ensuite, elle donne à l'urine une odeur de violette. Elle a été donnée au cheval, à titre d'expérience, et à la dose de 314 à 378 gram. (de 10 à 12 onces). Ses effets diurétiques ne sont pas encore bien constatés en art vétérinaire.

Il faut en dire autant du copahu que plusieurs praticiens et moi-même avons employé dans le traitement de la morve, contre laquelle son action est aussi incertaine qu'elle l'est sur les reins comme diurétique. On l'administre mélangée au miel, à la melasse ou au jaune d'œuf.

Les diurétiques salins sont bien plus généralement employés, à cause de la facilité qu'on a de les dissoudre dans l'eau, dans des décortés, des infusés appropriés et destinés à seconder leur action, et à cause du peu d'élévation de leur prix. On les donne à la dose de 32 à 125 gram. au cheval et au bœuf, et de 32 à 64 gram. pour les petits animaux. 250 gram. de sel de nitre donnés à un cheval, à titre d'expérience, lui ont causé une violente inflammation des voies intestinales et urinaires, et l'ont fait périr en 24 heures.

Médication diurétique. — Je l'ai déjà fait connaître en partie. Ceux qui sont dits chauds, stimulants, ont d'abord une action immédiate sur la muqueuse du tube digestif qu'ils irritent ou enflamment plus ou moins fortement, suivant leur dose et leur espèce; absorbés ensuite, ils vont agir sur les reins. Les autres diurétiques ne produisent ces mêmes symptômes qu'à une dose fort élevée. Une fois parvenues aux reins, les parties absorbées de ces médicaments augmentent l'abondance de la sécrétion urinaire. En privant ainsi le sang de sa partie séreuse et en diminuant sa quantité, ils favorisent l'absorption de la sérosité et de tout ce qui peut être résorbé, soit dans le tissu cellulaire, soit dans les cavités séreuses.

Parmi les diurétiques il en est qui, comme la scille et la digitale, produisent leurs effets, soit qu'on les applique sur la peau, soit qu'on les introduise dans le tissu cellulaire sous-cutané. C'est à cause de cette propriété qu'on les emploie en fomentations et en frictions sur le ventre des hydropiques, surtout lorsqu'on craint d'enflammer la muqueuse gastro-intestinale ; car, dans ce cas, les diurétiques agiraient comme purgatifs et ne seraient pas absorbés.

Action thérapeutique. — Les diurétiques ne peuvent pas être continués trop long-temps sans danger pour la muqueuse des voies digestives et pour les reins. Quoiqu'ils puissent agir faiblement, lorsqu'on les fait prendre sous la forme de poudre, c'est toujours en solution qu'on les donne ; une seconde condition favorable à leur action, c'est de les donner dans un liquide chaud ; une troisième condition est la fraîcheur de l'air extérieur. On sait que les urines sont plus abondantes en hiver qu'en été ; le praticien devra donc avoir égard à la température extérieure dans l'emploi qu'il fera des diurétiques. On les emploie dans trois circonstances : 1° dans les maladies aiguës en général ; 2° dans les inflammations des reins, de la vessie ou de l'urètre; 3° dans les œdèmes, les hydropisies

Dans les maladies aiguës en général, les diurétiques non excitants, tels que ceux du règne minéral, conviennent, comme on disait autrefois, pour tempérer la chaleur du sang. En augmentant l'activité des reins on comprend qu'ils doivent diminuer la quantité du sang qui afflue dans la partie malade ; c'est à ce titre qu'ils sont tempérants. Cette action est aussi ce qu'on appelle une dérivation ; ils attirent, ils dérivent sur les reins, le sang dont ils évacuent en même temps une partie.

Ils ont aussi une double action dans les inflammations des reins et de la vessie ; d'abord ils diminuent la congestion sanguine qui se fait dans les reins, en évacuant une partie du sang par les urines ; de même qu'un purgatif fait souvent un excellent effet dans l'inflammation du foie. En outre, comme l'inflammation du rein tient dans beaucoup de cas à la présence d'un calcul, l'urine peut en dissoudre une partie ou du moins faciliter son glissement. En second lieu, l'augmentation de la quantité de l'urine la rend plus claire, plus aqueuse, moins chargée en sels, en acide urique, et, par conséquent, son séjour dans la vessie et son passage dans l'urètre moins douloureux et moins brûlants. On comprend facilement que ce que je dis ici des maladies de l'appareil urinaire, ne s'applique pas aux paralysies de la vessie d'où résulte l'incontinence d'urines, maladie dans laquelle les diurétiques deviendraient une source de souffrance.

Quant aux œdèmes, aux hydropisies, les diurétiques sont employés contre eux avec avantage. Les infiltrations qui accompagnent les fièvres muqueuses, l'anasarque, les hydropisies anciennes des grandes cavités réclament l'emploi des diurétiques stimulants. On les emploie encore vers la fin de certaines maladies aiguës et pendant le cours des maladies chroniques, avec suppuration interne ou menace d'épanchement.

On associe aussi la scille et la digitale au vin, au vinaigre et on y ajoute du nitrate de potasse. Ces préparations sont en même temps toniques et astringentes, et conviennent chez les sujets affaiblis atteints d'hydropisie, comme dans la pourriture des grands et des petits ruminants, dans le farcin avec œdème du dessous du ventre et infiltration des jambes, dans les eaux aux jambes qui ont vieilli, dans les longues convalescences pour prévenir les infiltrations.

Stimulants de la membrane buccale et des glandes salivaires.

On appelle salivants ou sialogogues les médicaments qui provoquent la salivation lorsqu'on les applique sur la peau ou sur la muqueuse buccale, et masticatoires ceux que l'on fait mâcher.

Il faut distinguer la véritable salivation, de celle qui dépend d'un gonflement de l'arrière bouche, par suite duquel ce liquide ne pouvant traverser l'œsophage, est rejeté par la bouche.

Le seul sialogogue connu est le mercure; encore agit-il d'une manière peu active chez les animaux. Bourgelat et Vitet l'ont expérimenté. Suivant le premier, à hautes doses il produirait un gonflement des parotides, des glandes sous-maxillaires, des gencives, du voile du palais et même de l'extérieur de la tête; il sort de la bouche beaucoup de salive d'une odeur fétide, la mastication ne peut s'effectuer, et à cause du gonflement du voile du palais, la déglutition est très-difficile; l'animal perd ses forces et périt le troisième ou le quatrième jour, si ce gonflement ne diminue pas.

Cette impossibilité de la déglutition ne doit probablement pas se rencontrer au même degré dans le bœuf et le chien qui n'ont pas, comme le cheval, le voile du palais aussi rapproché de la base de la langue et aussi peu mobile.

Ainsi, suivant Bourgelat, le mercure à doses un peu fortes expose à de graves dangers, et si on le donne à trop faibles doses il ne produit qu'une salivation peu abondante. Quelques vétérinaires parlent d'abondantes salivations qu'ils auraient obtenues par les frictions mercurielles faites sur la peau qui couvre l'espace intermaxillaire et sur les gencives. Je dois avouer que j'ai plusieurs fois employé ces frictions avec la pommade mercurielle sans obtenir les mêmes résultats.

On a employé autrefois les frictions mercurielles contre la morve pour résoudre l'engorgement des ganglions sous-maxillaires. On en continue l'emploi aujourd'hui et on parvient parfois à le résoudre ; le plus souvent elles restent sans effets et la sécrétion de la pituitaire s'en accroît. Les frictions mercurielles , peu actives sur la peau du bœuf, nuisibles au mouton dont elles font tomber la laine, sont généralement abandonnées aujourd'hui.

On peut produire la salivation d'une autre manière et par d'autres médicaments, tels que l'assa fœtida , le camphre, le pyrèthre , le gingembre , le poivre , les feuilles de bétoine , l'ail, la poudre de moutarde , le sel de cuisine, le sel ammoniac , qu'on réduit en poudre , qu'on délaie et dont on forme une pâte que l'on met dans un sachet ou dont on enduit une bande. Le sachet est attaché au mors de la bride (nouet) et la bande roulée et cousue autour d'un mors en bois dit billot , que l'on place dans la bouche des grands herbivores , de la même manière que la bride.

L'effet immédiat de ces substances sur la muqueuse, est de déterminer une irritation de la muqueuse, et par sympathie , une sécrétion abondante de salive. En général , ces moyens congestionnent la tête ; aussi, sont-ils contre-indiqués toutes les fois qu'une partie de la tête, les yeux

surtout, sont enflammés. Il en est de même de la rougeur,
de la sécheresse et de la chaleur de la bouche ; enfin, il
faut les cesser encore quand, pendant leur emploi, l'appétit disparaît, que la bouche et la peau s'échauffent et que
la constipation survient.

Ces médicaments n'agissent pas seulement localement ;
et comme ils sont dissous par la salive, ils arrivent dans
l'estomac avec une quantité de ce fluide plus grande qu'à
l'ordinaire ; ce qui a pour avantage d'activer la digestion.
Aussi les masticatoires, en médecine vétérinaire, ne sont
pas employés dans le même but que dans la médecine humaine. Dans la dernière, c'est comme dérivatifs et comme
évacuants qu'on les donne ; dans la première, c'est comme
toniques.

Ainsi, ce n'est pas à proprement parler comme sialogogues qu'on emploie ces médicaments ; c'est comme toniques, comme excitants, comme antispasmodiques qu'on
les administre. Cette manière de donner ces différents
médicaments est fort commode parce que nous n'avons
aucune violence à exercer contre les animaux pour les
leur faire prendre. C'est donc aux articles spéciaux où
chacun de ces médicaments est traité, qu'il faut renvoyer.
C'est sous cette forme que M. Gohier donnait le camphre
dans la dysphagie spasmodique.

Cette manière de faire prendre les toniques et les excitants est bonne chez les chevaux condamnés à un trop
long repos, qui acquièrent de l'embonpoint et contractent
des infiltrations du fourreau et des jambes ; chez les animaux nourris avec des fourrages insipides, aqueux ou mal
récoltés ; chez les ruminants qui vivent dans des pâturages humides, dans l'hiver et pendant le règne des brouillards et des pluies. Ces médicaments ainsi administrés,

peuvent servir, par conséquent, de moyens prophylactiques contre la pourriture, la phthisie vermineuse, etc. ;
surtout si on joint à ces substances le sel, le fer et ses
préparations, et les substances qui sont à la fois toniques
et anthelmintiques.

Des Errhins.

Le nom de errhin vient de *en* dedans et de *rhin* le nez,
et l'on pourrait croire que ce nom s'applique à tous les
médicaments que l'on applique sur les fosses nasales ;
mais je ferai remarquer que la division adoptée en thérapeutique générale, diffère beaucoup de celle qu'on suit
en pharmacie. Dans la dernière, on peut classer les médicaments, par la forme sous laquelle on les donne ou par
la région sur laquelle on les applique. Dans la première,
il faut évidemment les classer d'après des propriétés générales communes à tous ceux d'une même classe. Je dé-
signerai donc sous le nom d'errhins, les seuls médicaments
qui irritent la pituitaire et produisent l'ébrouement lequel,
chez les animaux, correspond à l'éternuement. On les appelle sternutatoires en médecine humaine.

Bourgelat compte au nombre des substances sternutatoires pour les animaux, le poivre long, l'ellébore, la
marjolaine, le tabac, la bétoine, l'euphorbe et le vinaigre.
On les donne sous forme de poudre, de liquide ou de vapeur ; quant aux nouets ou trochisques que Bourgelat recommande d'introduire dans les fosses nasales, ils sont de
nos jours abandonnés par les praticiens.

En provoquant l'ébrouement, ces substances déterminent une secousse générale dans le corps et produisent surtout des changements dans l'appareil respiratoire. D'abord
l'écoulement du mucus qui séjourne dans les sinus de la tête

est facilité, ainsi que celui du mucas qui est sécrété normalement ou anormalement dans la gorge et dans les fosses gutturales ; la toux qui suit souvent l'ébrouement, agit de la même manière sur le mucus contenu dans les bronches.

On emploie les errhins dans les syncopes, les asphyxies ; ils excitent le système nerveux, le sollicitent à entrer en action, et par la secousse à laquelle participent tous les muscles du tronc, ils raniment les forces de tous les organes. Ils conviennent aussi pendant les accouchements, lorsque les contractions de l'utérus ne sont pas assez énergiques et qu'on veut les exciter; après les commotions vives accompagnées de stupeur des sens et d'engourdissements. Huzard en prescrit l'usage après le coup de sang léger, et à titre de préservatif, pendant les chaleurs de l'été, pour débarrasser les narines des chevaux de la poussière qui s'y accumule; c'est l'eau vinaigrée qu'il recommande pour cet usage.

Quant aux errhins émollients, irritants, etc., ils ne sont qu'un mode d'administration des émollients, des irritants et doivent être renvoyés aux articles où il est parlé de la médication émolliente ou irritante.

Excitants de la muqueuse bronchique.

Ces médicaments ont aussi reçu le nom d'expectorants, parce qu'on suppose qu'ils favorisent le rejet des matières contenues dans les bronches. Dans sa Matière Médicale, Bourgelat les désigne, comme les médecins de son temps, par le nom de béchiques incisifs, et Vitet par celui de détersifs pulmonaires. Moiroud les regarde comme des sudorifiques.

Y a-t-il vraiment des substances qui facilitent l'excrétion du mucus pulmonaire ? Les praticiens le pensent en général, mais des auteurs mettent cette action en doute. Ils croient que cette médication n'est pas bien caractérisée, et que l'emploi de ces médicaments se fait plus par suite d'un empirisme traditionnel que par une juste appréciation de leurs propriétés.

Si en effet il fallait prendre à la lettre le mot expectorants, comme synonyme de propre à chasser les mucosités des bronches, il n'y aurait de véritables expectorants que ceux qui feraient naître la toux, l'ébrouement ou le vomissement, actes pendant lesquels les matières contenues dans les voies respiratoires sont en général expulsées : alors les vrais expectorants seraient les médicaments dont nous venons de parler sous le nom d'errhins, et les vomitifs pour les petits animaux, le chien et le chat. Mais si l'on entend parler, par cette expression, de médicaments qui aient une action excitante spéciale sur le poumon, il me semble qu'il est permis d'admettre une véritable classe d'expectorants, ou plutôt de béchiques incisifs, comme les appelait Bourgelat.

Cette idée paraît d'autant plus vraisemblable, qu'on sait que dans l'état physiologique certaines substances paraissent être évacuées de préférence par certaines voies, les miasmes par les intestins, l'hydrocyanate de potasse par les reins, les alcooliques, le camphre, et en général les substances volatiles par le poumon. Or, de même que les reins, la peau, les parties du système nerveux qui président au mouvement, la pituitaire, ont leurs excitants spéciaux, la muqueuse pulmonaire, de l'avis des praticiens, a aussi des excitants qui lui sont propres. Ils agissent sur elle comme tous ceux dont nous venons de parler, en y activant la circulation capillaire. J'ai montré dans l'étude de l'inflammation, que lorsqu'elle

est parvenue à sa troisième période, c'est-à-dire, que
lorsque la douleur et l'afflux du sang y ont cessé, la circulation y est ralentie, les matériaux du sang restent
épanchés dans les mailles du tissu cellulaire interstitiel, et
que les produits de sécrétion muqueux et purulents sont
abondants par ces deux causes. Dans ce cas, au lieu des
émollients qu'il fallait employer dans la première période,
il faut des moyens excitants qui activent la circulation,
favorisent la résorption de tous les matériaux épanchés
dans les tissus, et tarissent par conséquent les écoulements muqueux et purulents, en faisant cesser les causes
qui les entretenaient. Tel est le cas dans lequel conviennent les expectorants; c'est pour hâter la résolution des
maladies des bronches et du poumon qui, après avoir été
aiguës, se prolongent sans douleur et ne se résolvent pas.
C'est absolument la même indication que celle qui se présente pour les plaies, et les engorgements qui ne guérissent pas; on a recours alors à des excitants plus ou
moins actifs.

Outre les affections aiguës de la poitrine qui, parvenues
à leur déclin, ne se résolvent pas, ou ne le font que lentement, on les donne encore dans les vieilles bronchites,
remarquables, même chez les chevaux, par l'expectoration de mucus par la bouche en même temps que par les
naseaux, lorsque rien n'indique l'emphysème ou plutôt la
tuberculisation du poumon, ce dont il faut s'assurer par
la percussion et l'auscultation. On doit les repousser
toutes les fois qu'on a reconnu quelque altération organique profonde du poumon, et les cesser quand leur administration est suivie de la perte de l'appétit, de la chaleur de la bouche et de la peau.

Il est évident que ces médicaments ne conviennent pas

tout qu'il reste de la douleur, une congestion, enfin ce qu'on appelle de l'irritation, soit du poumon, soit de l'estomac et des intestins. Ainsi ces toux sèches et rauques du chien, accompagnées de vomituritions et de vomissements, et pour lesquelles les guérisseurs sont dans l'habitude de donner du soufre, sont en général aggravées par le soufre et les médicaments dont nous parlons ; des vomitifs ou des purgatifs doux conviennent infiniment mieux.

Tout l'art d'employer les béchiques incisifs comme tous les autres excitants, consiste à bien distinguer l'époque de l'inflammation dans laquelle ce genre de médicaments convient, et à les éviter ou à les cesser tant qu'il y a de la douleur, de la chaleur et de la congestion.

Les expectorants sont de deux espèces : les uns sont des excitants généraux qui n'agissent sur la muqueuse pulmonaire que parce qu'on y fait parvenir leur vapeur par les fumigations, tels sont les infusions de plantes aromatiques, la fumée des graines de foin, des baies de genièvre, des résines, des baumes, du goudron, brûlés sur un réchaud ; les autres sont censés agir sur les bronches, après qu'ils ont été introduits dans l'estomac, et portés par l'absorption dans le courant de la circulation.

ANTISPASMODIQUES ET NARCOTIQUES.

Antispasmodiques.

On donne ce nom à une classe de médicaments qui agissent d'une manière particulière sur le système nerveux, de manière à faire cesser le trouble de ses fonctions connu sous le nom d'état nerveux, état ataxique, et qui consiste, comme on l'a vu, soit en des troubles de la sensibilité, soit en des troubles de la contractilité appelés convulsions pour les muscles de la vie animale, et spasmes pour ceux des viscères.

Les vétérinaires ont négligé cette médication, soit parce qu'ils ont encore peu étudié les névroses chez les animaux, soit parce qu'ils l'ont confondue avec celle des stimulants diffusibles. Ou peut-être parce qu'ayant confondu le dégagement de gaz qui résulte des névroses des intestins, comme dans les coliques venteuses, avec ces névroses elles-mêmes, ils ont regardé comme des stimulants les antispasmodiques que l'on administre dans les coliques venteuses et leur ont donné le nom de carminatifs. C'est ce qu'on peut croire en lisant l'article stomachique ou carminatif de la Matière Médicale de Bourgelat (t. Ier, p. 134). Ni lui ni Moiroud ne mentionnent la médication antispasmodique.

On distingue cinq classes d'antispasmodiques : 1° les antispasmodiques gommo-résineux, qui comprennent les gommes résines fétides appartenant à la famille des ombellifères, l'assa-fœtida, l'oppoponax et le galbanum. Ces substances sont odorantes, mais beaucoup moins volatiles que les autres antispasmodiques. Ce sont les seuls qui ne se volatisent pas promptement par la chaleur ordinaire du corps ; aussi restent-ils plus long-temps dans les organes digestifs, avant d'être absorbés, et par conséquent ils conviennent mieux pour les névroses des viscères, et surtout abdominaux, que pour celles des organes de la vie de relation. Cependant Gohier et moi, nous avons obtenu des guérisons de chorée dans le chien et le cheval, par l'usage de l'assa-fœtida.

2° Les antispasmodiques camphrés. Ce genre renferme

le camphre, toutes les plantes de la famille des labiées, les sauges, menthes, mélisses. Le camphre étant très-diffusible agit à la fois sur toute l'économie animale ; il passe pour être un des plus puissants antispasmodiques, et est employé contre les convulsions partielles appelées soubresauts des tendons, et dans ce qu'on nomme l'état ataxo-adynamique dans les typhus et les fièvres typhoïdes. Il a surtout réussi à Gohier, à faire cesser le spasme de l'œsophage désigné par lui sous le nom de dysphagie spasmodique (*dus*, *phago*, difficulté d'avaler, resserrement de l'œsophage). Dernièrement je l'ai vu faire dissiper cet état dans un cheval de carrosse de M. de Virieux. Morier, vétérinaire suisse, dit l'avoir employé avec succès dans les vaches atteintes d'une névrose qu'il appelait la nymphomanie.

3° Les antispasmodiques aromatiques, les fleurs de tilleul, d'oranger, de caille-lait, les eaux distillées de ces plantes et la valériane. Ces médicaments, qui ne doivent leur action qu'à un arome très-fugace, à une huile essentielle peu abondante, ne sont presque jamais employés seuls, et jouissent d'une propriété diffusible assez faible ; on les emploie comme adjuvants dans les potions antispasmodiques ; il faut en excepter la valériane que j'ai souvent employée avec avantage. Les fleurs de tilleul et l'eau de fleurs d'oranger m'ont paru, ainsi qu'à plusieurs vétérinaires du midi, calmer avec assez d'efficacité les états nerveux qui accompagnent la maladie des jeunes chiens, et la gourme des jeunes chevaux.

4° Les antispasmodiques éthérés. L'éther sulfurique est l'antispasmodique le plus employé pour remédier aux coliques venteuses des ruminants et du cheval. Son action est active et paraît offrir quelques différences dans les deux classes précédentes d'animaux, lors même qu'on le donne dans des circonstances qui paraissent semblables. Chez les ruminants, il fait rapidement cesser, si on le donne de bonne heure, le dégagement de gaz qui a lieu dans le rumen après l'ingestion de végétaux froids, aqueux, couverts de rosée, de pluie ou de plâtre ; chez le cheval, au contraire, l'éther et les potions éthérées, quoiqu'ils soient donnés à plus petites doses, augmentent quelquefois l'état nerveux du tube digestif, font naître de violentes coliques, et déterminent même des congestions sanguines très-fâcheuses. Cela tient sans doute à ce que, chez les ruminants, la potion éthérée est adressée à un vaste estomac peu irritable et rempli de matières alimentaires; tandis que l'estomac et les intestins du cheval sont bien plus irritables, moins volumineux et moins remplis.

5° Les antispasmodiques azotés, l'ammoniaque dissous dans l'eau, simple ou succiné, l'acide pyro-zoonique, le musc, etc. La première des substances est presque la seule de cette classe employée en vétérinaire, les autres étant fort chères. On prescrit l'ammoniaque dans les coliques venteuses pour faire cesser le dégagement des gaz. Suivant l'indication on l'administre dans de l'eau simple, de l'eau de tilleul, ou dans une infusion de plantes amères et aromatiques.

Les substances que nous venons de parcourir, quoique fort diverses par leur nature chimique, ont cela de commun qu'il s'en dégage des principes aromatiques très-volatils. C'est la facilité avec laquelle cet arome s'en exhale qui rend l'action de ces médicaments si diffusible. C'est à ces mêmes principes qu'est due, à ce qu'on croit, leur action antispasmodique. Ils agissent faiblement, comme topiques, sur le tissu cellulaire et les parenchymes, mais ils influencent vivement et rapidement le système nerveux ; et plus le sujet est faible et irritable, plus il est facilement affecté. Ils fortifient le système nerveux, ils diminuent son excitation trop vive, calment les mouvements contractiles désordonnés et irréguliers, ce que ne produisent pas les autres excitants. Il y a donc quelque chose de spécifique dans la manière d'agir de ces médicaments, et quoique nous n'en employions qu'un petit nombre, l'assa-fœtida, le camphre, la valériane, et quelques autres de la classe des aromatiques, ils n'en sont pas moins fort utiles dans beaucoup de cas. On les emploie dans les spasmes des viscères, c'est-à-dire, dans les états nerveux avec contraction convulsive des muscles, tels que la dysphagie spasmodique, le spasme de l'estomac et des intestins causé par l'usage de végétaux froids, aqueux, couverts de rosée ou de gelée, le tic avec éructation fréquente de gaz, l'hystérie des vaches improprement appelée nymphomanie, fureur utérine ; Bourgelat a reconnu cette dernière propriété (Matière Médicale, tome 2, page 382) ; enfin dans toutes les névroses en général, et les diverses formes de l'état nerveux ou ataxique.

C'est aussi sans doute à raison de l'effet de ces médicaments que Bourgelat croyait à l'efficacité de l'ammoniaque pour la guérison de la rage, si on l'administrait dès l'apparition des premiers symptômes. On sait maintenant qu'aucun remède ne peut guérir la rage déclarée.

Médication narcotique ou stupéfiante.

Elle est produite par une classe de médicaments dits narcotiques ou stupéfiants. Ils ont une double action suivant qu'on les emploie à des doses faibles ou élevées. A hautes doses, ils abolissent plus ou moins complètement les

fonctions du système nerveux. Ces fonctions étant l'intelligence, la sensibilité et le mouvement, ils produisent le
trouble des idées, un air d'étonnement et d'hébétude,
l'engourdissement de la sensibilité, la paresse à s'émou-
voir, la tendance au sommeil avec réveil difficile, l'état
comateux, c'est-à-dire, un sommeil profond ; enfin, la
paralysie et la cessation de la vie. L'ivresse causée par
les alcooliques ressemble au narcotisme ; mais à petites
doses les alcooliques produisent des effets bien différents
des narcotiques.

Ces derniers ne sont jamais employés dans la pratique,
dans la vue de produire les accidents graves que je viens
d'énumérer ; ce n'est que par erreur ou dans le but d'ex-
périmenter qu'on a produit le narcotisme. On les administre
en général à des doses faibles, et alors ils calment la douleur, les convulsions, ils diminuent la sensibilité et pro.
voquent le sommeil. Cette seconde manière d'agir leur a
fait donner le nom de sédatifs, de calmants, d'anodins.
Ainsi, considérés sous le point de vue de la thérapeutique,
les médicaments dont nous parlons sont improprement
nommés narcotiques, puisqu'on ne les donne jamais pour
produire le narcotisme.

Ils appartiennent tous au règne végétal ; on les tire des
papavéracées, des solanées qui en fournissent le plus
grand nombre, des ombellifères, des composées et de
quelques autres familles. On range dans ces substances
les plus employées, l'opium, le pavot, la belladone, la
mandragore, la jusquiame noire, la stramoine commune,
la morelle noire, la laitue vireuse, le tabac, la grande
ciguë, l'aconit napel, le laurier cerise, l'acide hydrocyanique.

M. Guersent les divise en deux genres : au premier,

appartiennent le pavot, l'opium et ses divers principes immédiats, la morphine, la narcotine, la codéine ; au deuxième, l'acide hydrocyanique, la jusquiame, le tabac, etc. Les substances du premier genre agissent en effet de la même manière sur les différents individus ; celle du deuxième, quoique jouissant toutes de propriétés plus ou moins narcotiques, présentent entre elles trop de différences pour qu'on puisse traiter de leur action d'une manière générale. Ainsi, pour ne citer qu'un exemple, les solanées vireuses, comme la belladone, dilatent la pupille en relâchant l'iris ; les opiacés, au contraire, la resserrent.

De l'opium et de ses préparations. — Chez la vache et la brebis, les expériences de Gilbert, consignées dans le 3ᵉ volume des *Annales de l'Agriculture Française*, ont appris que 32 gram. d'opium introduits dans l'estomac, donnent lieu, chez la première, à un peu d'inquiétude, de malaise et de météorisme, et que 16 gram. peuvent causer un empoisonnement mortel, chez la seconde.

Chez le cheval, l'opium administré par la bouche à la dose de 32 à 48 grammes (une once à une once et demie), produit des effets divers : 1° de l'inquiétude, un air d'étonnement, de l'agitation, l'animal gratte le sol avec ses pieds, des tournoiement ou vertiges qui rendent sa marche chancelante ; les yeux deviennent brillants, les pupilles se dilatent, le pouls devient fort et fréquent, la peau chaude, et la transpiration a lieu. Après trois, quatre ou cinq heures, survient un état de faiblesse avec diminution des battements du pouls, dans quelques cas une espèce d'assoupissement qui peut se prolonger jusqu'à la mort ou cesser peu à peu ; 2° il peut n'y avoir aucune accélération de la circulation, mais le ballonnement du ventre, des tremble-

ments partiels dans les muscles extenseurs et les rotu-
liens, la faiblesse des mouvements des membres, des convulsions des lèvres et de la queue ; 3° il peut y avoir simplement une sorte d'engourdissement et d'hébétude, de
l'insensibilité avec inaptitude au mouvement. Les maquignons se servent de l'opium dans ce but, pour rendre do-
ciles en apparence les mulets et les mules qu'il est difficile
de toucher. L'opium qu'ils donnent dans le vin ou l'alcool
produit toujours, dans ce cas, de la sueur. J'ai eu plusieurs
fois occasion d'observer cette fraude des maquignons.

Injecté à la dose de 4 à 6 grammes (I gros à I gros et
demi) et sous forme d'extrait aqueux, dans la jugulaire
d'un cheval, l'opium a produit les signes d'une vive excitation, des hennissements fréquents, le grattage du sol
avec les pieds, la vivacité du regard, la fréquence du
pouls, une perspiration cutanée abondante. Ces symptômes étaient tantôt précédés, tantôt accompagnés d'abattement des forces. 20 et même I2 grammes d'extrait aqueux
d'opium ont suffi pour donner la mort. (Prévôt de Genève.
Recueil de médecine vétérinaire; janvier 1835.)

Administré à la dose de 32 à 48 grammes à des chevaux tétaniques, il a augmenté la vitesse du pouls, provoqué des sueurs abondantes et amené la constipation.

Magendie a donné le même extrait à la dose de 12 gram.
à un chien de forte taille. Aucun effet ne fut produit dans les
deux heures qui suivirent. Au bout de ce temps, faiblesse et
presque paralysie des membres postérieurs, décubitus sur
le ventre, et quand l'animal est debout, station incertaine
et chancelante, stupeur sans dilatation des pupilles, convulsion des muscles de la face, conservation de la vue et
de l'ouïe, aucune plainte, grand abattement, battements
du cœur lents et faibles ; puis convulsions violentes, pa-

ralysie du train de derrière, et mort sept heures après l'ad-ministration du médicament. Moiroud, pour la même dose d'opium et dans les mêmes circonstances, a observé la fréquence du pouls qui ne s'est ralentie qu'aux approches de la mort.

Donné en solution dans l'alcool, l'opium cause un écoulement très-abondant de bave, l'injection des conjonctives, un état anxieux mêlé de stupeur. Le vomissement qui survient en général chez le chien, après l'administration de la solution aqueuse ou alcoolique d'opium, met fin aux symptômes; il reste une soif assez vive.

Déposé à la dose de 4 à 8 grammes dans le tissu cellulaire de la cuisse d'un chien, l'extrait aqueux d'opium a donné lieu à l'accélération du pouls, à des plaintes, à l'affaiblissement des extrémités postérieures, à des mouvements convulsifs; ensuite, à la raideur des membres, à la pesanteur de la tête, à des tremblements des muscles des mâchoires, avec conservation de la vue et de l'ouïe. La mort a eu lieu après I heure et 25 minutes.

La même préparation d'opium injectée dans le gros intestin, a déterminé des vomissements et une légère paralysie du train de derrière, et dans une des jugulaires à la dose de 4 décigrammes (8 grains) dans 22 grammes d'eau, il a causé le sommeil, la paralysie des extrémités postérieures, sans augmentation de la fréquence du pouls. Le jour suivant, l'animal conservait de l'assoupissement, il pouvait cependant marcher, mais il refusa de prendre des aliments et la mort survint huit jours après, (*Orfila*.)

En résumé, les principaux effets de l'opium sont un état de malaise et d'anxiété, l'engourdissement de la sensibilité et des facultés intellectuelles, la faiblesse des membres de devant ou de derrière, des convulsions des muscles des mâchoires, et dans quelques cas, des tremblements et des vomissements ; enfin, l'assoupissement, la paralysie et la mort quand la dose est un peu forte ; à des doses plus faibles, l'opium émousse la sensibilité, produit un état de calme et de somnolence, diminue les sécrétions muqueuses, voilà pourquoi il est employé avec succès contre la diarrhée et la dysenterie, et favorise la transpiration cutanée.

L'opium renferme un grand nombre de principes immédiats, tels que la morphine, la narcotine, la codéine, le principe nauséeux. La morphine est employée pour les petits animaux, associée à l'acide acétique, sous la forme d'acétate de morphine ; on ne s'en sert pas dans la pratique, à cause de l'élévation de son prix. La morphine pure n'est pas employée, parce qu'elle est insoluble dans l'eau ; or, on sait que la première condition de toute absorption est la solubilité. L'acétate de morphine, dit M. Guersent, modifie les fonctions du système nerveux, et par suite, celles de tous les autres appareils qui en dépendent, mais avec de grandes différences qui sont relatives à la susceptibilité nerveuse des individus qui sont soumis à ses effets.

Quatre grammes de morphine introduits dans la jugulaire d'un chien, ont produit une simple congestion cérébrale sans autre trouble physiologique.

L'acétate de morphine, administré par la méthode endermique, après avoir enlevé l'épiderme au moyen du vésicatoire ou des frictions ammoniacales, ou bien introduit dans les tissus à la faveur d'une plaie faite aux téguments, a servi à plusieurs praticiens à la guérison du tétanos.

15 ou 18 décigrammes d'acétate de morphine (30 ou 36 grains) ont déterminé des phénomènes analogues à ceux de l'extrait aqueux d'opium, avec accélération plus

grande de la circulation, dilatation plus prononcée des pupilles et suspension du sens de la vue.

Il faut en dire autant du laudanum de Rousseau, dont on a obtenu d'heureux résultats dans le traitement des coliques spasmodiques.

Les capsules des pavots noir et blanc, quoique doués de moins de propriétés narcotiques que l'opium et ses préparations, jouissent néanmoins de vertus sédatives incontestables. Leur décoction dans l'eau sert à préparer des boissons, des cataplasmes, des fomentations, et des bains qui sont employés fort avantageusement dans toutes les maladies qui s'accompagnent de vives douleurs.

La seconde classe des narcotiques renferme plusieurs agents dont les effets sont variés, quoique tous puissent agir d'une manière analogue à l'opium et à ses préparations.

Acide hydrocyanique ou prussique.—Lorsqu'il est pur, c'est le poison le plus actif. J'ai vu périr en quelques instants plusieurs chiens, sur la conjonctive desquels on en avait placé une goutte. Une seule goutte, dit Moiroud, déposée sur la langue d'un chien, sur la pituitaire, la conjonctive, ou le tissu cellulaire, suffit souvent pour le tuer en quelques secondes. Presque jamais il ne résiste à la dose de deux à trois gouttes, et les chevaux à celle de dix ou vingt gouttes. Ses effets immédiats se manifestent par une profonde inspiration qui s'accompagne de vertiges, de convulsions, de salivation, de déjection alvines promptement suivies de la mort.

Trousseau raconte qu'une éponge imbibée de 36 gouttes d'acide prussique de Scheele ayant été placée dans la bouche d'un cheval, il fut renversé à terre, eut des convulsions qui durèrent environ 10 minutes, après lesquelles le cheval se releva seul, se mit le nez en terre, tourna en rond toujours du même côté, pendant une demi heure. Il paraissait aveugle, mais il frémissait et s'agitait violemment quand on le battait. 40 minutes après, il s'arrêta d'un air hébété, avec les attitudes d'un animal ivre ; on le reconduisit à son écurie qui était à une assez grande distance ; une heure après il mangea l'avoine, et ne témoigna pas la moindre souffrance.

La manière si rapide et si violente dont ce narcotique agit, a fait penser qu'il était absorbé par les cordons nerveux dont il suivait le trajet, ou qu'il agissait par sympathie. On pourrait peut-être se passer de cette explication, quand on sait qu'en moins d'une demi minute un globule sanguin fait le tour entier de l'arbre circulatoire. Ce qui semble prouver qu'il passe en effet par le sang, c'est ce que le sang veineux est noir et épais après la mort, que les tissus exhalent une odeur d'amandes amères, et que la contractilité musculaire est entièrement abolie.

Employé comme agent thérapeutique, étendu d'eau ou d'alcool à très-petites doses, il a paru agir en excitant d'abord l'estomac, en activant la circulation ; à la suite de ces phénomènes on a cru reconnaître un ralentissement marqué dans toutes les fonctions, et la prostration des forces.

En médecine humaine, on l'emploie pour modérer les toux convulsives, soit qu'elles tiennent à une névrose des bronches, soit à une inflammation, ou à quelque autre état organique du poumon.

Des solanées.—Elles ne sont employées que comme topiques, en médecine vétérinaire, pour combattre la douleur.

La belladone, quelle que soit sa voie d'introduction, ou le lieu de son application, a la propriété de dilater la pupille, en outre de ses propriétés calmantes. Elle sert, en médecine humaine, à dilater la pupille, pour rendre plus facile l'opération de la cataracte. Elle nous est inutile sous ce rapport puisque nous ne pratiquons pas cette opération. Je crois qu'elle peut être employée avec avantage pour remédier à ce resserrement fréquent d'une ou des deux pupilles, qui se montre après les attaques violentes de l'ophthalmie, dite périodique.

Son action locale, lorsqu'elle a lieu sur les plaies des animaux, serait assez douloureuse, suivant **Orfila**, et suivie d'inflammation ; quoique les altérations trouvées dans les viscères digestifs des animaux sacrifiés ne dénotent pas qu'elle ait une action bien irritante sur les organes avec lesquels elle est mise en contact.

Le tabac donné par la bouche est vomitif ; par le dernier intestin il stimule et provoque la défécation ; sur la peau il sert à détruire les ectozoaires ou à combattre quelques affections psoriques du mouton. Bourgelat rapporte dans sa Matière Médicale, qu'appliqué à la peau sur des solutions de continuité il a pu dans quelques cas probablement rares, produire de la purgation et des coliques. Employé comme antipsorique pour la guérison de la gale, il serait devenu cause de répercussion sur les viscères. Ce dernier fait me paraît fort équivoque.

La morelle, *solanum nigrum*, est la plante de cette famille la plus employée en médecine vétérinaire, à titre de topique calmant, parce qu'elle est très-commune dans les champs et qu'on peut se la procurer sans frais. Ses baies ont été données au chien et au cahier par le docteur Danal. 150 n'ont causé aucun trouble remarquable. Un autre médecin , M. Bourgogne , a écrit que les feuilles sont dangereuses pour les bêtes à laine, quoique l'expérience ait appris que les animaux n'y touchent pas dans les champs.

Les ciguës sont employées aussi comme topiques anodins. Gohier en a fait usage dans le traitement du farcin , sans doute d'après la vieille réputation que Storck lui avait faite d'être utile contre les affections cancéreuses et scrofuleuses. Moiroud rapporte , d'après Julia Fontenelle , le fait observé par le docteur Nerth-Wood, du farcin guéri en quinze jours chez un cheval qui mangea avec avidité de ces plantes dans un lieu où elles croissaient en abondance. Généralement pourtant les animaux les repoussent; et ceux qu'on a affamés pour les forcer à s'en nourrir , n'en ont éprouvé aucun trouble. Le suc à la dose de 384 grammes (12 onces), a déterminé chez le chien des vertiges , la dilatation des pupilles , des convulsions des muscles des mâchoires et des membres, et un commencement de paraplégie qui se dissipèrent en peu de temps. J'ai vu périr dans d'horribles convulsions, un cheval à qui on avait donné la décoction de 125 grammes (4 onces) de ciguë sèche.

Emploi des narcotiques. — Comme topiques les opiacés conviennent dans toutes les inflammations avec vives douleurs , dans les dartres avec beaucoup de démangeaison et de cuisson , dans les rhumatismes , les névralgies , les déchirures ou les distensions des tissus fibreux.

A l'intérieur leur dose doit être graduée avec soin ; comme on est obligé de l'augmenter selon l'intensité du mal , il en résulte que, dans les maladies graves qui en réclament des doses élevées, on court risque de produire des accidents. A des doses convenables, on les administre avec avantage dans les phlegmasies très-douloureuses des muqueuses et des séreuses.

On doit les employer dans les affections catarrhales, non pas seulement pour calmer la douleur, mais surtout pour diminuer les flux muqueux, les sécrétions abondantes, comme dans la diarrhée et la dysenterie.

On a regardé comme une contre-indication des opiacés la congestion de la tête, parce que ces médicaments déterminent eux-mêmes une congestion sanguine au cerveau. Comme on pense que le vertige, dit essentiel, consiste dans une congestion cérébrale, ou que du moins il s'accompagne de cet état, on a proscrit les opiacés du traitement de cette maladie. En agissant ainsi, on a confondu l'effet avec la cause. La congestion cérébrale du vertige, lorsqu'elle a lieu, n'est le plus souvent que l'effet d'un état purement nerveux qu'on peut faire cesser par l'emploi des narcotiques. Aussi m'est-il arrivé plusieurs fois de faire cesser les accidents nerveux du vertige essentiel, en donnant de l'opium. Il en est de même des cas de ballonnement très-douloureux du ventre, dus à l'usage de l'eau froide ou des végétaux aqueux froids, couverts de rosée, ou qui ont été gelés. Les élèves qui suivent ma clinique ont été témoins de nombreuses cures de ces maladies, par l'emploi du laudanum de Rousseau. La plupart des coliques douloureuses des chevaux, attribuées à des indigestions, s'amendent par l'administration de petites doses d'opium.

Quant à l'acétate de morphine, je l'ai employé dans plusieurs cas de tétanos avec fort trismus, et j'en ai obtenu des avantages marqués.

Les opiacés sont les seuls narcotiques dont l'usage intérieur nous soit familier en médecine vétérinaire. Quand nous serons assez avancés dans l'observation, nous pourrons sans doute, comme les médecins, préciser les cas dans lesquels conviennent les autres narcotiques.

L'emploi des narcotiques est très-étendu en médecine vétérinaire, quoiqu'il le soit moins qu'en médecine humaine. Ces médicaments ayant une action propre sur le système nerveux, action qui émousse sa sensibilité, on conçoit d'abord que ce sont les agents que l'on doit employer en première ligne pour toutes les affections essentiellement nerveuses, telles que celles connues sous le nom de névralgies et de névroses. Il en est de même de tous les cas où la douleur ne semble pas en proportion avec la cause qui l'a fait naître. Ainsi j'ai montré qu'une même maladie faisait naître des désordres nerveux fort différents, suivant la prédisposition du sujet ; j'ai traité de cela au long dans le 2ᵉ chapitre du deuxième livre. L'indication est de diminuer cette grande vivacité du système nerveux par les moyens que l'expérience a appris être capables de produire la sédation.

On peut même dire, d'une manière générale, que toute maladie qui détermine une trop vive douleur, réclame l'emploi des narcotiques. Ainsi l'observation a appris bien des fois que des blessures douloureuses des pieds, des testicules, de la queue, et d'autres parties du corps, pouvaient produire le tétanos, que les douleurs des viscères peuvent produire des convulsions, et qu'il en est de même des grandes brûlures.

On compte trois moyens principaux d'employer ces médicaments : 1° comme topiques, en cataplasmes, en lotions, en fomentations, en frictions, en bains. Ils agissent localement sur la douleur, et diminuent la sensibilité des nerfs de la partie ; 2° par la méthode endermique, sur la peau rasée et privée de son épiderme ; il faut avoir soin de n'employer, dans ce cas, que des médicaments très solubles, et les étendre avec une lame de couteau sur la surface du derme, en les promenant sur cette surface, et en y mêlant quelques gouttes d'eau. On ne doit cesser de les étendre avec la lame de couteau que lorsqu'on les a vus absoibés. C'est le seul moyen d'être sûr de leur action. Par la méthode endermique on doit employer des doses plus élevées que par la suivante ; 3° par l'intérieur, en potions ou en lavements.

Ces deux dernières méthodes agissent directement sur tout le système nerveux et surtout sur les centres, de manière que diminuant leur sensibilité, l'engourdissant, ils empêchent le cerveau de percevoir aussi vivement l'impression de douleur qui lui est transmise par les organes. En général la méthode topique a besoin d'être aidée par ces deux dernières, lorsque la cause de la douleur est située loin de l'extérieur ou qu'elle est très-violente ; alors il faut agir et sur les nerfs de la partie et sur les centres nerveux.

TONIQUES, ANALEPTIQUES ET ASTRINGENTS.

Toniques.

Des auteurs ont confondu sous ce nom les toniques proprement dits, les astringents et les analeptiques. Ce rapprochement me paraît peu utile, attendu qu'il s'en faut beaucoup que les astringents produisent le même effet que les toniques. Il vaut mieux en faire trois classes distinctes, mais placées à côté l'une de l'autre, à cause de leurs rapports.

Les toniques proprement dits sont le fer et ses préparations, le sel de cuisine ou chlorure de sodium, le quinquina, la gentiane, le saule, l'angusture, la fumeterre, le trèfle d'eau, le houblon, la centaurée, le chardon bénit, la chicorée sauvage, le houx, l'artichaud.

Ils sont en général inodores, amers ou même astringents ; l'extractif, l'acide gallique, le tannin dominent dans ceux du règne végétal. Leur caractère physiologique est d'exciter les tissus d'une manière permanente et durable, et non pas vive et passagère comme le font les excitants, et sans produire comme eux la chaleur et une excitation générale, ou comme les irritants, la douleur et la chaleur. Je vais traiter des principaux d'entre eux avant d'aborder la médication tonique.

Du fer. — Le fer non oxidé n'est pas une substance inerte comme le pensait Moiroud. Brucch, (*Journal des Connaissances médico-chirurgicales*, t. 4 p. 216) a expérimenté sur les lapins avec la limaille, le phosphate et le muriate de fer, à la dose de 25 milligrammes (1/2 grains) pour la limaille, et de 5 centigrammes pour les deux autres. Ces préparations ont été absorbées, et le sang s'en est saturé de 4 à 5 décigrammes. Le sang n'en a pas pris une plus grande quantité et pendant 15 jours les lapins ont évacué tout ce qu'ils avaient pris au-delà de cette quantité. Tiedemann et Gmelin ont prouvé aussi l'absorption du fer, en constatant sa présence dans la vessie et dans le sang des veines porte et mésaraïques d'un cheval qui avait pris, 6 heures auparavant, 192 grammes de proto-sulfate de fer. Les animaux, comme les hommes, qui prennent pendant quelque temps de la limaille ou des sels de fer, rendent des fécès noirâtres, ce qui est dû, suivant Barruel, à l'action de l'acide gallique sur le fer, et suivant Bonnet, à celle du soufre, d'où résulteraient, dans le premier cas, un gallate de fer, et dans le deuxième, un sulfure, qui sont tous les deux noirs.

Les battitures qui s'échappent du fer rouge que l'on forge, bien porphyrisées et mises dans la boisson des animaux, l'eau dans laquelle on éteint un fer rouge, celle où on laisse séjourner des morceaux de fer, le peroxide ou ethiops martial, le sulfure de fer et surtout le sous-carbonate, sont les préparations employées ordinairement. Il en est encore une, l'iodure de fer, dont on a vanté les effets dans le traitement de la phthisie. Un médecin de Lyon a publié un traité sur ce sujet, mais le prix de cette substance ne permet pas de l'introduire dans notre médecine. Toutes ces préparations données à l'intérieur rendent, dans le commencement, l'appétit plus actif, les matières fécales rares, plus consistantes et colorées en brun ou en noir. On les donne mélangées aux boissons, au son, ou incorporées dans le miel sous forme d'électuaire.

Elles couviennent dans les maladies où la sérosité abonde et où le sang est décoloré, dans les diverses formes de l'anémie, comme la pourriture du bœuf, du mouton, du lapin et de la volaille, dans les états chroniques avec faiblesse musculaire et enflure des membres, dans les longues convalescences, dans le traitement de la morve et du farcin chroniques.

Quinquina. — Il est à la fois l'antipériodique et le tonique le plus puissants. Ses propriétés résident surtout dans deux alcalaoïdes, la cinchonine et la quinine, qui purs sont insolubles, mais qui, unis à l'acide sulfurique, deviennent solubles; leur prix ne permet pas de les employer. On ne se sert que de l'écorce et de la poudre. La poudre se donne dans du miel, en électuaire ou infusée dans le vin, le cidre, la bière. L'écorce se donne en infusion et en décoction par la bouche ou par le rectum.

Donné à l'intérieur à petites doses, il active la digestion

et ouvre l'appétit; son action reste locale. A doses plus fortes, il produit l'excitation générale du système nerveux, de la chaleur dans le tube digestif, la plénitude et la force du pouls, enfin, une plus grande activité de toutes les fonctions; car, puisqu'elles sont toutes sous la dépendance du système nerveux, elles doivent toutes plus ou moins partager son excitation générale.

Comme antipériodique, on a rarement occasion de l'employer dans la médecine vétérinaire, les fièvres intermittentes y étant très-peu communes. On peut s'en servir avec avantage contre les douleurs névralgiques et rhumatismales intermittentes, surtout si elles existent chez des animaux originairement faibles ou l'étant devenus accidentellement; cette indication se présente assez fréquemment dans la maladie des jeunes chiens ou dans les gourmes que Chabert appelle spasmodiques. Lorsqu'on l'administre comme antipériodique, il faut éviter de purger; la purgation empêche la guérison ou cause des rechutes.

Les hémorrhagies passives en fournissent l'indication. Flandrin et Tessier l'ont prescrit uni au vinaigre de vin dans la maladie de la sologne; il en est de même des divers états scrofuleux, de la cachexie aqueuse et vermineuse des grands et petits ruminants, et des hydropisies essentielles, c'est-à-dire purement sécrétoires.

Il se donne encore dans la dernière période des maladies qui traînent en longueur et principalement dans les phlegmasies catarrhales, avec flux nasal, diarrhée; dans les convalescences de ces mêmes maladies chez les ruminants où l'emploi des toniques amers est généralement indiqué dans cette période; enfin comme les excitants généraux, dans ces maladies accompagnées de faiblesse et de prostration extrême, lorsqu'il est important avant tout de relever les forces; mais, comme je l'ai déjà dit, c'est là une des indications les plus difficiles à satisfaire, à cause de l'embarras que l'on éprouve à distinguer l'adynamie réelle de l'oppression des forces. Cette indication se présente clairement lorsque l'éruption de la clavelée se fait difficilement, qu'elle ne marche pas ou que les boutons sont petits avec des symptômes adynamiques ; on donne alors le kina dans le vin aromatique, l'extrait de genièvre, etc.

Comme topique, il convient dans les affections locales qui menacent de gangrène, dans les contusions accompagnées de meurtrissure profonde et d'écrasement, pendant la chute des eschares gangréneuses, dans les gangrènes, dans les suppurations abondantes et fétides. Dans les cas de plaies gangréneuses, on associe la poudre de kina au camphre, à l'eau de Rabel ; on le donne à l'intérieur dans le vin, les spiritueux, l'alcool camphré, ou même avec le chlorure de chaux, l'ammoniaque, l'essence de térébenthine.

De la Gentiane.— Cette plante, à cause de son bas prix et de ses qualités, est pour ainsi dire le quinquina des vétérinaires, en tant qu'on la considère seulement comme tonique. C'est la racine de la gentiane jaune qu'on emploie le plus.

Moiroud pensait que c'est dans l'alcaloïde de cette racine, la gentianin, que réside sa propriété active ; il est reconnu aujourd'hui qu'il est au contraire peu actif.

On donne cette racine en décoction ou en poudre, sous forme d'électuaire. En décoction, il faut l'administrer de force aux animaux, à cause de son amertume qui fait qu'un bien petit nombre la prend volontairement, à moins qu'on ne la mêle par petites quantités à l'eau blanchie par le son ou la farine. L'infusion de la gentiane dans le vin est peu employée. Mélangée au miel, la gentiane ne peut guère être continuée au-delà de huit à dix jours. Les animaux s'en dégoûtent. Beaucoup de chevaux en éprouvent de la chaleur à la bouche et à la peau, de la diminution de l'appétit, et si la maladie n'était pas franchement terminée, le pouls reprend de la force et de la vivacité. La gentiane convient mieux aux grands ruminants qu'aux chevaux. Les premiers sont en effet moins délicats, ils ont moins d'irritabilité gastrique. Au reste la gentiane comme la petite centaurée et le trèfle d'eau ou ménianthe qui sont de la même famille et possèdent aussi de l'amertume, conviennent surtout pour les tempéraments lymphatiques et les constitutions naturellement faibles, de même que pour les estomacs qu'on appelle paresseux, qui digèrent difficilement et dont les excitants ou les toniques hâtent l'exercice. C'est sans doute pour remplir cette médication que les hippiâtres l'ont tant recommandée ; mais il faut beaucoup de tact pour pouvoir distinguer cette perte d'appétit par faiblesse réelle de celle qui résulte de l'état de souffrance directe ou indirecte de l'estomac. La gentiane m'a parfaitement réussi dans les diarrhées avec débilité générale chez les chevaux épuisés par le travail, sous l'influence d'un froid humide, de pluies abondantes.

Le saule blanc fournit, comme médicament tonique, ses rameaux et son écorce que l'on peut traiter par la décoction. Mais comme les herbivores broutent facilement ce végétal, il me semble qu'il est plus avantageux de le leur fournir en nature quand cela est possible, que de leur en faire des boissons qu'ils ne prennent qu'avec peine. Ce que je dis du saule s'applique également à la chicorée sauvage que l'on cultive en grand dans certaines localités, et dont les ruminants ainsi que le cheval mangent avec plaisir les feuilles et la tige. S'il s'agit de leur en faire des potions, on peut se servir de ces parties ainsi que de la racine qui jouit de beaucoup d'amertume; la chicorée est employée en médecine humaine comme dépurative, c'est-à-dire comme amère et un peu laxative, et conseillée dans quelques maladies chroniques et dans les affections scrofuleuses; il en est de même de la fumeterre. Toutes deux sont employées dans les mêmes cas en médecine vétérinaire.

On fait le même usage du chardon bénit, de l'artichaud et du houblon. On les traite par la décoction, et on les fait prendre de force ou bien on les mélange à l'eau blanchie.

Médication tonique. — Les toniques n'ont pas une action physiologique distincte de leur action thérapeutique. Comme topiques, leur action tient de celle des astringents et un peu de celle des excitants : comme les premiers, ils resserrent les tissus, diminuent le calibre des vaisseaux et la quantité de sang qui y afflue, en même temps qu'ils stimulent les nerfs d'une manière moins vive mais plus persistante que les excitants. On les emploie dans les relâchements du rectum et du vagin, lorsqu'il n'y a pas de phlegmasies. On regarde dans ces cas leur action comme plus avantageuse que celle des astringents, parce qu'ils n'émoussent pas comme eux la sensibilité.

Adressés à l'estomac, ils augmentent l'appétit, rendent la digestion plus facile et plus prompte, et produisent la constipation ou l'augmentent si elle existait déjà. L'animal mange davantage et digère mieux. Bientôt les battements du cœur et des artères deviennent plus forts et plus résistants sans être plus fréquents; la respiration suit le mouvement de la circulation et devient plus large, plus étendue; le système musculaire lui-même acquiert de l'énergie. Ces effets sont d'autant plus prononcés que le sujet soumis à l'emploi des toniques est plus débile et que ses fonctions digestives sont plus faibles.

Toutes les fonctions deviennent plus actives; l'absorption est plus énergique tout le long du tube digestif, puisqu'il y a constipation. Les sécrétions s'opèrent d'une manière plus uniforme et plus régulière ; les urines sont moins abondantes, moins aqueuses et plus colorées; le sang est plus coloré, plus riche en parties solides et moins séreux. Les infiltrations du fourreau, du bas des membres se résolvent, surtout si on fait concourir avec l'action des toniques, l'exercice et de bons aliments. La peau devient souple et le poil se lisse, les sens prennent de la vivacité ; enfin chaque fonction se rapproche de son état normal.

Il y a certains toniques qui conviennent plus que d'autres dans les cas de faiblesse de l'estomac, de digestions lentes et pénibles. On les appelle stomachiques ; tels sont elles de cuisine, par exemple, la cannelle, etc. Il y a avantage à s'en servir sur la fin des maladies chroniques, pendant la convalescence des maladies aiguës, et dans le cours de certaines maladies. L'indication de solliciter l'estomac par les stomachiques se tire moins de la faiblesse et de la maigreur, que de la pâleur de la bouche, de la largeur et de la mollesse de la langue, et de la lenteur de la digestion chez les animaux qui font usage d'aliments fades et peu stimulants. Ils sont également indiqués lorsqu'il y a des borborygmes fréquents, que de légères diarrhées suivent les digestions, et que ces accidents disparaissent avec des aliments de propriétés plus excitantes. Les foins récoltés dans des vergers, sous des allées ombragées procurent de ces mauvaises digestions. Les toniques amers conviennent aussi dans ces circonstances.

Les toniques sont utiles dans une foule de maladies de longue durée, dans lesquelles il importe de soutenir les forces, comme la morve et le farcin.

Les hydropisies qui proviennent de la mauvaise alimentation, du séjour dans des lieux humides, et pour la guérison desquelles on ne peut obtenir ni le changement de lieux, ni celui d'aliments, s'amendent par l'usage des toniques amers, par l'emploi du sel de cuisine, surtout à mesure que l'air sec, chaud et lumineux, fait sentir son influence ; telles sont la cachexie aqueuse des ruminants, le scorbut des carnivores. Il en est de même des maladies qui résultent de la disette, des hémorrhagies et autres causes d'épuisement ; les toniques amers leur conviennent, toutes les fois qu'on peut seconder leurs effets par une suffisante quantité de bons aliments, donnés graduellement pour effectuer la restauration des forces, et qu'il n'y a aucun commencement de désorganisation dans les viscères.

La faiblesse qui suit les inflammations aiguës et chroniques fournit des indications qui se combinent avec celle de ces maladies elles-mêmes. Nous y satisfaisons dans quelque cas en alternant ou en combinant l'emploi des toniques amers, avec les boissons farineuses, les bouillons de rave, de pomme de terre ou autres aliments féculents. Les toniques amers conviennent surtout, en les donnant par gradation et avec ménagement, lorsque la débilité devient la maladie principale.

Les maladies avec convulsions, les douleurs persistantes qui suivent les grandes opérations et s'accompagnent de beaucoup de suppuration, laissent après elles une débilité qui fournit quelquefois seule l'indication des toniques.

Les parturitions longues et douloureuses, suivies de déchirement des tissus ou de renversement du vagin et de la matrice, commandent l'emploi des amers quelle que soit l'irritation qui ait précédé, et lors même qu'elle existerait encore en quelques points.

Des Analeptiques.

Les auteurs varient assez sur le véritable sens à donner à ce mot. Les uns appellent ainsi toutes les substances propres à rétablir les forces épuisées, et en distinguent deux sortes, les analeptiques médicamenteux qui ne sont que des toniques, et les analeptiques alimentaires. D'autres ne considèrent comme analeptique que le fer auquel ils associent un petit nombre de substances alimentaires fort nourrissantes. D'autres enfin comprennent dans cette catégorie beaucoup de médicaments pris dans la classe des excitants, des toniques et des astringents, tels que le quinquina, la gentiane, le fer, la cannelle, la muscade, la camomille, le vin ou des composés de substances appartenant à ces trois classes, la thériaque, les élixirs, les teintures aromatiques.

Pour moi je serais porté à comprendre exclusivement dans les analeptiques les substances alimentaires tirées du règne végétal et du règne animal. Les premiers conviennent pour les herbivores ; ce sont les grains féculents tels que l'avoine, le froment, l'orge, le maïs et les farines qu'ils fournissent, les fruits et les racines féculentes comme les marrons et les châtaignes, les pommes de terre, le topinambour, etc. Les substances tirées du règne animal, la viande des animaux adultes, le bouillon, le lait conviennent aux carnivores. Enfin pour le porc qui fait usage de ces deux espèces d'aliments, on ajoutera le gland du chêne en nature et plus particulièrement épuré.

La cuisson contribuant au développement du principe sucré que recèlent la plupart des racines féculentes, on comprend que donnés après la cuisson la plupart de ces aliments deviennent plus facilement assimilables.

Les analeptiques réparent les forces, non pas comme les toniques en excitant directement les appareils, mais en fournissant des matériaux abondants à la nutrition. Leur action s'explique très-bien parce qu'ils sont plus nourrissants que les aliments ordinaires, parce que sous un petit volume ils contiennent une grande quantité de principes immédiats, propres à servir à l'entretien du corps. De la sorte ils exigent peu de travail de la part de l'estomac et donnent de bonnes digestions.

Au reste il faut se rappeler qu'on doit aider à l'action des analeptiques, par l'emploi des agents de l'hygiène, de l'exercice, du soleil, de la chaleur, des frictions de la peau, du pansement de la main, et par le séjour dans des habitations salubres. Ce sont là autant de toniques qui aident singulièrement l'effet du régime.

Des Astringents.

Nous avons déjà vu la différence d'effets des toniques et des astringents ; ils diffèrent aussi chimiquement. Les toniques ont pour principes actifs, des principes aromatiques, amers ; les astringents doivent en général leurs propriétés au tannin pour ceux du règne végétal, à des acides ou à des sels avec excès d'acide pour ceux du règne minéral. Ils produisent sur la bouche une sensation d'âpreté particulière ; ils déterminent le resserrement des tissus sur lesquels on les applique, par conséquent ils rétrécissent le calibre des vaisseaux, diminuent la quantité

de sang qui y afflue, décolorent les tissus en même temps
qu'ils en émoussent la sensibilité. Ils sont en général destinés à agir sur des points déterminés de l'économie, quoiqu'ils
puissent être absorbés et que, continués pendant un certain
temps, ils exercent leur action styptique sur tout le corps.

Les principaux astringents du règne végétal, employés
en médecine vétérinaire, sont : le tan ou écorce de chêne,
le gland, la noix de galle, l'écorce de grenadier, le parenchyme du drupe du noyer, connu sous le nom de brou
de noix, les racines de bistorte, de garance, de tormentille, de fraisier, de quinte-feuille, de plantain, d'ai-
gremoine, la benoite, les feuilles de ronce, les feuilles et le
fruit du sumac, les pétales de roses rouges et leurs fruits,
connus sous le nom de cinorrhodons, la suie de cheminée, la créosote, la résine de sang-dragon, etc.

Les astringents de cet ordre, soit en nature, soit en
poudre ou en décoction, exercent une action moins vive
et moins douloureuse, mais plus durable que les acides.
Lorsqu'on les applique sur la peau, sur un ulcère ato-
nique, ou la muqueuse du nez, du vagin et du rectum, on
voit alors le derme et le tissu muqueux perdre leur souplesse, leur sensibilité et leur couleur naturelle, pour prendre une consistance qui les rapproche quelque peu de celle
des tissus tannés.

Parmi les astringents acides se trouvent placés les acides acétique, hydrochlorique, sulfurique et nitrique,
étendus dans une quantité d'eau suffisante pour que leur
propriété caustique soit affaiblie considérablement. Les
sels astringents sont l'alun, le sulfate de fer, de zinc, de
cuivre ; le tartrate acidule de potasse, les tartrates de potasse et de fer, l'acétate de plomb, et, suivant Moiroud,
la chaux et son chlorure.

Ces corps produisent une impression plus ou moins vive et douloureuse sur la surface des solutions de continuité et des muqueuses , impression qui est suivie d'engourdissement , puis des divers effets énumérés plus haut. Après l'application des astringents , le sang revient par degrés dans le tissu , mais pendant quelque temps en moindre quantité qu'auparavant.

L'écorce de chêne est peu employée à l'intérieur ; comme topique, elle sert à combattre les œdèmes, l'infiltration des membres et du fourreau, lorsqu'ils ne sont point accompagnés de chaleur, de douleur et de tension ; l'écoulement des eaux aux jambes chroniques et divers flux muqueux, purement sécrétoires ; à rendre plus serré l'appareil fibreux des articulations après les efforts ou entorses. On forme avec sa poudre des pelotes pour les hernies ombilicales et ventrales qui en procurent la guérison chez les jeunes animaux. En décoction ou en solution, le tan tarit les sécrétions purulentes des ulcères atoniques. On assure avoir prévenu les mauvais effets de la gangrène humide en recouvrant la partie de poudre de tan , et on est porté à croire qu'il réussirait pour arrêter les hémorrhagies passives.

L'agaric qui croît sur le chêne sert comme styptique à arrêter les hémorrhagies.

La noix de galle a des propriétés analogues à celles du tan. Il en est de même de la bistorte , du brou de noix et des autres substances végétales astringentes, quoique à un moindre degré.

Astringents acides. — Ceux employés à l'intérieur sont l'acide acétique et l'acide sulfurique. Je les ai donnés avec succès pour arrêter l'hémorrhagie pulmonaire , en les étendant dans l'eau de manière à ce qu'elles aient une acidité assez marquée, mais que, cependant, elles n'irritent pas la bouche de celui qui les goûte.

Comme topique, l'acide acétique ou le vinaigre de vin, est employé contre certaines tumeurs indolentes, et même contre ces congestions cellulaires sous-cutanées, dites en médecine vétérinaire, grosses échauboulures. On emploie, dans ce cas, les liquides chauds et en frictions ou en lotions.

L'acide hydrochlorique, étendu de manière à n'être plus caustique, a pendant long-temps servi de moyen de traitement pour les hernies; c'est le remède du prieur de Cabrière. Je l'ai plusieurs fois employé pour humecter la pelote du bandage compressif des hernies ventrales. Il réussit quand ces hernies sont peu étendues et peu douloureuses, et lorsqu'elles sont récentes. Il échoue dans le plus grand nombre des autres cas. Employé sur un sujet destiné à être sacrifié et n'ayant pas été suffisamment étendu d'eau, il a perforé les téguments et fait sortir l'intestin.

Créosote et suie de cheminée. — La créosote (de *kreas,* chair et de *sodzo* je conserve) se tire de la distillation du goudron de bois. Pour s'en servir on la dissout dans l'alcool, après quoi on l'étend goutte à goutte dans de l'eau distillée jusqu'à ce que son mélange commence à perdre sa transparence après avoir été agité. Les médecins ont, dit-on, renoncé à son emploi dans l'hémoptisie, parce qu'elle irritait trop vivement. Cependant Favre de Genève assure en avoir obtenu de bons effets pour arrêter l'hématurie des feuilles chez les grands ruminants. On l'emploie aussi contre les hémorrhagies traumatiques, les brûlures au 1er, 2e, 3e degré, en la mélangeant à quatre-vingts parties d'eau ; sur les dartres furfuracées légères, sur les ulcères à bords calleux, à surface pâle et sale.

Un vétérinaire, M. St-Cyr, dit avoir obtenu du goudron, de très-bons effets dans une sorte de lupus ou dartre rongeante qui attaque les mulets des pays méridionaux.

La suie de cheminée, qui contient de l'acide pyroligneux et de l'acide gallique, forme avec la graisse une pommade qui passe pour être utile à la guérison des vieux ulcères et de certaines dartres. Les vétérinaires l'emploient pour arrêter la fluxion qui se fait dans les tissus sous-jacents aux sabots, dans le cas de fourbure, après avoir toutefois pratiqué les dégorgements sanguins convenables. On la mêle au vinaigre, de manière à en former une pâte qui s'applique à nu comme un cataplasme. C'est un bon astringent qui amène souvent la résolution de ces congestions. On l'emploie de la même manière pour faire résoudre les bosses que produit, le long du rachis, la pression des harnais.

Astringents salins. — Quelques-uns peuvent être donnés à l'intérieur à doses faibles, pour remplir les mêmes indications que les précédents. On les emploie surtout à l'extérieur. En solution ils servent à faire des injections sur les surfaces muqueuses hémorrhagiées, ou siége de flux muqueux, contre les ophthalmies qui ont vieilli. Ils combattent avantageusement les congestions et les inflammations de cause externe ; ils raffermissent les chairs, diminuent l'abondance de la suppuration, et font disparaître les fongosités.

Dans la pratique, la solution du sous-acétate de plomb dans l'eau, est un des astringents les plus usités. Le sulfate d'alumine réduit en poudre et battu avec le blanc d'œuf, forme un excellent astringent.

Médication astringente.—Les astringents ne jouissent pas, comme les toniques, d'une propriété excitante ;

loin de là, ils resserrent et condensent les tissus ; et tandis que les toniques relèvent l'appétit et rendent la digestion plus active, les astringents amènent la perte de l'appétit et l'amaigrissement. Assez souvent on combine ces deux effets des toniques et des astringents, de manière à les modifier l'un par l'autre ; telles sont l'eau de Rabel, celle de Goulard, qui se composent d'alcool et d'acide sulfurique, d'alcool et de sous-acétate de plomb.

Appliquée sur une plaie récente ou ancienne, une substance astringente y produit une sensation de constriction ; le tissu se resserre, le diamètre des vaisseaux diminue ; la surface pâlit et baisse de température, puisque toute la chaleur animale vient du sang ; les sécrétions qui s'y faisaient diminuent également par l'absence du sang. Si l'application n'est pas continuée, il arrive ce qui survient quand on s'est frotté les mains avec de la neige ; le courant de la circulation se rétablit dans la partie, mais elle reste plus ferme, plus dense. Si le contact de l'astringent est continué plus long-temps, eu s'il est promptement renouvelé avant que cette réaction n'ait eu lieu, les tissus deviennent froids, insensibles et denses ; leur contractilité diminue à mesure, leur texture est plus serrée, et ils sont comme tannés. Enfin, continué trop long-temps chez les sujets âgés ou affaiblis, ce resserrement des tissus peut être poussé au point de suspendre complètement la circulation dans les parties et d'y produire la gangrène, ce que j'ai vu deux fois survenir dans le bas de membres atteints de panaris ; le sabot s'est détaché, et la mort a eu lieu. Aussi se borne-t-on, pour l'ordinaire, à empêcher l'afflux du sang ou à le modérer, en produisant ce resserrement des tissus.

Ainsi les astringents, comme topiques, exercent une

double action ; ils empêchent la congestion de s'établir dans les tissus , et en même temps ils diminuent leur sensibilité nerveuse. Ils sont indiqués dans les inflammations par causes externes, c'est-à-dire celles qui surviennent à la suite de coups, de piqûres, de brûlure, etc.; à doses faibles, sur les plaies résultant d'opérations pour y modérer la fluxion ; à doses plus fortes, sur les solutions de continuité anciennes, fongueuses, blafardes, qui fournissent abondamment un pus séreux, toutefois en prenant garde à ne pas les supprimer brusquement. Ils agissent en chassant de la partie le sang qui stagne dans les vaisseaux, et entretient ces sécrétions séreuses. Ils sont indiqués encore pour ces plaies livides qui menacent de passer à la gangrène ; on les emploie alors sous forme de poudre , et en général mélangés aux toniques. Les écoulements purement catarrhaux ou qui s'accompagnent d'une inflammation très-faible, en réclament l'emploi, toutes les fois que la muqueuse qui les fournit peut être atteinte directement par eux ; et enfin les hémorrhagies qui se font à l'extérieur. Ils sont contre-indiqués : 1° quand la congestion ou l'inflammation sont critiques ou liées à un état général de l'économie ou spécial de quelque viscère, comme dans les érysipèles spontanés, certaines dartres ; 2° quand ces mêmes états morbides tiennent à une pléthore générale ; les antiphlogistiques conviennent alors ; 3° quand leur emploi n'a pas prévenu l'inflammation, et que celle-ci s'est établie. Il faut alors les remplacer par les moyens précédents.

A l'intérieur, ils paraissent agir sur les organes de la digestion à peu près de la même manière que sur les membranes muqueuses extérieures. Je n'ai pas observé qu'ils augmentassent l'appétit, comme l'a dit Grognier ;

l'estomac semble en éprouver du malaise, la sécrétion du suc gastrique en est diminuée.

Donnés pendant quelque temps à petites doses ils diminuent la plupart des sécrétions de l'économie ; d'abord celle du gros intestin, ainsi ils guérissent la diarrhée si elle existe ; puis celle de la peau, d'où résulte par contre l'augmentation de celle des reins. Ces faits prouvent que les astringents introduits dans le tube digestif sont absorbés. A la suite se montre un ralentissement de la circulation et plus tard l'amaigrissement.

Au reste cette action de resserrement et de constriction, lorsqu'ils sont absorbés, ils l'exercent sur tout le corps. Voilà pourquoi on les emploie à l'intérieur contre les hémorrhagies qu'on ne peut pas atteindre directement pour mettre les astringents en contact avec les parties hémorrhagiées. Toutefois ils ne remédient qu'à l'état local du tissu qui fournit le sang ; et bien qu'ils ralentissent un peu la circulation, en général ils ne sont guère utiles contre les hémorrhagies spontanées qu'autant qu'on les aide par d'autres moyens.

On les a conseillés à l'intérieur, dans les maladies qui sont remarquables par la fluidité du sang ; mais on doit se rappeler ce que j'ai dit dans le tome premier, page 25, de l'action que les acides exercent sur le sang; en général, ils en augmentent la fluidité. Aussi Magendie recommande-t-il de ne pas employer l'acide sulfurique pour combattre les hémorrhagies, dites passives. Il y a donc un choix à faire dans les astringents qu'on emploie dans ces maladies; les sels de fer sont peut-être ceux qui conviennent le mieux, surtout en solution dans l'alcool.

Des Irritants.

On appelle ainsi des médicaments qui, appliqués sur la peau, y causent une congestion, de l'inflammation, ou même produisent la gangrène par leur action chimique sur les tissus. La plupart des agents de cette classe agissent d'une double manière, et comme irritants, par leur action sur la peau, et comme évacuants, par les sécrétions purulentes qu'ils provoquent. Quelques-uns mêmes, les rubéfiants et les vésicants, sont, dans certains cas, employés comme excitants. Par leur qualité d'évacuants il convient d'en parler à la suite des vomitifs et des purgatifs.

Bien que ces médicaments aient ainsi des actions diverses, un caractère commun permet néanmoins de les réunir sous un même groupe ; ce caractère, c'est celui de produire dans la partie sur laquelle ils sont appliqués, une congestion ou une inflammation, laquelle sert, comme je le montrerai, à déplacer les maladies, à les arracher de leur siége ; de là, le nom de révulsifs qu'on leur a donné (de *revellere*, arracher).

On distingue les irritants en trois classes : 1° les rubéfiants ; 2° les vésicants ; 3° les caustiques. Je vais parcourir ces trois classes et puis je passerai à la théorie de leur manière générale d'agir.

1° *Des rubéfiants.* — Ce sont les irritants les plus légers. Ils ne produisent sur la peau qu'une simple rougeur ; c'est la congestion cutanée qu'on appelle erythème. La partie où ils ont été appliqués est chaude, rouge, tu-

méfiée et douloureuse; le pourtour en est un peu œdémateux. Ces symptômes se dissipent au bout de quelque
temps, et l'épiderme se détache par larmes. C'est en irritant la peau, en y développant la douleur qu'ils y déterminent cet afflux du sang.

Les rubéfiants sont de deux espèces : 1° les moins actifs sont les agents purement physiques, le bouchon, la
brosse, l'étrille, la chaleur solaire, les vapeurs sèches et
chaudes ; 2° les plus forts ont une action chimique, l'alcool simple, camphré ou ammoniacé, les huiles essentielles de lavande et de térébenthine, la teinture de cantharides, les poudres de moutarde, d'euphorbe, etc.

Ils peuvent produire trois espèces d'effets physiologiques différents : 1° une excitation locale ; 2° une excitation
générale ; 3° une révulsion.

Ils sont des excitants locaux lorsqu'on les emploie dans
le but d'irriter une partie, d'y accélérer la circulation, d'y
favoriser la résorption d'indurations, la résolution de congestions chroniques. En cette qualité ils conviennent dans
les mêmes cas et offrent les mêmes contre-indications que
les excitants proprement dits. Ils sont excitants généraux
lorsque la douleur qu'ils provoquent est assez forte pour
produire ces phénomènes généraux de sympathie qui sont
connus sous le nom de fièvre et dont j'ai parlé longuement
Ils conviennent dans ce cas lorsqu'il y a prostration des
forces, adynamie, toutes les fois qu'on veut produire une
excitation générale, vive et assez durable. Ils ont les mêmes contre-indications que les excitants généraux.

Mais leur plus grande importance est dans la révulsion,
qui a pour but de déplacer les congestions ou les inflammations qui ont leur siège à l'intérieur ou du moins au-
delà de la peau. Je dirai seulement, maintenant, qu'il faut

éviter de les employer au début des maladies avec fièvre violente, parce que leur propriété excitante ne ferait que l'augmenter, à moins qu'on n'ait fait précéder leur emploi d'émissions sanguines suffisantes. Au contraire, on peut y avoir recours quand le malade est peu sensible et qu'on ne craint pas de trop l'exciter.

2° *Des vésicants*. — Leur action est plus énergique ou plus long-temps continuée que celle des précédents; car les mêmes substances, la moutarde, par exemple, suivant la durée de leur application, produisent la rubéfaction ou la vésication. La vésication consiste dans le soulèvement de l'épiderme, qui forme des phlyctènes ou ampoules pleines de sérosité. Elle annonce une véritable inflammation de la peau, un érysipèle circonscrit.

Les vésicants sont : l'eau bouillante, la moutarde, l'ail en pulpe, les cantharides, l'émétique en pommade. Appliqués sur la peau, ils l'enflamment; elle s'échauffe, rougit, etc.; l'épiderme est soulevé par portions, la sérosité qui y est contenue, d'abord claire, se trouble ensuite. Il faut 4 à 5 jours dans le cheval, 5 à 6 dans le bœuf, I ou 2 dans les petits animaux, pour que la sérosité se trouve réunie sous des phlyctènes assez volumineuses et qu'il s'y soit mêlé du pus; encore faut-il renouveler tous les jours le topique irritant. Les environs du vésicatoire sont toujours, chez les animaux, surtout le bœuf et le mouton, le siége d'un engorgement douloureux et d'une infiltration qui s'étend quelquefois fort loin, à la région du ventre et aux jambes, lorsque le vésicatoire a été appliqué sous la poitrine ou aux fesses. Chez le bœuf et le mouton et même le cheval, elle est souvent portée au point de gêner la marche, si le vésicatoire est aux cuisses ou aux fesses, et la mastication, s'il est sur la gorge.

Pendant que la vésication se fait, on observe, comme pour les rubéfiants, mais plus énergiquement, que la fièvre se développe avec tous ses symptômes sympathiques, la chaleur du corps, la perte d'appétit, parfois avec des ardeurs d'urine et des érections lorsqu'on a employé les cantharides qui, comme on le sait, ont la propriété d'exciter les organes générateurs. Or, cette fièvre s'ajoutant à celle de la maladie, l'augmente nécessairement; de là, l'indication de n'employer les vésicants qu'après que le malade a été suffisamment affaibli par les saignées, la diète et les boissons. C'est ce que j'ai dit à propos des rubéfiants.

3° *Des caustiques*. — Les irritants de cette classe se divisent eux-mêmes en deux espèces, suivant qu'ils agissent par une action chimique ou par le calorique qu'ils contiennent : les premiers s'appellent cautères potentiels; les seconds, cautères actuels.

Cautères potentiels. Les cautères potentiels ou caustiques proprement dits, appelés aussi escharotiques, ont été divisés par Bourgelat à l'exemple des anciens médecins en cathérétiques et en caustiques proprements dits. Les premiers sont des agents faibles qui produisent une vive irritation et une eschare très-superficielle; les seconds sont plus énergiques.

Depuis Schwilgné on a essayé de les classer suivant qu'ils ne sont pas susceptibles d'être absorbés ou que leur absorption est sans danger et suivant que leur absorption peut être suivie de résultats fâcheux. Moiroud, en 1828, a publié, dans le *Recueil de Médecine vétérinaire*, page 58, le résultat d'expériences faites dans ce point de vue; sur le beurre d'antimoine, le nitrate d'argent et la potasse caustique. Suivant lui, le deuto chlorure d'anti.moine, l'un des plus puissants caustiques, se décompose dans les tissus sur lesquels on l'applique en un sous-hy-drochlorate d'antimoine et un composé d'oxide d'antimoine et de matière animale, corps qui sont insolubles et qui n'ont pas de propriétés caustiques. Le nitrate d'argent se décompose aussi après qu'il a exercé son action, mais moins rapidement que la substance précédente. Il en est à peu près de même de la potasse caustique; elle se com-bine avec les tissus, les dissout, sans leur faire subir de transformation chimique. Elle doit donc inspirer moins de confiance que les caustiques précédents, puisqu'elle ne dé-compose pas les principes immédiats animaux et qu'elle ne fait que se combiner à eux sans en changer la nature ; et elle ne doit pas être employée pour détruire les virus.

A la classe des caustiques qui peuvent être absorbés avec danger, appartiennent les sels de cuivre et d'arsenic. J'ai vu, nombre de fois, l'acide arsénieux introduit dans les ganglions lymphatiques indurés à la suite de la morve, perforer le plancher inférieur de la cavité buccale ; le tissu cellulaire environnant s'est infiltré, puis est devenu emphysémateux ; la prostration des forces, la puanteur de l'haleine et de la perspiration cutanée et la mort s'en sont suivies. Il en a été de même après l'application du réalgar (sulfure rouge d'arsenic) sur des poireaux qu'on venait de réséquer sous le ventre. Des praticiens ont éga-lement perdu des bêtes à cornes avec tous les symptômes de l'empoisonnement, pour avoir traité leur gale par la solution arsénicale.

Quant à leur mode d'action en général, les caustiques, comme je l'ai déjà dit, exercent une action chimique sur les tissus, les détruisent en les décomposant ou en s'u-nissant à eux. Toute la partie ainsi atteinte est transformée en eschare. A l'entour se développe une inflammation plus ou moins vive, qui peut être suivie des phénomènes généraux de la fièvre, si elle est assez forte. Le pus se forme autour de l'eschare qui se détache peu à peu des parties vivantes et est séparée du corps.

Comparés au cautère actuel, les caustiques présentent les désavantages suivants : 1° ils ne détruisent ni aussi rapidement ni aussi complètement les tissus ; 2° s'il est vrai qu'ils agissent plus profondément, d'un autre côté leur action ne peut pas être facilement limitée ; 3° plusieurs peuvent être absorbés et causer la mort.

Ils ont cependant leurs indications spéciales, et l'on peut dire d'une manière générale qu'ils ne sont guère employés qu'à titre de topiques, destinés à modifier les parties sur lesquelles on les applique immédiatement sans que leurs action s'étende au-delà. Il n'en est pas de même du cautère actuel qui sert non-seulement comme topique, mais comme excitant et comme révulsif.

Les cathérétiques conviennent pour réprimer les bourgeons charnus des plaies, ou exciter une inflammation vive sur des plaies anciennes, pâles et qui ne tendent pas à se cicatriser; dans les trajets fistuleux, en injections et en ayant soin de faire succéder, quand on le peut, la compression à leur emploi, de manière à ce que les parties irritées du trajet fistuleux soient en contact.

Les caustiques proprement dits sont employés : 1° pour détruire des venins ou des virus. Le fer rouge est préférable de même que pour les tumeurs gangréneuses dont on veut arrêter le développement. Cependant on les recommande pour les tumeurs gangreneuses du mouton : 2° pour combattre la dégénérescence des tissus sous-ongulés du mouton, appelée piétain ou crapaud ; 3° pour détruire les productions épidermiques, les verrues, poireaux et cætera ; 4° pour détruire les tumeurs du farcin qu'on ne peut atteindre avec l'instrument tranchant ; 5° pour amener la cicatrisation des trajets fistuleux quand les cathérétiques ont échoué.

2° *Les cautères actuels*. Les uns agissent très-rapidement, comme le fer rouge qui est le vrai cautère actuel ; les autres agissent par une ustion lente, comme les différents moxas, le soufre qu'on fait brûler sur la peau, la poudre à canon , etc.

Le cautère actuel qui est très-généralement employé en médecine vétérinaire , se fait avec du fer ou de l'acier Il présente cet avantage qu'on peut juger par la couleur rouge brun, rouge cerise, ou rouge blanc, des quantités de plus en plus considérables de calorique qu'il contient.

Je ne décrirai pas les différentes formes des cautères , cela n'est pas de mon sujet ; quant à la manière de les employer, on en connaît trois : 1° la cautérisation objective ; 2° transcurrente ; 3° inhérente ; 4° les médecins en établissent avec raison une quatrième qu'ils nomment par pointe.

1° La première consiste à tenir un fer rouge à distance de la partie sur laquelle on veut agir , de manière à l'échauffer plus ou moins. On voit que, dans ce cas, on produit un effet à peu près semblable à celui qu'on détermine par les rubéfiants.

2° Par la cautérisation transcurrente on produit d'abord une douleur assez vive mais peu profonde, des eschares superficielles, jaunâtres , étroites , et un léger suintement séreux. Au bout de quelques jours les raies de feu s'élargissent , la douleur se réveille , il survient un gonflement inflammatoire , quelquefois de la fièvre et la perte de l'appétit. Peu à peu les eschares se détachent sans suppuration ou avec une suppuration légère qui se prolonge de 8 à 10 ou 12 jours.

3° Dans la cautérisation par pointes, la peau est en général traversée, et il en suinte de la sérosité et du sang. Il se forme autant de petites plaies avec enfoncement et crispation de la peau. L'inflammation s'y développe, les plaies s'élargissent, suppurent, et parfois se réunissent en une même plaie ; le tissu sous-jacent est alors détruit par la suppuration.

4° La cautérisation inhérente consiste à appliquer immédiatement le cautère actuel sur des tumeurs que l'on veut détruire. On l'y applique plusieurs fois jusqu'à ce qu'on ait détruit tous les tissus que l'on voulait atteindre. De la sorte on décompose entièrement les tissus et les fluides des parties que l'on a touchées, on empêche leur absorption et les accidents graves qui en peuvent résulter, comme dans les gangrènes, les charbons. Du reste on observe dans la marche des plaies tous les phénomènes des brûlures au troisième degré.

Chacune de ces méthodes a ses indications spéciales.

La cautérisation objective agit à la manière des excitants énergiques, en stimulant la peau, en activant la circulation dans les parties qui en sentent l'influence, en y facilitant l'absorption de tous les matériaux étrangers au tissu. Elle a aussi une action révulsive ; en irritant la peau elle tend à déplacer des congestions situées plus profondément. Aussi convient-elle dans les œdèmes, les engorgements froids, les différents désordres qui ont leur siége dans les tendons, les ligaments des articulations, à la suite des entorses, des effets violents. Le calorique ainsi employé est préférable aux liniments irritans qui ont l'inconvénient de faire tomber le poil, inconvénient grave sur les chevaux de prix.

La cautérisation transcurrente remplit les mêmes indications mais d'une manière plus active. Elle a l'inconvénient de produire la dépilation, souvent le changement de couleur du poil, et de laisser subsister des cicatrices saillantes qui se conservent toute la vie. Elle est excitante et révulsive ; on l'emploie contre les rhumatismes chroniques, les névralgies profondes, les inflammations lentes, comme celles des os au début, celles des cartilages, des ligaments et des articulations en général, à la suite des entorses et des efforts.

La cautérisation par pointes sert à ouvrir des abcès froids, des tumeurs enkystées, des indurations de diverse nature. Elle a de plus les mêmes indications que la précédente. On l'a vantée pour la guérison des rhumatismes chroniques et des névralgies qui produisent la claudication. On la pratique quelquefois dans le fond d'une incision faite préalablement à la peau, ce qui rend l'action du cautère plus énergique et plus étendue. C'est cette méthode qu'a fait connaître M. Nanzio, directeur de l'école vétérinaire de Naples, et qui est connue sous le nom de feu napolitain.

La cautérisation inhérente s'emploie pour détruire les virus et les venins introduits dans des plaies, les tumeurs charbonneuses et en empêcher la résorption, ainsi que celle des simples gangrènes et leur substituer une inflammation simple ; pour détruire la membrane qui tapisse les kystes ou les trajets fistuleux, les tumeurs de diverses natures, à l'exception de celles qui sont cancéreuses, lorsqu'on craint de ne pouvoir les enlever en entier avec l'instrument tranchant, pour arrêter les hémorrha-

269

gies traumatiques ; pour dilater des ouvertures étroites ,
etc... En un mot on voit que les indications de cette dernière espèce de cautérisation sont toutes chirurgicales.

Outre la cautérisation par le cautère actuel on peut en
pratiquer une par le moxa , lequel consiste dans un cylindre de matière inflammable que l'on fait brûler sur la
peau.

Le moxa est employé généralement sur le chien et le
chat ; il pourrait aussi l'être sur le mouton. On ne l'a expérimenté qu'un petit nombre de fois sur le cheval.

Voici ce qui se passe chez le chien pendant son action :
à mesure que la chaleur approche de la peau , l'animal
témoigne sa douleur par ses cris et ses mouvements :
quand un cylindre d'étoupe a été brûlé, l'épiderme seulement est noirci et brûlé , et il faut en brûler un second
pour intéresser le derme. L'eschare est fort superficielle ,
le lendemain ou quelques jours après, il se forme de petites plaies qui suppurent.

Magendie a essayé le moxa chez le cheval, contre
l'immobilité ; quatre moxas furent appliqués de chaque côté du dos. La douleur fut très violente ; il se
forma quatre grandes eschares à la chute desquelles l'animal guérit et put faire son service ordinaire. Magendie ne dit pas de quelle substance il s'était servi. Un vétérinaire , M. Hugon , a expérimenté aussi ce moyen dans
le même cas. Nous ne l'avons jusqu'à ce jour employé chez
le cheval qu'à titre d'expérience.

Le moxa est un révulsif puissant. Il s'emploie dans les
mêmes cas que la cautérisation. J'en ai souvent fait usage
dans le lombago du chien , et je ne lui ai pas trouvé d'a-
vantages sur la cautérisation objective et transcurrente.

Médication irritante. — Après avoir parcouru les

différents irritants et leur manière d'agir, il convient de présenter d'une manière générale la théorie de leur action, ou en d'autres termes, de faire la médication irritante.

Nous avons vu qu'ils avaient une double action excitante et révulsive. Voyons la première. Comme ils irritent plus ou moins vivement les parties de la peau sur lesquelles on les applique, qu'ils y développent une forte douleur, ils peuvent suivant le degré de cette douleur produire la fièvre, c'est-à-dire les phénomènes sympathiques généraux. Puisqu'ils agissent localement d'abord, la fièvre qui survient annonce que le système nerveux a été trop vivement excité. Cette médication, comme je l'ai déjà dit, est donc fort utile dans tout les cas où il y a une grande adynamie, une chute plus ou moins complète des forces, comme dans les typhus, les maladies charbonneuses, etc. Les sinapismes prolongés, les vésicatoires sont surtout employés dans ce cas, et si l'on veut produire un effet plus actif, les diverses espèces de cautérisation, soit par les caustiques, soit par le moxa.

Outre cette action excitante générale, ils en ont aussi une qui est locale. C'est la même médication que celle des topiques excitants : accélération de la circulation de l'organe, absorption des parties étrangères au tissu, excitation de son système nerveux, ce qui fait que sa fonction propre s'accomplit plus énergiquement : tels en sont les principaux phénomènes.

De la révulsion. — Je l'ai déjà définie une action en vertu de laquelle une maladie est déplacée de son siége primitif, et remplacée par une maladie accidentelle et non dangereuse, qu'on développe artificiellement sur un point quelconque du corps. Ici il s'agit seulement de la révulsion qu'on opère par les irritants cutanés.

En traitant de la marche des maladies en général, on a vu la dépendance étroite où sont entre elles les différentes parties de l'économie animale ; comment, lorsqu'une maladie existe dans un organe, les autres organes languissent et n'exercent plus leur fonction ; que les sécrétions sont suspendues, l'appétit perdu ou diminué, la locomotion difficile et pénible ; que plus la maladie est grave, plus toutes les fonctions sont ainsi suspendues ou supprimées ; que cependant l'équilibre finit par se rétablir si la maladie n'est pas trop violente ; que les organes sains tendent à reprendre leurs fonctions, ce qui ne peut avoir lieu sans que l'organe malade ne revienne de plus en plus à son état naturel.

Hippocrate a exprimé le même fait d'une autre manière, en disant que lorsque deux douleurs existent en même temps dans le corps, la plus forte fait taire la plus faible. Il est rare, en effet, que deux maladies co-existent sans que la plus forte ne fasse disparaître celle qui l'est moins. C'est sur cette loi qu'est fondée la théorie des révulsions, qui consiste à produire artificiellement une douleur plus forte que celle qui existait déjà, ce qui amène souvent la disparition de la seconde.

Mais outre qu'il faut que la révulsion soit plus forte que la maladie que l'on veut détruire, il y a encore plusieurs conditions dont il faut tenir compte et qui se rapportent à la nature et au siége des maladies, aux points sur lesquels ils faut l'opérer. Parcourons ces diverses conditions.

On sait ce qu'il faut entendre par nature des maladies, j'en ai traité au long dans mon premier volume sous le nom de congestion, inflammation, etc., etc. Voyons comment la révulsion se comporte avec chacun de ces genres.

D'abord, toutes les espèces de congestions, par cela même qu'elles n'ont pas produit de changement dans les tissus, qu'elles consistent dans une simple accumulation de sang dans les vaisseaux, qu'elles se déplacent facilement, ce qui en constitue même le danger, quand elles sont étendues, les congestions, dis-je, sont des maladies dans lesquelles la révulsion réussit bien. Le rhumatisme est de ce genre. Les névralgies, les névroses sont aussi dans ce cas, tant qu'elles consistent dans un état purement nerveux ; mais lorsqu'il s'est produit des altérations anatomiques dans les nerfs, il devient alors fort difficile et souvent impossible d'opérer la révulsion. Les hémorrhagies spontanées sont dans le même cas que les congestions. Il n'en est pas de même des inflammations et des vices de sécrétion qui consistent dans la formation de produits organisables ou non. Les inflammations, comme nous le savons, diffèrent des congestions en ce que le sang s'est épanché hors des vaisseaux, qu'il s'est coagulé et dans les mailles des tissus et dans les capillaires mêmes. On ne peut donc pas la déplacer par des révulsifs ; ils servent seulement à modérer l'afflux du sang qui peut se faire vers le point enflammé.

Quant au siége des maladies, on observe que les affections des muqueuses, lorsqu'il n'y a pas de lésion organique, se révulsent mieux que celles des parenchymes. Il y a cela de remarquable que toutes les maladies des articulations et de leurs appareils fibreux et tendineux, lorsqu'elles se prolongent, ne sont guère traitées par d'autres moyens que par les révulsifs les plus énergiques. Il est vrai que dans ce cas, outre leur action révulsive, ils ont aussi une action excitante directe qui, comme je l'ai expliqué plusieurs fois, hâte la résolution.

Pour l'époque des maladies, c'est à leur début qu'en général la révulsion est tentée avec le plus de succès. Quant à
l'inflammation on conçoit qu'une fois que la stase et la coa-
gulation du sang sont opérées, la révulsion en est impossible. En général on peut dire qu'il ne faut tenter la révulsion
qu'au début des maladies ou à leur déclin. Encore même
est-ce une méthode souvent fort chanceuse que de la tenter
au début, quand la maladie est produite par des causes
qui ont agi avec une certaine énergie. Il est des maladies
qui ne se révulsent pas, la variole, la dysenterie ; les maladies épizootiques sont en général aussi dans le même
cas ; il en est de même de celles qui sont fort intenses dès
le début, et dont les causes ont agi pendant long-temps ;
de celles qui tiennent à la constitution ou à l'hérédité.

Les maladies sporadiques accidentelles et qui ne
tiennent à aucune prédisposition, sont les seules sur
lesquelles la révulsion peut être tentée avec succès ; mais
la difficulté que l'on éprouve à les bien distinguer dans la
pratique, fait qu'il est plus prudent en général de n'opérer
la révulsion que tout-à-fait au début, ou bien au déclin des
maladies. Du reste, la révulsion est plus facile dans les
maladies à marche rapide que dans celles à marche lente,
et dans les dernières elle doit être continuée plus long-
temps.

Quant au point d'application du révulsif, on peut dire
que plus la maladie est difficile à révulser, plus il faut
mettre le révulsif près du siége du mal. C'est ce qu'il faut
par conséquent faire dans les maladies situées profondément, dans celles qui occupent les tissus fibreux et les
os, dans celles qui sont anciennes. Plus on craint que
l'excitation causée par le révulsif n'augmente la maladie,
plus il faut l'appliquer loin du siége du mal. Ainsi dans les

inflammations du cerveau on appliquera les révulsifs d'abord aux membres, puis au cou et à la tête même. Pour les maladies de poitrine, depuis long-temps j'emploie les révulsifs sur la poitrine même ; mais comme je les transforme en exutoires en y entretenant la suppuration, cette sécrétion accidentelle que j'établis produit une nouvelle médication dont je parlerai à propos des évacuants. Je dirai seulement par anticipation que les exutoires à la peau, sont les plus utiles évacuants que possède la médecine vétérinaire, ceux auxquels on a le plus souvent recours.

Des altérants.

Barbier appelle les altérants *incerta sedis,* c'est-à-dire, à effet physiologique inconnu ; en effet, ils ont été définis très-diversement. Quoi qu'il en soit de leur action, qu'ils agissent d'abord sur le sang pour en changer la composition intime, comme le disent Trousseau et Pidoux, ou que ce soit d'abord sur les solides, il n'en est pas moins vrai que leur action prolongée produit l'état qu'on a appelé cachectique, l'amaigrissement, la faiblesse, la tendance aux infiltrations, la difficulté des plaies à guérir, etc.

Les médicaments qu'on range dans cette classe sont le mercure, l'iode, l'arsenic, l'or, les substances alcalines, et les eaux minérales de même nature. Moiroud y ajoute le chlore et ses préparations, les chlorures de sodium et de baryte.

Du mercure.—J'ai déjà parlé de son action, comme sialogogue, d'après Bourgelat et Vitet ; action que, pour mon compte, je n'ai jamais pu produire, quelque quantité de mercure que j'aie employée sur diverses régions.

Un fait rapporté par M. Bretonneau de Tours, dans son Traité de la Diphthérite, page 204, prouve les mauvais effets du mercure sur l'économie. Un chien, auquel il en avait fait prendre de grandes quantités, ayant essayé de saillir une chienne, se fit une petite écorchure au prépuce, laquelle s'enflamma violemment, et devint le siége d'une plaie énorme qui se gangréna.

En médecine vétérinaire, outre la morve contre laquelle on a long-temps essayé le mercure, parce qu'on croyait que cette maladie avait quelque analogie avec la syphilis, on l'emploie contre la gale et les maladies de la peau. La correspondance de l'école vétérinaire de Lyon, pour 1818, rapporte que la pommade mercurielle, appliquée comme antipsorique sur un bœuf, a déterminé chez lui une salivation abondante, l'engorgement des glandes salivaires, et des ulcères sur divers points du corps. Il est encore administré à l'extérieur comme fondant, pour faire résoudre les indurations qui succèdent aux inflammations, pour faire suppurer les tumeurs indurées du farcin, et les engorgements des ganglions lymphatiques sous-maxillaires à la suite des coryzas chroniques. Dans ces cas le mercure agit comme les excitants; l'iode dont je parlerai plus bas s'emploie aussi de la même manière. Comme excitants locaux, pour faire résoudre les indurations, ils présentent tous deux les mêmes indications et contre-indications que les topiques excitants.

On a, dit-on, obtenu aussi des avantages de la pommade mercurielle dans le traitement de la péritonite aiguë, du rhumatisme articulaire aigu, et du rhumatisme chronique.

Quant aux sels de mercure, le sulfure noir, éthiops minéral, donné au cheval à la dose de 40 décigrammes, a produit, suivant Bourgelat, une salivation abondante. Le proto-chlorure ou calomel agit comme purgatif; mais associé à l'opium, qui empêche son action purgative, il agit alors comme altérant. Donné par moi à des chevaux à 4 ou 8 grammes, pendant près de 15 jours, il a produit la perte de l'appétit, l'amaigrissement, et continué au-delà, le marasme, l'infiltration des jambes et la mort.

Moiroud dit qu'on peut employer le deuto-chlorure contre la morve et le farcin du cheval, depuis 9 ou 10 décigrammes par jour, jusqu'à 4 grammes, et contre les engorgements d'organes qu'il ne précise pas. Il ne dit pas combien de temps on peut le continuer. Comme topique on s'en sert quelquefois pour détruire les boutons de farcin; mais on l'a vu, dans ce cas, produire l'empoisonnement. Il sert du reste comme caustique.

De l'iode.—Donné à l'intérieur à des chiens, des chevaux, des ânesses, par Osanguessy, Vœhler, Eugène Péligo, Tiedmann et Gmelin, on a constaté qu'il passait rapidement dans le sang, et on l'a retrouvé dans le lait, la salive et les larmes. Moiroud se contente de dire, qu'introduit à des doses convenables dans l'estomac, il accélère le mouvement de décomposition.

Ce médicament a été le sujet d'un assez grand nombre d'expériences. Injecté à haute dose, 8 grammes d'iode pour 64 grammes d'alcool, dans la veine jugulaire d'un cheval farcineux, il a produit, suivant M. Patru, une violente dyspnée, avec râle muqueux, de la fréquence et de l'inégalité du pouls, l'irrégularité dans les mouvements du cœur, l'injection des veines sous-cutanées, un regard hagard, l'anxiété et la perte de l'appétit. L'animal était d'abord chancelant, puis il est devenu immobile. Il y eut des déjections alvines, des sueurs partielles; les fécès, la sueur, l'urine, le pus des plaies étaient jaunes, l'air expiré avait l'odeur du chlore. Le lendemain, les tumeurs non abcédées du farcin étaient devenues douloureuses ; au bout de 6 jours, comme il n'y avait eu aucun amendement dans la maladie, on le fit abattre.

On répéta plusieurs fois l'expérience sur des chevaux farcineux, en réduisant la dose de l'iode à 4 grammes. Les mêmes accidents furent observés, mais ils disparaissaient environ une demi heure après ; la toux seule persistait.

Quatre grammes d'iode dissous dans l'éther sulfurique, injectés dans la veine jugulaire de deux chevaux, les ont fait périr au bout de six heures. Le sang était noir et coagulé dans le cœur, les ventricules étaient ecchymosés, la muqueuse des voies respiratoires et la membrane interne des vaisseaux offraient une teinte jaune. Les autres organes parurent sains, le cerveau ne fut pas ouvert.

Donné par la bouche à 32 et même 48 grammes, incorporé dans du miel, de la poudre de réglisse, l'iode n'a produit d'autre symptôme qu'une toux qui a persisté deux ou trois jours. Le farcin n'en a pas été amendé.

En teinture, on l'a administré à l'intérieur contre le goître. M. Prévost de Genève dit que le docteur Mayer a guéri un cheval du goître par l'usage de la teinture d'iode, continué pendant trois semaines à la dose de 3 gouttes d'abord, puis de 6 et de 12, données sur du sucre, trois fois par jour.

Quant à moi, j'ai vu si souvent périr les chiens auxquels je faisais prendre, pendant huit ou dix jours, 5 ou 6 gouttes de teinture d'iode dans de l'eau distillée, tantôt sans obtenir d'amendement, tantôt, au contraire, après qu'ils étaient guéris, que j'ai cessé d'employer l'iode à l'intérieur, dans le traitement du goître. Aussi je ne m'en sers plus qu'en friction à l'extérieur. Voici ma méthode qui est fondée sur les indications que j'ai développées à propos des excitants et que je ne cesserai de recommander comme les seules véritablement pratiques. Je commence par mettre une ou deux sangsues sur le goître; j'applique ensuite des cataplasmes émollients pendant deux ou trois jours, après quoi je passe à la pommade préparée avec 4 grammes d'hydriodate de potasse incorporé dans 32 grammes d'axonge; je ne fais faire qu'une ou au plus deux frictions par jour, de 2 à 4 grammes, suivant l'âge de l'animal. Dès que la peau s'échauffe et rougit, j'en cesse l'emploi pour revenir aux cataplasmes émollients, et même aux sangsues s'il y a de la douleur. Quand ces phénomènes ont disparu depuis plusieurs jours, je reprends les frictions, et je les remplace de nouveau par les émollients, si l'indication s'en présente. La durée de ce traitement n'est pas moindre de 10 à 15 jours, et va souvent à plusieurs mois. Une chose fort remarquable, c'est que les chiens, avant l'âge de 3 ou 4 mois, périssent souvent d'une manière subite, après la guérison d'un goître, et sans qu'on trouve aucune lésion cadavérique. N'y aurait-il pas ce qu'on appelle une répercussion, une métastase?

Il faut remarquer, du reste, que si la pommade iodurée a été employée avec des résultats si variés, cela tient à ce que le goître n'est pas toujours une même affection. Il réussit, en général, tant qu'on n'a affaire qu'à une hypertrophie peu ancienne de la glande.

Quand il y a dégénérescence squirreuse ou encéphaloïde, qu'il s'y est formé des hydatides, des kystes, des tubercules, des cartilages, des os, que peut faire la pommade?

L'arsenic, comme altérant, est donné dans la médecine humaine comme un des derniers remèdes des maladies de la peau. En médecine vétérinaire on l'a essayé contre la morve et le farcin. A doses faibles, il parait augmenter l'appétit pendant les premiers jours ; mais si on en continue l'usage, l'appétit se perd, la maigreur survient, ainsi que l'infiltration des jambes et du fourreau. La morve ni le farcin n'en éprouvent aucun avantage.

Comme topique, l'arsenic fait la base de la plupart des remèdes secrets contre le farcin, et notamment de la pommade qui porte le nom de Terrat, et qui nous a paru composée d'après une recette contenue dans le Parfait Maréchal de Solleysel. C'est à cause de sa propriété caustique qu'on l'emploie. Il cautérise les traînées de farcin, y produit des eschares qui tombent au bout de trois, quatre à cinq jours. Après leur chute les tumeurs sont quelquefois ramollies et en suppuration, et d'autres fois résoutes. Mais il ne s'en suit pas que dans le premier cas la maladie ait pris un meilleur caractère, et dans le deuxième qu'elle ne reparaisse plus.

Quant à l'or, à ses composés, et aux eaux minérales salines, le prix de l'un, le défaut de proximité des autres, ne permettent pas de les introduire dans notre médecine, ou d'en généraliser l'usage.

Médication altérante.—Comme je l'ai déjà dit, son mécanisme est peu connu. Trousseau et Pidoux pensent que les altérants altèrent le sang et le rendent plus séreux, plus liquide ; aussi la saignée qui, comme on le sait, fait prédominer la sérosité dans le sang, est-elle regardée par eux comme un altérant. S'il en était ainsi, je ne vois plus jusqu'à quel point il serait utile d'employer les altérants dans les maladies aiguës ou chroniques. Nous savons quels sont les dangers de la liquéfaction du sang.

Quant à moi, ces explications me paraissent fort hypothétiques. L'emploi prolongé des altérants produit, il est vrai, la perte d'appétit, la maigreur, l'état séreux du sang, et les infiltrations qui en sont la suite ; mais rien ne prouve que ce ne soit pas par l'intermédiaire des solides qu'ils irriteraient fortement et dont ils troubleraient les fonctions, qu'ils agissent secondairement sur le sang, en empêchant sa réparation. Ce qui semble l'indiquer, c'est que, comme topiques, ils sont ou excitants ou même caustiques, comme l'arsenic. On reconnaît que l'arsenic et l'iode produisent une irritation générale plus ou moins vive avant d'amener l'effet altérant. Ils exigent beaucoup de sagacité dans leur emploi, et je serais fort embarrassé de dire, d'après mes observations et celles des vétérinaires, si leur administration à l'intérieur n'a pas produit plus de mal que de bien.

DES ÉVACUANTS.

Des Vomitifs.

La médication vomitive, dans son application à la médecine vétérinaire, ne concerne qu'une classe d'animaux, les carnivores ; le cheval, le bœuf et le mouton ne vomissant pas.

Je n'ai point à m'occuper ici des conditions d'organisation particulières à ces animaux, qui rendent le vomissement impossible chez eux ; il me suffira de dire que les vomitifs exercent aussi bien leur action sur eux que sur les carnivores. En effet, après l'administration d'un vomitif, on voit le cheval éprouver des nausées, alonger l'encolure et la tête, porter son corps en avant, prendre la pose des carnivores lorsqu'ils vomissent, et les muscles abdominaux eux-mêmes entrer en contraction. Mais tous ces phénomènes précurseurs du vomissement ne sont suivis d'aucun effet.

Les vomitifs employés en médecine vétérinaire sont au nombre de cinq : l'émétique, l'ipécacuanha, la staphysaigre, l'ellébore et le kermès minéral. Ce dernier, employé par Flandrin (Matière Médicale de Bourgelat), est abandonné aujourd'hui.

Le tartrate antimonié de potasse est le plus actif des vomitifs. Ses effets sont à peu près les mêmes, soit qu'on l'introduise dans l'estomac, soit qu'on l'applique sur la région épigastrique en lotions ou en frictions, soit enfin qu'on l'injecte dans une veine. La dose varie entre 5 centigrammes et 6 décigrammes (1 à 12 grains).

C'est un médicament très-irritant. On sait qu'appliqué en pommade à la surface de la peau, il détermine une vive inflammation et une éruption pustuleuse; il agit de même sur l'estomac; il peut déterminer l'ulcération de ses parois et il devient un poison très-énergique, surtout si en lie l'œsophage du chien, comme l'ont pratiqué Orfila et Magendie.

Au reste, son action sur l'estomac dépend de l'état de la muqueuse. Lorsqu'il y a dans quelque point de l'économie une maladie violente, il n'agit pas ou bien il faut le donner à fortes doses; ainsi, après l'empoisonnement par la noix vomique, il nous arrive de donner 10 ou 15 décigrammes d'émétique, sans provoquer le vomissement. Il en est de même dans les pneumonies, dans lesquelles on donne au cheval et aux grands ruminants, une ou deux doses de 16 à 32 grammes. Cette insensibilité apparente de l'estomac, est ce qu'on appelle maintenant la tolérance. C'est un fait qui est analogue à tous ceux que nous observons journellement dans les maladies. Il en est de même de l'opium. On donne de hautes doses d'opium dans le tétanos, sans provoquer le narcotisme. Les doses ordinaires des purgatifs ne produisent souvent aucun effet dans certaines maladies ; les irritants appliqués à la peau agissent aussi plus ou moins vite, suivant la gravité de l'état général, et quelquefois même les plus violents ne produisent aucun effet.

Ipécacuanha. — Ses effets résident dans une substance appelée émétine. Moiroud dit qu'elle est dix fois moins active que l'ipécacuanha elle-même. Les expériences de Pelletier, Magendie et Richard, ont prouvé le contraire. M. Richard a vu que 3 à 5 décigrammes de cette substance déterminent, chez le chien, des vomissements abondants et des déjections alvines copieuses, qui sont bientôt suivies d'un assoupissement profond. Au bout de 12 à 15 heures l'animal meurt et l'ouverture de son corps montre les poumons gorgés de sang et les intestins rouges et enflammés.

L'ipécacuanha exerce aussi sur la muqueuse de l'estomac une action irritante, à doses un peu élevées ; sur la conjonctive, elle détermine une rougeur plus ou moins vive, qui se dissipe au bout de quelques jours sans produire, comme le fait l'émétique, l'ulcération et la perforation de la cornée. Aussi, l'ipécacuanha, à doses réfractées, c'est-à-dire, à faibles doses, mais fréquemment répétées, exerce une action tonique, et c'est de cette manière qu'on en a obtenu de bons effets dans la diarrhée et la dysenterie.

Staphysaigre. — Sa semence donnée au chien, provoque des nausées, des vomissements, un affaiblissement considérable, des tremblements convulsifs, des déjections involontaires ; à l'autopsie, on trouve l'estomac phlogosé et le sang coagulé dans les veines. Elle agit de même lorsqu'on l'applique sur des plaies. Je l'ai essayée pourtant sans succès. J'ai fait prendre à un chien de 2 ans la décoction de 4 grammes dans un décilitre d'eau, laissant bouillir jusqu'à réduction d'un demi-verre. On lui en donna pendant trois jours ; le premier jour, à jeun ; le deuxième, un quart-d'heure après l'avoir fait manger ; le troisième, on l'employa en lotions sur la région épigastrique. Je n'ai remarqué aucun effort de vomissement.

La delphine est son principe actif. On n'emploie la staphysaigre qu'en infusion dans l'eau ou le vinaigre, dans le traitement des maladies pédiculaires.

Ellébore blanc, veratrum album. — Les vétérinaires du nord de l'Europe se servent de sa racine. Elle est irritante. Employée en lotions contre la gale, elle a plusieurs fois déterminé le vomissement : d'autres fois, les chiens tombaient dans l'assoupissement, poussaient des plaintes, avaient le pouls et la respiration agités, les yeux hagards, et semblaient atteints de rage (Gohier, compte-rendu, 1819). Je me suis assuré que l'ellébore noir est plus actif que l'ellébore blanc. La racine du premier a produit le vomissement à la dose de 8 grammes en décoction ; il a fallu 16 grammes du deuxième. Cette même décoction employée en lotion sur la région épigastrique, a produit le vomissement au bout d'un quart-d'heure environ, mais seulement lorsque l'estomac était rempli par les aliments. C'est à la violence d'action de cette substance qu'il faut attribuer le peu de fréquence de son emploi comme vomitif.

Médication vomitive. — Elle comprend des effets primitifs et consécutifs. Les effets primitifs consistent dans une irritation gastro-intestinale plus ou moins vive, qui provoque l'évacuation des matières contenues dans l'estomac et le premier intestin. Aux effets consécutifs doivent être rapportés : 1° une action dérivative produite par l'irritation gastro-intestinale, et l'augmentation de la sécrétion des muqueuses, du foie et du pancréas ; 2° une action sédative. Voici comment il faut la comprendre : outre l'évacuation qui constitue l'effet précédent et qui a pour résultat d'affaiblir l'économie, les violents efforts de tout l'appareil locomoteur et le malaise qui accompagnent le vomissement, produisent un épuisement des forces, comme celui qui résulte d'une grande fatigue. Ainsi, lorsque le vomitif n'est pas toléré, qu'il produit des vomissements abondants, l'agitation, le malaise qui va quelquefois jusqu'à la défaillance, les contractions violentes et générales qu'il procure, sont suivies d'un état d'affaissement et de calme, et de la sorte, il peut être réellement considéré comme un médicament qui diminue l'excitation nerveuse, en un mot, comme un contre-stimulant, comme un antiphlogistique.

Un troisième effet consécutif qui résulte de l'emploi du vomitif, c'est la diaphorèse. Pendant l'excitation que causent les efforts du vomissement, on voit que la sueur est sécrétée. Viborg a utilisé cet afflux du sang vers la peau, dans le traitement des varioles du porc, lorsque l'éruption se fait lentement ; il se servait, dans ce cas, de l'ellébore.

C'est dans les cas d'empoisonnement par la noix vomique qu'on a le plus souvent occasion d'employer les vomitifs ; il faut les donner à hautes doses, répétées deux ou trois fois, à 8 ou 10 minutes d'intervalle.

On y a recours aussi dans les obstructions de l'œso-phage par des corps étrangers.

On emploie souvent l'ipécacuanha, au début de la maladie des jeunes chiens, lorsque l'estomac n'est pas malade. Les vendeurs de remèdes contre la maladie des jeunes chiens, emploient constamment des éméto-cathartiques violents dont l'effet est très-funeste, même lorsque le tube digestif est peu malade. Nous donnons les vomitifs à petites doses et nous les répétons deux ou trois fois. Il a été un temps, à cette école, où les vomitifs étaient aussi administrés, dans tous les cas, au début de la maladie des jeunes chiens; mais les violentes inflammations, les invaginations qui en résultaient, m'ont rendu plus réservé et m'ont appris leur véritable indication.

On doit administrer les vomitifs dissous dans l'eau chaude, et aider leur action en faisant prendre de temps en temps des infusions de camomille ou simplement de l'eau.

Des Purgatifs.

On donne ce nom à toutes les substances médicinales dont l'effet est de provoquer des évacuations alvines, ou plus simplement à tous les médicaments qui donnent la diarrhée.

Les Matières médicales vétérinaires placent au rang des substances purgatives pour les animaux, le séné, le nerprun, la rhubarbe, l'aloès, la gomme gutte, le jalap, la scammonée, l'huile de croton-tiglium, la manne, la casse, le tamarin, l'huile de ricin, pour le règne végétal; et pour le règne minéral, les sulfates de potasse, de soude, de magnésie et le tartrate de potasse et de soude.

Mais en réalité, il n'y a d'usité dans la pratique, que

l'aloès, l'huile de ricin, la manne, le miel, les huiles douces et le vert, et parmi les sels, les trois sulfates et le soufre.

Considérés sous le rapport de leurs effets, les purgatifs ont été divisés en laxatifs, minoratifs et drastiques.

Tous les animaux peuvent être purgés, mais les carnivores sont ceux chez lesquels on obtient le plus facilement et en moins de temps l'effet des purgatifs. Cela tient à ce que chez eux le tube digestif est court et qu'il n'est pas rempli d'une grande masse d'aliments comme dans les herbivores, de sorte que la purgation s'accomplit presque aussi vite que chez l'homme. Le chien, le chat et le porc offrent peu de différences sous ce rapport.

Chez les ruminants, au contraire, le canal intestinal ayant de 20 à 32 fois la longueur du corps, on n'obtient guère la purgation que 36, 40 et même 48 heures après l'administration du médicament, à moins qu'il ne soit très-énergique ou donné à haute dose.

C'est en général, sous forme liquide qu'il convient de donner les purgatifs. Ils sont moins irritants et agissent plus vite. Si on les donne sous forme de bol, il faut que ce soit à doses réfractées, et les continuer pendant cinq à six jours et même plus. On évite ainsi les tranchées que causent les purgatifs sous forme solide. Ce que je viens de dire s'applique au cheval; quant aux ruminants, les purgatifs sous forme de bols, n'ont le plus souvent aucune action; chez les carnivores, ils n'agissent pas non plus parce qu'ils sont rejetés par le vomissement, pour peu qu'ils soient irritants.

Les purgatifs sont généralement donnés en potion au bœuf. Il faut avoir soin de n'élever la tête qu'à une certaine hauteur et suivant la ligne du corps, de verser le liquide par petites gorgées, afin de lui permettre de s'introduire par la gouttière œsophagienne, et de parvenir directement à la caillette ou dernier estomac et de là à l'intestin. Si on verse à grandes gorgées, le liquide tombe dans le rumen, s'y mêle à la masse des aliments et fait à peine sentir ses effets à l'intestin. Un trouble remarquable de la rumination en résulte. Elle est suspendue ; on dirait que l'animal craint de faire revenir par la bouche, pour être ruminés, des aliments auxquels la substance purgative a communiqué un goût plus ou moins désagréable. Toutefois c'est dans la panse que l'on adresse le purgatif, si l'on veut faciliter l'évacuation des matières qu'elle contient et remédier à l'engouement du feuillet.

Les laxatifs comprennent le lait étendu d'eau, le petit-lait, la manne, le miel, les huiles douces, le tartrate acidule de potasse, et le vert des prés au printemps ; *les minoratifs*, l'huile de ricin, les sels neutres, le soufre et l'aloës ; *les drastiques*, le jalap, la scammonée, la gomme gutte, l'huile de croton-tiglium. Il importe dans l'administration des purgatifs, d'éviter que le trouble inséparable de leur action ne soit pas augmenté par la violence que nous faisons éprouver à nos malades, lorsque nous les donnons de force. Aussi faut-il masquer le goût de ces médicaments, de manière à ce que les animaux les prennent d'eux-mêmes ou du moins sans une trop vive résistance.

Laxatifs. — On appelle ainsi les médicaments qui déterminent des évacuations alvines, sans causer d'irritation dans le canal intestinal. Un auteur de pharmacologie range parmi eux la casse et le tamarin. Mais on ne s'en sert que fort peu dans la pratique vétérinaire.

Le lait qu'on emploie pour produire la laxation est celui

de vache, de chèvre ou de brebis, selon les localités ; on a soin de le tiédir en le mélangeant avec l'eau chaude, par parties égales ou dans la proportion d'un tiers de lait sur deux tiers d'eau, et on le laisse prendre au chien ou au chat pour toute nourriture. Ce n'est guère que vers le deuxième jour que l'on voit les matières alvines devenir plus molles, plus abondantes et la diarrhée s'établir.

Le petit-lait de beurre ou de fromage est plus laxatif, surtout s'il est aigri. Viborg le recommande comme purgatif pour le porc.

Le miel de basse qualité et la mélasse sont les laxatifs ordinaires du cheval ; il n'en faut pas moins d'un à 2 kilogrammes. Les chevaux les prennent d'eux-mêmes et avec plaisir. On peut aussi les faire cuire avec une égale quantité de son, et y ajouter 2 à 300 grammes de sulfate de magnésie. Cette méthode est surtout employée chez les bœufs.

Les huiles douces ne se donnent qu'aux petits animaux. Malgré tout ce que l'on a écrit du danger qu'il y a à causer l'irritation des intestins, lorsque les huiles sont rancies, j'en ai souvent donné en breuvage, et je n'ai jamais observé de mauvais effets. Les huiles d'olive et de noix provoquent quelquefois le vomissement.

La manne est employée pour le chien et le chat. Pour la leur faire prendre, sans les violenter, nous la faisons dissoudre dans l'eau chaude ou dans l'infusion de séné, et nous la mêlons au lait. La dose varie de 16 à 64 gram. ; chez le cheval, il en faut au moins 96 ou 128 gram. (3 ou 4 onces), qu'on mélange à du miel en quantité égale ou même double. Mais, outre que cette substance est lente à produire ses effets et trop chère pour être donnée aux grands animaux, la plupart la refusent à cause de son goût, et surtout les bœufs.

Le vert, au printemps, est un excellent laxatif, quand les herbes sont nouvelles, tendres, et leurs sucs acidulés, qu'elles sont couvertes de rosée, ou arrosées avec de l'eau en certaine quantité. Il est rare qu'un cheval passe un à deux jours à ce régime, sans que la diarrhée se manifeste. Il en est de même des bœufs, quand ils passent de l'étable au pâturage.

Les laxatifs, comme je l'ai déjà dit, ne causent point ou presque pas d'irritation sur la muqueuse du tube digestif. Ils ne donnent pas ou presque pas de coliques. La plupart, comme le miel, les huiles, la manne, ne peuvent pas être absorbés à cause de leur nature visqueuse ; ils ne se dissolvent pas dans les sucs gastrique et intestinal. Ils agissent comme des corps étrangers, se mêlent aux matières intestinales, empêchent également leur absorption, et purgent en causant une indigestion. Le lait étendu d'eau, le bi-tartrate de potasse n'agissent pas par indigestion ; ils provoquent peu les sécrétions muqueuses, et entraînent seulement au-dehors les matières contenues dans l'intestin.

Minoratifs ou purgatifs doux.—Ils ont une action plus prononcée sur l'intestin grêle, déterminent des coliques plus ou moins fortes, et augmentent les diverses sécrétions de la membrane muqueuse intestinale.

L'huile de ricin que quelques auteurs placent parmi les laxatifs depuis que la fabrication moderne est parvenue à la rendre fort douce, est pour nous un minoratif, parce que nous ne l'employons jamais dans un grand état de pureté. A raison de son goût désagréable, on est obligé de la faire prendre de force aux malades. On la mêle à l'huile d'olive pour la rendre plus coulante. Moiroud paraît n'en avoir jamais fait usage, puisqu'il conseille de la délayer dans un mucilage épais, dans le miel ou un jaune d'œuf.

Orfila dit que les fruits écrasés ont des propriétés beaucoup plus actives que l'huile, et qu'il a fait périr des chiens en leur en faisant prendre depuis 15 décigrammes jusqu'à 12 grammes.

Le proto-chlorure de mercure (mercure doux, calomel) a été extrêmement vanté par quelques vétérinaires français, et surtout par les Anglais, qui en font une véritable panacée. Quant à moi, je partage l'avis de M. Huzard qui le regarde comme un purgatif faible. Tous les chevaux auxquels je l'ai administré, même mêlé au miel, à la dose de 4 à 12 grammes, ont perdu l'appétit et manifesté des symptômes d'irritation intestinale avant d'avoir eu des évacuations alvines. L'appétit n'est revenu qu'après qu'on a cessé de l'administrer.

Les sulfates de potasse, de soude, et de magnésie méritent à peine le nom de purgatifs, en ce qui concerne le cheval et le bœuf. Il faut les donner à grandes doses, et en continuer l'usage pendant deux ou trois jours. M. Huzard les prescrit à la dose de 100 à 300 grammes. On les donne dans l'eau tiède, dans une infusion de séné, ou dans le miel.

Le soufre sublimé (fleurs de soufre) purge les petits animaux, le chien et le chat, à la dose de 4 à 12 gram., suivant leur taille. C'est la substance que nous employons pour obtenir la purgation des animaux atteints de gale et de maladies de la peau en général. On le donne au chien, au chat et au porc, mêlé à du bouillon ou à de la soupe claire. On l'administre au cheval, en deux ou trois fois, à la dose de 100 grammes chaque fois, et mêlé au miel. Il a l'inconvénient de procurer des déjections qui ont l'odeur de l'hydrogène sulfuré.

L'aloès est le meilleur purgatif que nous possédions pour les grands animaux. C'est l'aloès de seconde qualité, appelé *hépatique*, qu'on emploie en médecine vétérinaire. Ses propriétés purgatives résident dans le principe savonneux ; la résine a moins d'activité.

On le donne au cheval réduit en poudre, et mis en suspension dans l'eau bouillante, à la dose de 32 à 64 gram., dose qu'on peut doubler pour les grands ruminants. On l'administre à doses réfractées, dans le miel ou la melasse. On en donne de 8 à 12 grammes, pendant quatre, cinq, ou six jours, dans une quantité double ou triple de miel. Par ce moyen on purge d'une manière douce, mais lente.

On purge aussi le chien avec l'aloès, mais il en résulte des douleurs d'entrailles, si la dose dépasse 4 grammes. Il vaut mieux le donner aussi à doses brisées, 2 ou 3 grammes dans du bouillon, l'amertume n'étant plus assez grande pour le dégoûter.

Purgatifs drastiques.—L'action de cette classe de purgatifs est beaucoup plus prononcée que celle des minoratifs. Ils produisent à la fois une irritation vive de l'intestin grêle et du gros intestin, sollicitent une sécrétion abondante de mucosités intestinales, et l'évacuation des matières fécales. En même temps les animaux éprouvent de fortes coliques. On signale comme un effet consécutif fréquent de l'emploi des drastiques, la constipation qui résulterait de l'irritation trop vive que ces médicaments développent dans le tube intestinal.

La gomme gutte avait été proposée par Daubenton pour purger le mouton atteint de pourriture. On n'a pas dit qu'il en eût obtenu des guérisons. Au contraire, ce savant naturaliste a vu la gomme gutte, à la dose de 6 grammes, produire une superpurgation et causer la mort de l'animal.

Administrée par moi à une vache à la dose de 60 grammes, elle ne produisit que peu d'effet. A dose double, elle détermina une colite vive avec dysenterie qui a duré 17 jours (Compte rendu de l'École de Lyon, 1817). A la dose de 24 à 48 grammes, un cheval a éprouvé, comme symptômes généraux, les frissons, la perte de l'appétit, l'irrégularité du pouls, de l'anxiété, et quelques déjections seulement de matières stercorales plus molles que de coutume (Moiroud, pharmacologie).

Le jalap expérimenté par Gilbert et Bourgelat, à la dose de 64 grammes, sur une brebis âgée de 4 ans, ne produisit aucun effet. Je l'ai donné à un vieux cheval à la dose de 96 gram., sans en obtenir aucune espèce d'effet. Donné par Moiroud au cheval, aux doses de 64 et de 96 grammes, et sous forme de bol (il ne dit pas à quelle autre substance il était associé), on n'a observé aucun des effets des purgatifs drastiques ; il y a eu diurèse, écoulement d'urines. Huzard a, le premier, noté ce phénomène, et conseille d'associer le jalap à l'aloès, lorsqu'on veut purger des chevaux ou des bœufs , chez lesquels les diathèses séreuse et muqueuse se font remarquer, c'est-à-dire où le sang est séreux. Il prescrit de le faire prendre au porc, en poudre dans ses aliments ; au chien, en électuaire ; en infusion pour le petit chien, l'agneau et le chat.

La scammonée ayant été donnée par Gilbert, à la dose de 24 grammes, en poudre mêlée à de la pâte, à une brebis de taille moyenne, la bête mourut 20 jours après, sans avoir été purgée. Moiroud conclut de cette expérience un peu ancienne, que la scammonée est un purgatif infidèle. Ce qu'il dit de la cherté de son prix, comme devant en rendre l'usage extrêmement borné dans la médecine vétérinaire, me paraît plus juste.

Au reste, ces différents drastiques ne peuvent pas être administrés au chien, sous forme de bol, parce qu'il les revomit, lors même qu'on lui lie la gueule.

L'huile de croton tiglium passe pour le plus violent drastique. 20 ou 30 gouttes suffisent pour purger un cheval. 12 gouttes d'abord, et ensuite 30 injectées dans les veines du même animal, produisirent des évacuations alvines, et une violente entérite qui se termina par la mort. La muqueuse intestinale fut trouvée enflammée, et plus particulièrement celle du gros intestin. L'huile de croton tiglium, que j'ai plusieurs fois administrée comme adjuvant de l'aloès ou de l'huile de ricin, dans le cas de vertige abdominal, n'a pas produit en général de promptes évacuations. Je l'ai essayée à titre d'expérience sur une vieille jument de 17 ans. Je fis donner l'huile à la dose de 30 gouttes dans un demi verre d'eau. Trois heures après on permit à l'animal de manger.

Le lendemain, aucun effet n'ayant été produit, je fis donner 40 gouttes dans le même véhicule. Pendant tout le jour l'animal fut soumis aux barbottages.

Le surlendemain nous trouvâmes une grande quantité de matières liquides, et la jument faisait à chaque instant des efforts pour rendre ses excréments.

L'autopsie nous montra une injection d'une teinte violacée et par plaques dans l'estomac, l'intestin grêle et le gros intestin. 40 gouttes dans le même véhicule données à un fort cheval de trait, ont déterminé dès le lendemain une forte purgation.

Médication purgative.—L'action locale des purgatifs

varie beaucoup , ainsi que nous l'avons vu. Les uns irritent légèrement et passagèrement, les autres plus ou
moins violemment. Telle est l'huile de croton tiglium, qui
produit même des eschares fort épaisses sur la peau
saine , tandis que d'autres sont presque inertes, comme
les sels neutres. Mais, comme l'observe M. Guersent pour
l'homme, si l'on prend le terme moyen entre les effets des
laxatifs et ceux des drastiques , on reconnaîtra aux purgatifs les effets suivants : 1° ils débarrassent le canal intestinal des fécès et des matières étrangères qui y sont contenues ; 2° ils excitent plus ou moins sa membrane
muqueuse, dans une partie de son étendue, et provoquent
une sécrétion plus abondante de mucosités, de bile, et de
fluide pancréatique ; 3° cette sécrétion ne peut se faire
sans qu'il y ait afflux dans les intestins d'une quantité plus
considérable qu'à l'ordinaire , de sang et de fluide nerveux ; 4° les purgatifs qui se dissolvent et dont les molécules sont absorbées , produisent ensuite divers effets
secondaires sur d'autres appareils de sécrétion , tels que
ceux des urines, du lait. En effet, ces fluides participent,
après l'administration des purgatifs , de la qualité de
ceux-ci : le lait de la jument, de la vache, de la brebis,
purge les nourrissons.

L'emploi des purgatifs est soumis à quelques règles
qui , bien qu'établies pour la médecine de l'homme, n'en
sont pas moins applicables aux animaux : 1° Les purgatifs ne conviennent pas également à toutes les espèces d'a-
nimaux. J'ai déjà dit qu'à raison de la longueur de leurs
intestins , les herbivores n'étaient pas purgés facilement ,
et qu'ils en éprouvaient un trouble plus grand que les carnivores et le porc ; 2° de même pour les âges. Ils conviennent mieux chez les vieux animaux que chez les jeunes.

Le canal intestinal des premiers est plus paresseux, il s'engoue plus facilement et la constipation en résulte. Au contraire l'impressionnabilité des jeunes animaux les dispose à des phlegmasies aiguës et chroniques, et à des invaginations; 3° les tempéraments lymphatiques et bilieux se prêtent plus facilement à leur emploi que les tempéraments sanguins et nerveux. J'ai déjà trop sonvent développé cette proposition pour qu'il soit nécessaire d'y revenir maintenant ; 4° l'usage de ces médicaments est, toutes choses égales d'ailleurs, plus utile dans les pays humides, soit qu'ils soient en même temps chauds ou froids, que dans les pays où l'air est sec. On en sait aussi les raisons physiologiques. C'est pour cela que les Anglais emploient si souvent les purgatifs dans le traitement des maladies de leurs chevaux , et même à titre de prophylactiques.

On peut dire d'une manière générale qu'on ne doit jamais, à moins d'indications particulières , employer les purgatifs au début des maladies internes. Il faut attendre que les premières périodes d'augment et d'état soient passées, et ce n'est guère que lorsque la maladie a diminué d'intensité qu'il est permis de les employer. Ainsi la fièvre, la chaleur de la bouche et de la peau , la soif, la suppression des urines, une grande excitation sont autant de circonstances qui contre-indiquent l'emploi des purgatifs. Au contraire une bouche pâteuse , une langue recouverte d'un enduit grisâtre ou jaunâtre, sans soif, sans douleur du ventre, avec un état de dégoût et d'empâtement de l'abdomen, indiquent l'administration de ces moyens , lorsque rien n'autre ne s'y oppose.

Les purgatifs ayant pour effet le plus général de déterminer l'évacuation intestinale , ils sont indiqués dans les cas de constipation, de séjour de corps étrangers dans les intestins, tels que des amas de terre, des bezoards, des pierres, des pièces de monnaie, des fragments d'os, des masses stercorales.

Une indication des plus anciennes et des mieux connues, est l'expulsion des vers du tube digestif. Dans ce cas, comme dans les précédents, c'est contre la cause qu'on dirige le remède. Mais comme les symptômes qui annoncent la présence des vers, peuvent se confondre, chez les animaux, avec ceux de l'inflammation gastro-intestinale; que ces deux états se trouvent parfois en coïncidence, et que pour détruire et expulser les vers, on fait usage de purgatifs actifs, on doit craindre d'aggraver l'état des malades en augmentant ou en faisant naître l'inflammation. J'ai eu deux ou trois fois à regretter d'en avoir fait usage.

Les purgatifs sont indiqués dans la deuxième période des empoisonnements, lorsqu'ils sont passés dans le canal intestinal. C'est alors sur le choix de la substance purgative qu'il faut porter son attention, afin de ne pas aggraver l'état de la muqueuse intestinale déjà irritée par le poison. Les drastiques conviennent après les empoisonnements causés par les sels de plomb, à cause de la constipation opiniâtre qui en est la suite. Les laxatifs sont préférables dans les autres cas.

Dans les fièvres bilieuses et les maladies du foie, il ne faut y avoir recours qu'après la période d'irritation. On s'adresse aux laxatifs acidules, seuls ou associés aux sels neutres.

La diarrhée qui dure depuis quelque temps, et après que l'irritation a cessé, cède à l'emploi d'un laxatif qui débarrasse l'intestin de matières irritantes dont la présence entretenait la diarrhée.

La dysenterie cède quelquefois à l'emploi des purgatifs, lorsqu'elle n'est plus récente et qu'elle consiste en quelque sorte en un simple vice de sécrétion. Le calomel et les drastiques, la gomme gutte, y réussissent. Nous avons déjà vu plusieurs fois de quelle manière les astringents, les irritants, agissent sur les parties qui sont le siége de congestions, de vices de sécrétions chroniques; c'est en déterminant le resserrement, la constriction des vaisseaux, en empêchant la stase du sang et l'engouement de la circulation capillaire, cause fréquente de ces vices de sécrétion.

On a même conseillé ces moyens, ainsi que le nitrate d'argent, pendant la première période de la dysenterie. Cette méthode ne me paraît susceptible de réussir qu'autant que la dysenterie est purement sécrétoire, et que l'inflammation y est très-peu intense. Malgré des succès éprouvés, il faut redouter les funestes effets qui peuvent résulter de l'emploi de pareils moyens.

On emploie quelquefois les purgatifs comme révulsifs pour combattre des congestions ou des inflammations par cause externe. Dans ce cas, le traitement doit être prudemment commencé par la diète et les émissions sanguines. Les congestions sous-cutanées, dites grosses échauboulures, celles du tissu sous-ungulé, connues sous le nom de fourbures, cèdent à ces moyens, lorsque le canal intestinal n'est pas préalablement irrité.

A titre d'évacuants, on les emploie dans les œdèmes, les infiltrations des jambes, les hydropisies. Cette médication est rarement curative dans les véritables hydropisies des animaux, l'ascite, la cachexie aqueuse des ruminants. L'amélioration qu'elle produit n'est que passagère, toutes les fois que ces maladies sont compliquées d'altérations organiques.

Ils sont également avantageux à la suite des vieilles suppurations des plaies ou des ulcères, des affections de la peau avec sécrétion plus ou moins abondante, des affections catarrhales des yeux, du nez, des oreilles, du canal de l'urètre, du prépuce, après le retrait des sétons, ou quand on fait sécher des vésicatoires. On remplace ainsi une sécrétion qui vient de se tarir, par une nouvelle. On empêche de la sorte que le sang qui fournissait à ce flux, en se trouvant en excès dans l'économie, ne se porte sur quelque organe et n'y occasionne une maladie fâcheuse. On dérive ainsi pendant quelque temps, en attendant que l'activité plus grande des sécréteurs naturels remplace la sécrétion accidentelle qui vient de cesser.

A côté des avantages nombreux que nous reconnaissons aux purgatifs dans le traitement des maladies, il faut présenter aussi les inconvénients, les accidents qui peuvent être la suite de leur emploi. Le principal de tous est dans le développement ou l'augmentation de l'inflammation des intestins. Aussi, est-il prudent pour les vétérinaires, s'ils veulent conserver leur réputation, de ne pas prescrire des purgatifs, si la préparation doit en être confiée au propriétaire de l'animal, ou si le vétérinaire ne peut pas suivre le malade, après l'administration du purgatif, afin de savoir de quelle manière il aura agi. J'ai vu plusieurs chevaux périr de gastro-entérite à la suite de cette médication, et j'en ai traité heureusement de cette maladie après qu'ils eurent couru les plus grands dangers. Le vétérinaire devra tenir les malades, pendant l'administration du purgatif, sinon à une diète absolue, du moins à fort peu d'aliments solides et à l'usage de boissons abondantes et tièdes en hiver.

Exutoires.

Les exutoires sont des solutions de continuité faites et entretenues par l'art, pour en obtenir un écoulement utile à la guérison ou à la préservation des maladies et à l'entretien de la santé.

L'acception de ce mot beaucoup trop étendue autrefois, a été limitée depuis quelques années aux solutions de continuité dans lesquelles on entretient à dessein la suppuration pendant un temps plus ou moins long.

Les exutoires que nous pratiquons aux animaux, sont presque toujours entretenus par des moyens physiques, comme les tissus en corde, en fil, les tresses de coton ou de chanvre, auxquelles on mêle parfois des crins, par du vieux cuir. Quelques-uns de ces moyens jouissent de propriétés chimiques, tels que la racine d'ellébore, l'acide arsénieux, et suivant le cas, ces substances sont employées seules ou enduites de certains corps irritants qui augmentent leur action. On coud quelquefois la racine d'ellébore ou l'acide arsénieux, dans un ruban de fil roulé suivant sa longueur. Le plus souvent nous nous contentons d'enduire la surface du ruban soit avec l'onguent basilicum, ou avec la pommade de cantharides ou l'essence de térébenthine ; soit enfin comme le font les vétérinaires anglais, en imbibant des tissus de coton ou de chanvre d'une préparation qui se compose d'une partie de poudre de cantharides, de huit parties d'essence de térébenthine et d'autant de baume du Canada.

Les vétérinaires du royaume de Naples ont appris, des maréchaux du pays, qui s'en servent de temps immémorial, à établir un exutoire au moyen du cautère actuel qu'ils appliquent dans le fond d'une incision faite dans toute l'épaisseur de la peau.

Le nom de séton (*seta*, soie) est donné à la plupart de ces exutoires formés de rubans de fil, de tresses ou de morceaux de cuir. On distingue cependant dans la pratique, le séton à mèche ou à tresses qui est le plus ordinaire, de celui qui est fait en cuir, lorsqu'on lui a donné la forme d'une rondelle ouverte au centre ; celui-ci est le séton à rouelle, dit encore à l'anglaise. On a donné le nom de trochisque à l'exutoire qui se compose d'acide arsénieux ou de tout autre escharotique (de *trochos*, roue). Ce nom conviendrait mieux au séton à rouelle.

Les effets des exutoires sont locaux ou généraux. Les effets locaux varient suivant la nature des moyens qui sont mis en usage. Quelques heures après l'insertion sous la peau d'une mèche ou d'une tresse, les lèvres de l'incision sont, comme celles d'une plaie ordinaire, gonflées et relevées, sèches et de couleur brune. 10 ou 12 heures après, tout le trajet qu'occupe le corps étranger, forme une sorte d'élevure tendue et douloureuse ; une petite quantité de matière sanieuse et quelquefois de sang s'écoule par l'ouverture. Si les sétons ont été multipliés et que l'animal soit irritable, il se montre une tuméfaction douloureuse ; de l'enflure survient autour et au-dessous ; le jeu des parties voisines en est gêné, surtout si c'est près des membres ou du cou. Cette inflammation est d'autant plus prompte à apparaître et à acquérir un plus grand volume, que l'on a employé des moyens plus irritants.

L'ellébore insérée sous la peau donne naissance à une tumeur qui, arrivée à son plus haut degré d'accroissement, acquiert le volume des deux poings réunis et peut aller jusqu'à celui de la tête d'un enfant ou d'un homme. Cette tumeur phelgmoneuse qui met 3 , 4 ou 5 jours à faire des progrès, cause de vives douleurs et empêche souvent le malade de se coucher.

L'acide arsénieux agit avec assez de promptitude pour produire les premiers effets ; mais généralement, la tumeur qui en résulte , est moins élevée qu'étendue ; elle est peu chaude et peu douloureuse ; la peau s'y colore en un rouge de chair foncé ; autour se forme une infiltration qui ne tarde pas à devenir froide et indolente. Au bout de 2 ou 3 jours, le sommet de la tumeur se change en une eschare qui commence à se détacher.

Il se manifeste des phénomènes généraux pendant que le travail fluxionnaire local des exutoires a lieu. Une excita-tion générale est produite ; pour peu l'animal soit impres-sionnable, son pouls devient fréquent et dur, la peau s'é-chauffe, l'appétit diminue d'une manière plus ou moins re-marquable ; le malade tient la tête basse , il a l'air un peu abattu et ne repose pas sur sa litière. Ces effets généraux diminuent graduellement à mesure que le séton entre en suppuration; dès lors, la tumeur se détend , diminue de volume, se résout peu à peu, et il ne reste plus du trouble général et local, qu'une sécrétion qu'on entretient sur un point de la surface cutanée.

Lorsqu'on s'est servi de la racine d'ellébore pour établir l'exutoire, on a soin de retirer la mèche et l'irritant vers le troisième ou le quatrième jour , suivant le volume de la tumeur. Si la racine avait été insérée immédiatement dans une poche sous-cutanée n'ayant qu'une seule ouverture , on incise la tumeur de haut en bas, après en avoir retiré l'ellébore. On facilite ainsi l'écoulement du pus et l'on a soin d'entretenir la suppuration le plus long-temps pos-sible.

L'acide arsénieux doit être retiré du lieu de l'insertion, dès qu'il a tant soit peu tuméfié la partie, afin d'éviter la désorganisation lente et étendue des tissus, qu'il entraîne à sa suite. On ne le laisse que quelques heures, 10 ou 12 au plus. Quelquefois cependant, 10 ou 12 jours après qu'il a été retiré, son travail désorganisateur n'est pas encore terminé. On l'a vu détruire les muscles sous-glossiens et perforer cette paroi de la bouche.

En résumé, un exutoire doit être comparé à un phlegmon qui parcourt toutes ses périodes, arrive à la suppuration et continue à fournir du pus jusqu'à ce qu'on ait extrait le corps étranger, cause de tout le désordre.

Au point de vue de leurs effets thérapeutiques, les exutoires agissent de deux manières différentes, suivant qu'on les considère dans la période d'inflammation ou dans celle de suppuration. Dans le premier cas, ils agissent à la manière des irritants appliqués à la peau ; c'est-à-dire que : 1° ils excitent le mouvement de la circulation dans le lieu où ils sont appliqués et peuvent, de la sorte, commencer la résolution de diverses indurations ; 2° ils produisent une excitation générale ; 3° ils opèrent comme révulsifs, en produisant une vive inflammation à l'extérieur, comme cela se fait naturellement dans les charbons symptomatiques, par exemple.

Mais le plus souvent ce n'est pas pour produire ces différentes médications qu'on emploie les exutoires ; c'est en général comme dérivatifs, à raison de la sécrétion purulente qu'ils produisent. Les exutoires sont des sécréteurs artificiels qu'on établit momentanément ou pour un temps plus ou moins long, afin d'aider à l'action des sécréteurs naturels, et d'augmenter ainsi la quantité de matériaux qu'ils soustraient au sang. Voilà pourquoi cette médication a été appelée spoliative par Trousseau et Pidoux, dans leur *Traité de Thérapeutique ;* parce que, comme elle se fait aux dépens du sang, de même que toutes les sécrétions naturelles elle le dépouille, et le prive d'une certaine partie de ses principes immédiats.

Or, quel avantage y a-t-il à dépouiller ainsi le sang ? c'est que : 1° on sait, et j'ai plusieurs fois insisté là-dessus, qu'il ne peut guère y avoir à la fois deux points de l'économie qui jouissent d'une grande activité. Lorsqu'une sécrétion augmente, les autres diminuent d'activité. En établissant donc une nouvelle sécrétion, on doit diminuer successivement la direction du sang vers certaines parties. Ainsi, le poumon, par exemple, est le siége d'une vieille congestion, d'une inflammation ancienne, vous appliquez des exutoires ; et ces maladies tendent à se déplacer, étant en quelque sorte remplacées par ces maladies accidentelles qu'on a fait naître à l'extérieur ; 2° en dépouillant le sang, on a un autre avantage, c'est qu'on diminue sa quantité, et alors on favorise l'absorption dans tous les tissus. Ainsi, on sait que lorsqu'il y a pléthore, c'est-à-dire, surabondance de sang, l'absorption ne se fait pas ou est très-faible ; une ou plusieurs saignées, en diminuant ce fluide, favorisent singulièrement l'absorption. Il arrive quelquefois qu'il se produit des œdèmes, des infiltrations par le seul fait de la pléthore ; la saignée suffit pour les enlever. L'exutoire agit donc à la manière d'une saignée, et par l'abondance de la suppuration, il favorise l'absorption. Cependant, on comprend que cela n'est vrai que dans le cas où le corps n'est pas trop débilité ; car quand l'économie est profondément affaiblie, l'absorption ne se fait pas non plus. Une preuve évidente de l'influence d'une suppuration prolongée sur l'absorption, c'est l'amaigrissement général du corps qui en résulte.

Il est évident que pendant qu'on entretient ainsi une suppuration dans le but d'activer l'absorption, il ne faut pas donner à son malade un régime trop nourrissant; autrement l'abondance des matériaux fournis au sang par la digestion, pourrait dépasser celle qui lui est soutirée par l'exutoire, et alors on n'en obtiendrait pas un grand avantage. On doit donc avoir soin de tenir son malade à un régime tel que la réparation du corps reste au-dessous des besoins, afin que l'absorption conserve son activité.

Les exutoires n'ont pas le pouvoir, comme le croyaient les anciens, d'évacuer au dehors les produits altérés qui peuvent se trouver sur différents points de l'économie. Ils n'ont aucune action particulière sur le pus, par exemple, qui est déposé dans les tissus éloignés de l'extérieur. Leur action se borne : 1° à diminuer ou à suspendre le travail qui, dans ces organes, continuait à produire la suppuration ; 2° à en faciliter l'absorption. Le pus qui est fourni par les exutoires est formé de toutes pièces des matériaux du sang, et n'arrive pas tout formé dans l'exutoire par suite de l'absorption qui aurait eu lieu à l'intérieur sur les surfaces où il est sécrété. Nous savons que le pus ne peut être absorbé qu'incomplètement. Ses molécules sont trop grosses pour traverser les capillaires.

Une autre considération importante se tire de la manière de supprimer les exutoires. Lorsqu'ils sont anciens, que l'économie est habituée à cette sécrétion, il faut prendre garde de les supprimer. Leur suppression peut être suivie de quelque inflammation très-grave d'un organe important. La marche de ces inflammations est rapide, et leur terminaison souvent funeste ; lors même qu'on a soin de rouvrir l'exutoire et d'exciter toutes les sécrétions

Mais ces cas ne se présentent pas dans la médecine vétérinaire, aussi souvent que dans celle de l'homme. Le vétérinaire ne peut pas se permettre de faire durer bien
long-temps les sétons, comme les médecins le font pour le
cautère. D'abord à cause des services auxquels les animaux
sont soumis, et qui font qu'on les sacrifie quand on ne
peut pas obtenir, en un certain temps, la guérison de
leurs maladies. Mais il arrive aussi que, lorsqu'ils sont
trop prolongés, leur trajet s'indure, donne naissance à
des dégénérescences de tissus, à des ulcérations qu'on ne
guérit souvent qu'avec peine; et dans certaines localités,
on les voit même devenir l'origine du farcin.

Le plus souvent, après que les sétons ont produit leur
effet et qu'ils ne sont plus nécessaires, on peut les retirer.
La règle est de les supprimer dans l'ordre de leur place
ment. Les plus anciennement appliqués seront retirés les
premiers et ainsi de suite. Autant que possible il faut les
remplacer par d'autres dérivatifs, par ceux des reins, du
tube digestif. En effet en supprimant un écoulement qui
durait depuis quelque temps, la quantité de sang qui
était journellement employée à cette sécrétion reste en
excès dans le système circulatoire; il en résulte en quelque sorte une pléthore momentanée et accidentelle, jusqu'à ce que l'équilibre se rétablisse. Or il convient pour
la prévenir d'administrer quelques purgatifs ou quelques diurétiques. C'est ce que je fais surtout en ce qui concerne les affections catarrhales de la muqueuse pulmonaire et les irritations cutanées qui fournissaient des
produits séreux ou purulents abondants; et chez les animaux qui mènent une vie peu active. Car, lorsqu'on vient
de guérir une maladie accompagnée d'une grande sécrétion, il faut craindre, si le sang ne prend pas de nouvelles

directions, ou que la maladie ne revienne, ou qu'il ne s'en déclare quelque autre.

Ces faits de pratique s'expliquent toujours par les mêmes principes que j'ai déjà développés à propos des sécré-tions. C'est le sang qui fournit à toutes les sécrétions ; tant que leur sang est en quelque sorte en excès, il faut que cet excès s'écoule par une voie ou par une autre, ou bien il se déclare quelque congestion, quelque inflammation. Ainsi on est dispensé de purger ou d'exciter les urines, après la suppression des sétons, lorsque la saison est belle et que les animaux doivent faire usage de l'herbe fraîche, parce qu'elle sert de laxatif. Il en est de même lorsqu'ils reprennent leurs travaux, l'exercice musculaire et le surcroît de perspiration cutanée servent à dépenser cet excédant de sang.

Quant au choix de l'exutoire, il intéresse aussi le praticien. On recommande de choisir ceux qui produisent le moins de douleur et d'irritation possible. Le séton qui se trouve dans ce cas doit être préféré au vésicatoire, quand on l'oppose aux phlegmasies chroniques des viscères. Le vésicatoire cause de vives douleurs, exige des pansements suivis, et ne fournit qu'une suppuration irrégulière et de courte durée.

Les exutoires sont les agents les plus utiles et les plus employés de la thérapeutique vétérinaire, et on en comprend facilement la raison. Les sudorifiques n'ont presque aucune influence chez les animaux ; l'action des purgatifs est souvent infidèle et incertaine. Du reste les médicaments internes ayant besoin d'être donnés à haute dose, finissent par devenir coûteux. On ne peut pas se les procurer facilement partout. Au contraire le praticien vétéri-naire a toujours sous la main de quoi appliquer des exu-

toires, tels que des sétons. Les purgatifs et les diurétiques ne peuvent pas être continués, sans fatiguer les organes digestifs, sans faire perdre l'appétit et déterminer l'amaigrissement des animaux. Les exutoires peuvent
être employés d'une manière assez durable ; ils n'exigent
pas de changements dans le régime, et permettent aux
propriétaires de tirer encore quelques services de leurs
animaux.

Les indications de l'emploi des exutoires sont nombreuses. Il faut faire observer qu'il convient surtout de
les employer dans la dernière période des maladies
dont la résolution ne s'est pas faite complètement ; qu'il
est inutile au contraire de les appliquer à leur début.
Ainsi on y a recours à la fin des inflammations des viscères, lorsque les matériaux épanchés du sang n'ont pas
été complètement résorbés et qu'il faut en activer l'absorption ; dans les cas où à la suite de l'inflammation, des
flux sécrétoires persistent en quelque point de l'économie.
On les déplace ainsi en en établissant d'autres, et on en
tarit la source. On les emploie encore dans les affections
de longue durée, les rhumatismes anciens des muscles
et des articulations qui entraînent des claudications fort
rebelles.

Par suite des idées fausses des anciens sur l'action des
exutoires qu'ils croyaient destinés à dépurer le sang de
tous les principes nuisibles qui pouvaient s'y rencontrer,
les praticiens vétérinaires s'empressent d'établir des sétons à l'occasion du typhus, soit comme préservatifs,
soit comme curatifs. Ces moyens sont inutiles dans le plus
grand nombre des cas, et deviennent très - dangereux
dans d'autres cas, en causant eux-mêmes le développement d'hémorrhagies graves et qu'il est difficile d'arrêter,

lorsque le sang est très-fluide, et souvent aussi celui d'exanthèmes gangréneux.

Les exutoires, notamment le séton, peuvent remplir d'autres indications; c'est d'abord de faire naître une inflammation locale à la suite de laquelle des adhérences s'établiront entre des surfaces exhalantes, qui fournissaient des produits morbides dont on veut tarir la source. Tel est le séton que l'on établit au travers d'un kyste ou d'une tumeur enkystée, dans la séreuse du testicule, pour faire cesser l'hydrocèle, entre les fragments d'un os fracturé, lorsque la fracture est ancienne et qu'il s'y est fait une fausse articulation. Dans tous les cas, le séton irrite les parties, détermine une inflammation dont le résultat est de faire naître des adhérences.

On se sert encore du séton pour ouvrir une issue à du pus ou du sang contenu dans un foyer, dans certaines gaines, pour entraîner au dehors des portions d'os cariées, ou des fragments osseux après les fractures comminutives.

Comme le vésicatoire, le séton éprouve pendant sa durée, des alternatives de calme et d'irritation, par suite des changements qui surviennent dans les maladies mêmes auxquelles on l'oppose. Si elles s'amendent, le pus du séton devient abondant et louable; si elles persistent ou s'aggravent, sa sécrétion diminue, tarit ou change de caractère, devient séreuse, grisâtre, sanieuse, fétide. Il en est ainsi non-seulement pendant la période de suppuration, mais même pendant celle d'inflammation. Si l'on doit en obtenir une révulsion favorable, la marche du séton est régulière, et on ne tarde pas à voir établir une sécrétion abondante et de bonne nature. Si au lieu de s'amender, l'inflammation que l'on voulait révulser, fait des progrès, la suppuration ne s'établit pas ou est très-peu abondante. Enfin dans le cas où la maladie prend une terminaison fâcheuse, le séton fournit un mauvais pus ou même se gangrène.

Quant aux lieux d'application des sétons, nous avons déjà vu qu'on les met en général sur les régions du corps où la peau recouvre des masses musculaires, et où se trouve abondamment du tissu cellulaire. En ce qui concerne la dérivation, on pose comme règle générale de les établir loin du siége du mal si la maladie n'est pas ancienne, et de les rapprocher de plus en plus de ce siége à mesure que la maladie dure depuis plus long-temps. Ainsi dans le cas d'eaux aux jambes, les praticiens mettent les sétons d'abord au poitrail et plus tard aux fesses. Il en est de même dans les coryzas, c'est d'abord au poitrail qu'on les applique, puis au cou. Il faut en dire autant pour les affections cérébrales, ce n'est que dans le deuxième temps de la maladie qu'on les rapproche de la nuque, lorsqu'on croit pouvoir prévenir ou combattre un épanchement. Pour l'ophthalmie dite périodique, quelques praticiens les appliquent d'abord au cou, et plus tard sur la joue correspondante à l'œil le plus malade. Dans les phlegmasies de la plèvre et du poumon, au commencement du traitement on passe les sétons au poitrail, au-dessous ou sur les côtés de la poitrine. Lorsqu'il reste, après la période inflammatoire, quelque point induré où le son rendu à la percussion est mat, c'est là qu'on passe le séton.

Nous sommes obligés quelquefois, et surtout en ce qui concerne le chien, de faire exception à cette règle, dans les cas de coryza, à raison de la tendance que ces animaux ont à arracher leurs sétons, lorsqu'on les met sur les autres parties du corps ; nous choisissons de préférence la partie supérieure du cou.

De la Saignée.

On donne le nom de saignées aux diverses opérations par lesquelles on tire des vaisseaux une certaine quantité de sang. Pour faire la saignée, on peut s'adresser aux veines, aux artères, ou aux vaisseaux capillaires. Dans le premier cas elle porte le nom de phlébotomie (*phlebs* veine, *tomeô* je coupe) ; dans le deuxième cas, celui d'artériotomie ; et celui de saignée capillaire dans le troisième cas. On appelle saignée générale, celle que l'on pratique aux grosses veines ou à des artères placées immédiatement sous la peau ; et saignée locale, celle qui se fait par les vaisseaux capillaires de la partie malade elle-même.

Phlébotomie.—C'est l'opération que l'on est le plus souvent appelé à pratiquer, parmi toutes celles de la chirurgie. Il n'entre pas dans mon sujet de parler de la manière dont elle se pratique ; je ne dirai que ce qui a rapport aux effets locaux et généraux qui en résultent.

Comme phénomènes locaux, on observe d'abord une légère douleur produite par la section de la peau, et que l'animal témoigne par ses mouvements. Un peu d'inflammation se développe autour de la petite plaie ; elle est accrue par la présence de l'épingle et de la ligature qu'on a appliquées pour tenir fermées les lèvres de la plaie, et pour en obtenir la cicatrisation. Lorsqu'on donne plusieurs coups de lancette ou de flamme pour agrandir l'ouverture de la veine, qu'on répète la saignée dans les environs, ou qu'on fait couler une seconde fois le sang par la même ouverture, on s'expose à augmenter l'inflammation, et à produire soit une phébite externe, c'est-à-dire une inflammation du tissu cellulaire qui est tout autour du vaisseau, de cette gaîne celluleuse qui les enveloppe, ainsi qu'on le sait, soit même une phébite interne, cas infiniment plus grave.

Pendant que le sang coule ou peu de temps après la saignée, on observe des effets généraux. Le nombre des pulsations des artères diminue toujours plus ou moins rapidement. A mesure que le pouls perd de sa fréquence, il devient aussi moins dur, moins tendu. Le calibre du vaisseau diminue ; on sait, en effet, que les vaisseaux se resserrent lorsque le sang les traverse en moindre quantité, de sorte que leurs parois sont toujours exactement appliquées sur la colonne sanguine. Cependant si le pouls était dur et serré avant l'opération, par l'effet d'une douleur profonde ou d'une gêne considérable de la circulation, alors on observe que le pouls se dilate et devient plus fort en diminuant de fréquence. En même temps la respiration subit aussi quelques modifications ; les inspirations deviennent plus rares, plus profondes et plus grandes.

Mais si l'animal est faible, qu'il jouisse d'une grande susceptibilité nerveuse, ou que la saignée soit forte, on voit la pupille se dilater, la tête devenir lourde, le bout du nez froid. L'animal chancelle, et il peut survenir une syncope, si on laisse continuer l'écoulement de sang. La face devient pâle, le corps se refroidit, les membres sont dans un état de résolution ; c'est ce qu'on observe, en pareil cas, surtout chez les petits animaux que l'on saigne couchés.

Lorsque l'état du malade commande l'emploi de plusieurs saignées successives, la bouche devient sèche, la soif s'allume; la peau se refroidit, elle devient sèche ou bien se couvre de sueur; l'appétit baisse ou se perd; le tissu cellulaire sous-cutané s'infiltre; les forces musculaires s'affaissent, et l'animal tombe dans un état de faiblesse dont il n'est pas toujours facile de le tirer. La vue surtout, si elle était faible, s'affaiblit davantage. A mesure qu'on répète les saignées, le sang se décolore, le sérum augmente, le caillot au contraire est moins volumineux et moins consistant.

Si nous cherchons à interpréter les différents phénomènes que cause la soustraction du sang, nous aurons à examiner : 1° d'où vient la soif vive qui se développe après d'abondantes saignées ; 2° d'où viennent les infiltrations, les anasarques, les hydropisies qui sont fréquentes dans ces cas. Mais cette question se placera plus avantageusement après la suivante; 3° quel est l'état du sang, quels éléments y prédominent ; 4° quel effet doit-il en résulter sur l'économie, sur l'ensemble des forces et la marche de la maladie.

Pour la soif, on sait qu'elle est produite par la sécheresse du pharynx. L'air qui le traverse se charge en passant de l'humidité qui est constamment fournie par la perspiration muqueuse; or, l'air est un corps irritant qui agit sur la muqueuse du gosier, lorsque celle-ci n'est pas lubréfiée par le mucus. Après d'abondantes saignées, le sang étant considérablement diminué ne peut plus fournir aux diverses sécrétions; celle de la muqueuse pharyngienne diminue plus ou moins, et l'air alors l'irritant en passant, développe la sensation de la soif.

L'état du sang subit des modifications importantes. Chaque saignée enlève bien également, il est vrai, de toutes

les parties constituantes du sang, mais elles ne se reproduisent pas avec la même facilité. La sérosité se reproduit rapidement et en abondance. Nous savons qu'elle
se compose d'eau, d'albumine et des sels ; l'eau est
fournie par les boissons ; l'albumine est un principe immédiat très-répandu ; les vaisseaux lymphatiques et veineux
absorbent la lymphe contenue dans les mailles du tissu
cellulaire. La lymphe se compose surtout d'albumine, et
ressemble tout-à-fait, du reste, à la sérosité du sang.

Il n'en est pas de même de la matière colorante et de
la fibrine. Ce sont des principes immédiats dont la créa-
tion dans l'économie est plus difficile, et que l'absorption
ne peut pas puiser dans les tissus. Ce sont en même
temps les principes les plus importants. La matière colorante paraît être le principe actif et stimulant du sang ;
aussi dans les maladies où elle manque, comme dans les
anémies, s'attache-t-on surtout à la reproduire. Quant à
la fibrine, nous connaissons son rôle. Elle donne au sang
ce qu'on nomme la plasticité, c'est à-dire qu'elle rend
toutes ses parties adhérentes, et qu'elle l'empêche de
s'imbiber et de s'infiltrer dans les tissus. Or, nous avons
vu, par les expériences de M. Magendie, qu'à mesure
qu'on saigne, la fibrine diminuant, le sang devient plus
fluide et moins coagulable, qu'il s'échappe à travers les
pores de ses conduits, et qu'il se forme ainsi, d'une manière passive et mécanique, des épanchements dans le
tissu cellulaire, dans les séreuses, et surtout dans le
poumon. En effet, l'œdème du poumon n'est pas rare à
la suite des pneumonies dans lesquelles on a abondamment saigné ; et il s'explique facilement par cette imbi-
bition mécanique d'un sang devenu fluide.

Tels sont les effets sur le sang de saignées répétées. Il

est facile de comprendre ce qu'il en résultera pour l'économie. Le sang, qui est son excitant naturel, privé de ses principes immédiats les plus actifs et les plus importants, n'apportera plus aux organes que des matériaux incomplets ; toutes les fonctions seront languissantes, et en première ligne la digestion. En même temps, comme ces principes sont longs à se réparer, l'organisme est jeté pour long-temps dans un état plus ou moins profond de faiblesse et d'affaissement. Aussi les convalescences sont elles longues en général, et les forces lentes à revenir, après des traitements aussi énergiques que ceux que certains médecins et vétérinaires recommandent.

Une remarque importante à faire relativement à la saignée en général, c'est qu'elle tend à augmenter la prédominance du système nerveux. Plus le sang diminue, plus le système nerveux se trouble et manifeste les différents phénomènes ataxiques, les convulsions, le trouble des sens, etc. On doit donc éviter cette opération ou en être très-sobre chez les animaux nerveux, irritables ; dans les maladies nerveuses, telles que les convulsions, les spasmes, les névroses, à moins qu'il n'y ait une pléthore évidente, ou bien que l'encéphale ou le poumon soient le siége d'une congestion sanguine ou d'une inflammation.

Si les saignées trop nombreuses ont de graves inconvénients, les saignées modérées et proportionnées aux forces des animaux ont de grands avantages. Lorsque, sous l'influence d'une cause quelconque, le sang se porte en abondance sur un organe, la saignée diminue cet afflux du sang. Voici comment : tous les organes reçoivent nécessairement une certaine quantité de sang qui est nécessaire à leur nutrition et à l'accomplissement de leurs fonctions. En saignant on diminue sans doute la quantité de sang qui leur arrive, mais on diminue aussi celle qui se rendait à la partie malade.

On se rappelle ce qui a été dit à propos de la marche des maladies en général. On a vu que les organes appellent, attirent à eux la quantité de sang et de fluide nerveux qui leur est nécessaire. La partie malade est dans un état d'opposition et d'antagonisme; elle tend à détruire l'équilibre de la distribution égale du sang dans le corps animal. La saignée diminuant la masse générale de ce fluide, fait qu'il en arrive moins à la fois et dans les parties saines et dans la partie malade.

Les avantages de la saignée générale sont les suivants : 1º elle diminue, comme je viens de le dire, la quantité de sang qui afflue vers l'organe ou les organes malades; 2º la circulation étant plus rapide dans les maladies, une plus grande masse du fluide circulatoire pénètre dans les tissus dans un temps donné; de là un état de souffrance et de malaise que la saignée soulage en diminuant la quantité de ce fluide; 3º la saignée prive le sang de ses principes excitants, tandis que les boissons aqueuses qu'on fournit abondamment, le rendent plus séreux et moins stimulant.

Si l'on saigne à la veine qui rapporte le sang de l'organe malade, aux jugulaires pour les maladies du cerveau et du cœur, aux veines abdominales dans le cas d'inflammation commençante du péritoine et des intestins, on obtient un effet local plus rapide. On soustrait plus promptement le sang qui engorgeait la partie; la circulation capillaire y devient plus libre, et on diminue ainsi tous les phénomènes de l'inflammation. On dégorge directement les tissus qui sont le siége de la congestion.

Les anciens médecins avaient attribué à la saignée plusieurs manières différentes d'agir, auxquelles ils avaient imposé des noms particuliers. Ils distinguaient : 1° la saignée spoliative, dans laquelle on se propose d'enlever, en peu de temps, une grande quantité de sang à la circulation ; 2° la saignée déplétive, c'est celle que l'on fait dans les maladies d'une intensité moyenne; 3° la saignée dérivative, c'est celle qui consiste à dégorger directement un organe, en s'adressant aux veines qui en rapportent le sang ; 4° la saignée révulsive ; elle se pratique loin de l'organe malade, dans le but d'attirer le sang vers le lieu où on saigne. Cependant ces deux derniers effets paraissent contradictoires. On ne comprend pas, si la saignée attire le sang vers le lieu où l'on saigne, comment la saignée faite aux vaisseaux mêmes de la partie malade peut l'en détourner. Au reste ces distinctions ne sont guère usitées aujourd'hui.

Cependant beaucoup de praticiens croient encore aujourd'hui à un effet révulsif de la part de la saignée. Ainsi ils ouvrent les vaisseaux de la queue dans les maladies de la tête, dans l'intention de faire affluer le sang dans la partie d'où on le soustrait, et de l'éloigner des parties antérieures du corps. J'avoue que j'ai souvent employé ces espèces de saignées, dans les cas de vertiges où le cerveau semble être réellement le siége d'une inflammation, et que j'ai cru en obtenir quelques succès.

Cette manière de voir est également partagée en médecine humaine par un certain nombre de praticiens. Je citerai, entre autres, un des premiers chirurgiens de Paris, M. Lisfranc qui, dans les blessures de la partie inférieure du corps, recommande des saignées du bras répétées deux ou trois fois, une chaque jour, et qui, dans les blessures de la partie supérieure du corps, prescrit de les faire au pied.

Cette opinion sur l'effet révulsif ou mieux dérivatif de la saignée peut s'expliquer par les raisons suivantes. Tout le système circulatoire communiquant largement, lorsqu'on ouvre une des divisions de ce système, le sang afflue de toutes parts vers ce point. En effet, la pression atmosphérique presse également toute la surface du corps ; si un vaisseau est ouvert, le sang s'échappe par ce point, qui se trouve ainsi momentanément soustrait à cette pression et alors le sang y arrive naturellement de tous les points du système. L'effet qui se produit alors est analogue à celui qui arrive dans un grand nombre de tubes pleins d'eau et communiquant ensemble ; lorsqu'on pratique une ouverture à l'un d'eux, l'eau se précipite et s'échappe par cette issue de tous les vases également.

Quoi qu'il en soit de ces explications, les distinctions que les anciens établissaient dans la saignée ont beaucoup perdu de leur importance ; et la saignée se pratique généralement à la jugulaire, quelle que soit la maladie à laquelle on a affaire.

Saignée artérielle. — On a cru pendant long-temps, et quelques médecins croient encore de nos jours, que la saignée artérielle remplit, mieux que la saignée veineuse, l'indication que certaines maladies présentent. Par exemple, lorsqu'un organe devient le siége d'une congestion violente qui menace de le désorganiser, comme dans le cas d'apoplexie, l'ouverture d'une artère voisine débarrasse plus promptement et plus rapidement que celle de la veine.

Je ferai remarquer qu'on ne peut ouvrir qu'un très petit nombre d'artères ; il faut qu'elles soient assez superficielles pour qu'on puisse les atteindre, et d'un autre côté, qu'elles soient situées près des os, afin qu'on puisse les comprimer pour obtenir la cicatrisation de la plaie.

On a pensé aussi que la saignée artérielle avait une action plus rapide, plus débilitante, parce qu'elle privait l'économie d'un sang plus riche et plus excitant que celui des veines.

Quant à la pratique, les faits recueillis jusqu'à ce jour ne sont pas suffisants pour éclairer cette question. Les résultats de l'une et de l'autre saignée sont à peu près identiques. La saignée de l'artère temporale ne paraît indiquée que chez les sujets dont ces artères gonflées et battant avec force, se présentent pour ainsi dire d'elles-mêmes. Hors ces cas, la saignée veineuse est toujours préférée et n'est en rien inférieure.

Saignée capillaire. — Cette saignée, comme son nom l'indique, se pratique sur les capillaires et en général dans le voisinage même du siége de la maladie. Elle s'opère de diverses manières et à l'aide de divers agents, qui sont les sangsues, les ventouses, la lancette et le bistouri.

Je n'ai pas à traiter ici de ces divers procédés, mais de leurs effets thérapeutiques en général. Leurs effets locaux consistent en une douleur plus ou moins vive que fait naître la section de la peau ; dans une légère inflammation qui se développe autour de chaque piqûre ou de chaque scarrification. Elle est quelquefois assez intense pour produire une forte tuméfaction, principalement quand les sangsues ont mordu à l'oreille du chien.

Les saignées locales enlèvent le sang des capillaires de la peau ; mais comme ces vaisseaux communiquent largement entre eux par les anastomoses, l'effet du dégorgement sanguin se fait ressentir dans une certaine étendue, au-dessous de la peau.

Cependant, quand la maladie contre laquelle on dirige les saignées capillaires, est assez forte et que la congestion sanguine est considérable, cette manière de soustraire du sang peut être plus funeste qu'utile. Le sang tend à se diriger, comme nous l'avons vu, vers les points du système circulatoire, par lesquels il peut s'échapper au dehors; par conséquent les saignées locales doivent attirer le sang dans la partie sur laquelle on les pratique.

En effet, si on applique un petit nombre de sangsues ou de ventouses contre une inflammation un peu active, on ne fait que l'augmenter. C'est ce qui se voit souvent dans la pratique; alors il faut ou appliquer une assez grande quantité de sangsues ou de ventouses scarrifiées pour désemplir le système circulatoire en général, en même temps qu'on dégorge la partie, ou bien il faut faire précéder leur emploi d'une saignée générale. En soustrayant ainsi beaucoup de sang, on fait qu'il en arrive moins à la fois à l'organe malade comme à tous les autres, et le dégorgement local produit quelque bien.

Ainsi donc, en règle générale, lorsqu'on traite une inflammation un peu intense, accompagnée de symptômes généraux, de fièvre, il faut ou faire les dégorgements capillaires très-copieux, ou bien les faire précéder d'une saignée générale. Si l'inflammation est légère, qu'elle ait excité peu ou pas d'accélération de la circulation, la saignée capillaire procurera du soulagement, lors même qu'elle ne sera pas très-abondante.

Quant au lieu où doivent se faire ces saignées, on le choisira auprès du siége du mal; sur les parties correspondantes de la peau, si celle-ci est saine, et si elle est enflammée ou contuse, ce sera aux alentours, sur les points où elle sera restée intacte.

Beaucoup de praticiens ont l'habitude de placer les sangsues sur le scrotum lui-même, dans les orchites; sur les articulations, après les efforts, les luxations de ces parties; sur la partie malade, après les coups, les blessures. C'est une faute qui entraîne quelquefois des suites graves. L'inflammation que font naître les sangsues, peut être suivie de la formation de petits abcès, de gangrène même; de l'ouverture des foyers sanguins, lorsque le sang s'est épanché sous la peau, après les contusions. Dans ces cas et dans tous ceux qui leur sont analogues, c'est non pas sur le siége même de la maladie, mais au-dessus et à une certaine distance qu'il faut faire les dégorgements sanguins locaux.

D'après ce que nous venons de dire de la manière d'agir des saignées, on voit qu'elles conviennent dans tous les cas où le sang se trouve en excès, soit dans le corps en général, ce qui constitue la pléthore; soit dans quelque partie, comme cela arrive dans les congestions, les inflammations, les hémorrhagies.

L'état des forces est la règle qui doit diriger dans l'usage des évacuations sanguines. S'il y a faiblesse réelle, on doit s'en abstenir, même dans les maladies qui en réclament ordinairement l'emploi; et lorsque le bon état des forces les permet, on ne doit jamais les pousser au point d'affaiblir trop fortement.

Les saignées sont contre-indiquées dans un grand nombre de cas : 1° quand l'animal vient de manger; 2° quand la digestion n'est pas achevée, ou du moins bien avancée; 3° quand on a lieu de soupçonner qu'il y a un embarras gastrique, un engouement de l'estomac par des matières alimentaires, introduites depuis long-temps et qui n'ont pas été digérées; à moins toute fois de circonstances graves; 3° dans les trop grands froids et dans les trop grandes chaleurs. Dans les premiers, l'animal a besoin de tout son sang pour entretenir sa chaleur naturelle; dans les secondes, le sang est peu abondant, à cause de l'énorme déperdition qui s'en fait, et en même temps le système nerveux est vivement excité. Du reste le froid très-vif comme la chaleur trop forte développent tous deux le système nerveux; les maladies nerveuses sont communes et dans les pays chauds et dans les pays secs et froids, or l'état nerveux contre-indique la saignée ; 4° dans la première enfance et dans la vieillesse avancée; il faut au moins des cas très-urgents pour s'y décider; 5° chez les femelles qui nourrissent; 6° dans le tempérament lymphatique, et toutes les maladies qui s'y rattachent, 7° dans le tempérament nerveux et ses maladies; 8° enfin chez les animaux maigres, affaiblis par le travail et les privations de toute espèce.

Des Anthelmintiques.

On donne le nom d'anthelmintiques ou vermifuges à des médicaments qui ont la propriété de faire périr ou d'expulser les vers développés dans le corps animal et principalement ceux du tube digestif.

Ces médicaments sont nombreux, suivant les anciens auteurs. Bourgelat en compte une trentaine, parmi lesquels figurent des médicaments de nature fort diverse , des purgatifs drastiques, le jalap, la scammonée, la coloquinte; des excitans, comme l'ail, les vins acides; des antispasmodiques, comme l'assa-fœtida, le sagapenum ; des amers, tels que l'absinthe, la semencine, la petite centaurée, etc. ; le sel de cuisine ; des astringents, comme

la fougère , l'écorce de grenadier , la suie de cheminée ;
enfin , divers autres médicaments , le mercure , les huiles
grasses , l'huile empyreumatique.

Moiroud a considérablement réduit le nombre des anthelmintiques que nos premiers auteurs avaient admis ,
et en cela il ne me paraît pas avoir parfaitement bien
compris la médication vermifuge. Il n'en admet que six ,
la mousse de corse (*helmintho corton*) la racine de
grenadier , la fougère mâle , l'huile empyreumatique de
Chabert , la suie de cheminée , l'huile de cade , et il propose l'emploi du produit pyrogéné de Rank , du pyrotho-
nide.

Il est évident qu'un plus grand nombre de substances
jouissent bien certainement de propriétés vermifuges. Le
mercure , par exemple , qui possède des propriétés si délétères pour tous les animaux vivants et développés spontanément à la surface de la peau , est généralement aussi
regardé comme exerçant la même action sur ceux qui sont
nés à l'intérieur du corps. Il y a plus , on l'emploie en frictions sur les kystes hydatiques pour détruire les hydatides.
L'arsenic , l'antimoine , l'étain , doivent aussi être rangés
dans la classe des vermifuges ; il en est de même de l'éther ,
du brou de noix , dont quelques praticiens se sont déjà
servis avec avantage , des purgatifs drastiques et de plusieurs médicaments dont parle Bourgelat.

En effet , la médication anthelmintique ne comprend pas
seulement les agents qui peuvent détruire les vers par une
propriété toxique particulière ; mais encore tous ceux qui ,
à quelque titre que ce soit , peuvent procurer leur expulsion et en débarrasser le corps. Ainsi , on rangera dans
cette classe tous les médicaments qui guériront des maladies vermineuses , soit en tuant directement les vers ,

soit en déterminant les contractions de l'intestin et en les chassant avec les fécès. Il me paraît donc préjudiciable pour la pratique de réduire le nombre des vermifuges, comme l'a fait Moiroud.

Ce que je viens de dire s'applique aux vers intestinaux. Quant à ceux qui sont situés dans les vaisseaux, dans les canaux biliaires, dans les bronches, l'action des substances antivermineuses ne peut se faire sentir à eux que d'une matière médiate et éloignée, après le passage de leurs molécules dans le système circulatoire. Mais il resterait à savoir si leur séjour dans les intestins, leur absorption et leur passage dans le sang, n'auraient pas changé ou modifié leurs propriétés. A cet égard, l'observation n'a rien appris concernant les vers qui circulent dans les vaisseaux, parce qu'aucun signe certain n'annonce leur présence. On est presque assuré de leur existence dans la cachexie aqueuse des ruminants; mais dans ce cas, ce qu'il importe le plus de combattre, ce n'est pas la présence des vers, mais bien la maladie qui les produit; aussi, les amers, le sel de cuisine, etc., me semblent plus avantageux qu'aucune espèce de vermifuges.

Les vers qui sont logés dans les parenchymes organiques, dans le tissu cellulaire, dans les sinus ethmoïdaux, dans le globe de l'œil, sont encore bien plus difficilement atteints. Si ce n'est le cœnure du cerveau et le ver de l'humeur aqueuse de l'œil, que des moyens chirurgicaux peuvent faire périr, mais non sans danger pour la vie ou pour l'intégrité de l'organe qui en est la demeure.

Pour ne parler maintenant que des vers intestinaux, il convient de savoir, avant de faire usage des médicaments qui leur sont opposés, s'il nous est possible dans la plupart des cas de fonder un diagnostic précis. J'en doute beaucoup pour ma part, et les plus habiles praticiens conviennent de ce fait, que la plupart des symptômes que l'on assigne à l'état vermineux, fournissent seulement des signes probables, et que le seul symptôme pathognomonique se tire de l'expulsion des vers par le vomissement ou par les selles.

Les symptômes qu'on attribue ordinairement aux vers intestinaux sont : des borborygmes fréquents, de légères coliques, l'odeur acide de l'haleine et du mucus buccal, le dévoiement, l'irrégularité de l'appétit, la dilatation de la pupille, des convulsions. Or tous ces symptômes peuvent se montrer, bien que le canal intestinal ne recèle aucun entozoaire. L'inflammation du tube digestif peut les produire à elle seule. Il y a plus, lorsqu'on est assuré de la présence des vers dans les intestins, parce qu'on en aura rencontré dans les selles, il arrive que, si on donne inconsidérément les anthelmintiques, on voit se développer souvent les symptômes d'une entérite aiguë qui peut devenir fâcheuse. Ainsi, non-seulement il n'est pas facile de diagnostiquer la présence des vers dans les intestins, mais encore, une fois qu'on les a reconnus, on cause des accidents graves en donnant les vermifuges.

Aussi nos vieux auteurs, Lafosse, Chabert, ont-ils raison de recommander qu'on commence le traitement anti-vermineux par le lait, par des émollients, des huiles. Lors même que ces substances ne jouiraient pas de l'avantage de tuer les vers par indigestion, ainsi qu'on l'a dit, et cela paraît en effet peu probable, elles disposeraient aux évacuations en délayant les matières contenues dans l'intestin, elles calmeraient l'irritation intestinale si elle existait, et permettraient d'avoir recours ensuite aux véritables vermifuges, sans danger pour l'animal.

Quant aux ascarides vermiculaires (Laennec) qui occupent le rectum, ceux-ci sont accessibles aux vermifuges de la manière la plus directe. Les dangers que j'ai signalés pour l'estomac, n'existent pas pour le rectum. On fait parvenir les médicaments par les lavements, et il faut le faire dès le début, à doses un peu fortes.

Les vétérinaires qui ont eu à traiter l'état cachectique avec développement de vers dans les voies respiratoires des grands ruminants, ont semblé retirer quelques avantages de l'éther sulfurique et de la décoction de brou de noix injectés dans les naseaux en petite quantité et avec précaution ; ils ont fait aussi inspirer l'éther, et fait parvenir dans les bronches des fumigations de brou de noix brûlé sur un réchaud. La voie la plus sûre pour atteindre ceux de ces vers qui ont leur siége dans la trachée-artère et les bronches, est celle des naseaux, dans lesquels on introduit le liquide par petites quantités à la fois, à moins que l'on ne veuille tenter l'opération de la trachéotomie.

Bien que ces vers se trouvent dans les voies respiratoires, alors qu'ils causent la toux et menacent les malades de suffocation, comme il serait possible qu'ils se fussent développés en premier lieu dans le tube digestif et qu'ils eussent pénétré plus tard dans les bronches, il serait peut-être bien de donner les vermifuges en boissons en même temps qu'on les dirige vers les bronches, et de les associer aux toniques amers.

Les symptômes que Chabert assigne à la présence du tænia lanceolé (Prionoderme) dans les sinus ethmoïdaux, me paraissent trop équivoques pour qu'on doive se décider à injecter de l'huile empyreumatique, même affaiblie, dans les naseaux. Il vaudrait mieux avoir recours aux fumigations. Il y a moins de danger à introduire ce vermifuge dans l'estomac, mais aussi son action est nulle dans le cas dont il s'agit.

On comprend qu'aucun traitement curatif n'est suivi de succès, s'il s'agit d'atteindre les vers contenus dans le tissu cellulaire et les parenchymes. Il faudrait pouvoir empêcher la diathèse vermineuse de se déclarer, par le changement des conditions hygiéniques, par un meilleur régime, par l'usage du sel de cuisine et des toniques amers.

Quant aux ectozoaires, aux animaux développés sur la surface extérieure du corps, tels que le poux, le ricin, l'acare ou sarcopte de la gale, on emploie contre eux des substances irritantes et de propriétés diverses, le tabac, la staphysaigre, l'ellébore, le soufre, le mercure, l'arsenic, l'essence de térébenthine, l'huile empyreumatique de Chabert, l'huile de cade. On emploie les trois premières en décoction avec lesquelles on fait de fréquentes lotions sur les régions de la peau qu'occupent les insectes. Le soufre, le mercure, l'arsenic sont incorporés dans un corps gras, ou mêlés à une huile grasse. L'arsenic s'emploie quelquefois dans une solution de cendres, ou de sous-carbonate de soude et de potasse.

Il est quelquefois indispensable de faire tondre les moutons pour que ces médicaments puissent exercer leur action sur la peau. Le lavage de la peau ne l'est pas moins, ainsi que la séparation des animaux malades d'avec les animaux sains

ÉMOLLIENTS ET TEMPÉRANTS.

Barbier, dans sa pharmacologie, comprend, sous la dénomination de débilitants, les médicaments émollients et les médicaments tempérants. Aux émollients et aux tempérants, il unit, pour compléter cette classe, tous les moyens qui ont la propriété d'affaiblir le corps, et dont les uns appartiennent à la chirurgie, comme la saignée, et les autres à l'hygiène, comme la diète et le repos. Edwards et Vavasseur, Boucharlat, auteurs des Matières Médicales les plus récentes, n'adoptent pas le nom générique de débilitant dont s'est servi Barbier, et classent à part les émollients et les tempérants ; je suivrai leur manière de voir.

Emollients.

Les émollients (*emollire*, ramollir, rendre plus souple) sont des médicaments qu'on considère comme relâchant le tissu des organes avec lesquels on les met en contact. On peut les regarder avec autant de raison, comme jouissant de propriétés tout-à-fait négatives. Ils ne sont ni excitants, ni astringents, ni toniques, ni antispasmodiques, etc. Ils n'ont aucun caractère distinct, aucune propriété spéciale.

Nous nous rendrons compte de leur action, si nous nous rappelons ce qui a été dit à propos du système nerveux ; à savoir que la vie ne s'entretient que par des excitants, que toutes les fonctions ne s'exercent qu'à la suite de stimulations nécessaires. Or, si on supprime ces excitants naturels, et qu'on les remplace par des médicaments fades, douceâtres, et qui ne sont stimulants en aucune manière, on comprend qu'il en résulte un affaiblissement, un ralentissement des fonctions des organes. C'est ce qui arrive lorsqu'on emploie les émollients. Ils agissent donc non pas par une propriété relâchante directe, mais parce qu'ils ne peuvent pas entretenir l'excitation nécessaire à l'exercice des fonctions.

Lorsqu'on les administre à l'intérieur en abondance, ils passent dans la circulation, par l'absorption gastro-intestinale. Ils modifient la composition du sang, en y faisant prédominer la partie séreuse. Or, qu'arrive-t-il lorsque par suite de mauvaise nourriture, de saisons pluvieuses, de maladies, le sang est modifié au point que sa partie séreuse prédomine considérablement? Nous l'avons vu plusieurs fois. Il y a alors ce qu'on appelle l'anémie, l'hydrohémie, états qui sont remarquables par la faiblesse, la langueur. Eh bien! les émollients donnés en abondance produisent accidentellement et incomplètement, il est vrai, un effet analogue à celui que déterminent la mauvaise nourriture, les saisons très-humides, et les maladies de longue durée; ils augmentent rapidement la partie séreuse du sang, et produisent ainsi l'affaiblissement et le relâchement des tissus, le ralentissement des fonctions, comme on l'observe dans l'anémie.

Tels sont les effets des émollients, qui modifient l'économie en ce sens qu'ils y diminuent l'excitation par suite de laquelle le système nerveux entre en action.

Appliqués à l'extérieur, ils agissent de deux manières. D'abord, comme lorsqu'ils sont donnés à l'intérieur, ils préservent les parties sur lesquelles on les applique, de l'excitation que causent l'air, la lumière, et les divers agents qui peuvent se trouver en contact avec la peau. Une faible partie de leurs principes solubles est absorbée, l'absorption étant peu active sur la peau revêtue de son épiderme.

Lorsqu'ils sont appliqués chauds, ils empruntent au calorique qu'ils contiennent, une nouvelle manière d'agir. Ils dilatent les vaisseaux capillaires de la partie, ils augmentent ainsi leur calibre, favorisent le passage des globules de sang, et y activent la circulation. De la sorte, ils sont avantageux dans les congestions et les inflammations ; ils facilitent le dégorgement des tissus, en rendant la circulation capillaire plus active et plus libre.

On divise ordinairement les émollients en deux classes : 1° les uns qui n'agissent que par l'eau qu'ils peuvent retenir, tels sont les gommes, les farines, les décoctions des plantes émollientes, des malvacées, des graminées ; 2° les autres qui sont des corps gras, les huiles, la graisse, le beurre, le suif ; ceux-ci ne peuvent être absorbés. On sait que les huiles s'opposent à l'absorption.

On emploie les émollients au début et dans la première période de toutes les maladies aiguës ; ils sont indiqués dans tous les cas où il y a fièvre, excitation générale, pléthore. Mais leur usage prolongé a des inconvénients. En effet, ils affaiblissent les forces générales, en modifiant la composition du sang ; ils affaiblissent aussi, d'une manière remarquable, les fonctions de l'estomac. Il ne faut donc pas les continuer trop long-temps, et on doit les cesser quand se présente l'indication d'employer les diverses espèces d'excitants.

Ils ne conviennent pas aux animaux d'un tempérament lymphatique. Aussi sont-ils peu employés chez les ruminants. Un des caractères du tempérament lymphatique étant précisément d'avoir un sang trop séreux, il est évident qu'il faut éviter tout ce qui peut augmenter encore cet état, affaiblir les forces de l'estomac, et empêcher le travail de la digestion.

Les émollients sont également contre-indiqués dans l'anémie, les maladies qui durent depuis long-temps, dans tous les états avec faiblesse, vers la fin des maladies qui s'accompagnent d'ataxie ou d'adynamie.

Dans le jeune âge comme dans la vieillesse, ils doivent être employés avec modération. Enfin ceux qui contiennent des principes nutritifs, comme les émollients féculents, gommeux, conviennent principalement chez les grands animaux, qui supportent mal la diète rigoureuse. On peut se servir pour les carnivores des émollients les moins nourrissants.

Je vais maintenant passer en revue les différentes espèces d'émollients.

1° *Gommes.* — On en compte quatre espèces : la gomme arabique, la gomme du Sénégal, celle de notre pays, et la gomme adraganthe dont, au reste, on fait bien peu d'usage dans notre médecine. On en fait entrer pourtant quelquefois dans les électuaires adoucissants, et dans les breuvages des animaux atteints de phlegmasies des bronches et du poumon, de gastro-entérite, ou de dysenterie. C'est la gomme du pays qu'on emploie le plus généralement à cause de la modicité de son prix.

2° *Fécules.* — L'amidon est peu employé. On s'en sert dans quelques maladies de la peau, du genre herpès, principalement quand elles siègent aux bords des paupières et à la face. Quelques vétérinaires ont essayé de s'en servir, pour consolider les appareils des fractures, d'après la méthode de M. Seutin. Cette méthode est généralement abandonnée en médecine humaine, elle est peut-être plus applicable aux animaux. Mais elle présentera toujours un inconvénient grave, c'est que l'appareil ne doit pas être renouvelé fréquemment ; lorsqu'on l'applique, le membre est gonflé, tuméfié ; au bout de quelque temps, il diminue et il se fait alors un vide, un intervalle entre le membre et l'appareil, de sorte que la fracture n'est pas contenue et que le déplacement peut s'opérer.

A l'intérieur, l'amidon est remplacé par la farine de froment ou d'orge. Les diverses farines de graminées conviennent, ainsi que je l'ai dit, pour les grands animaux, qui ne peuvent pas supporter long-temps la diète.

La graine de lin sert à préparer des décoctions. On la regarde comme légèrement diurétique, à raison d'une petite quantité de nitrate de potasse qu'elle contient. La farine est le plus souvent mêlée à de l'eau chaude et employée sous la forme de cataplasmes ; on peut la remplacer par du pain cuit dans l'eau avec des racines de mauve et de guimauve. Le cataplasme de farine de graines de lin nous sert aussi d'excipient pour produire la rubéfaction, dans le traitement des phlegmasies de la plèvre et du poumon ; il prépare l'action du vésicatoire, si on le couvre d'une forte couche de poudre de moutarde.

3° *Mucilagineux.* — Les mauves, la guimauve, la réglisse, le chiendent, le bouillon blanc, la bourrache fournissent des principes mucilagineux par la décoction ; leur pulpe sert à préparer des cataplasmes. La guimauve et la réglisse concassées donnent une poudre qu'on mêle au miel ou à la mélasse, pour en faire des électuaires ou des bols adoucissants. On les mélange au miel, par moitié ; avec la mélasse on augmente la quantité des poudres.

4° **Huileux.**—Les huiles grasses d'olive et de noix sont à peu près les seules qui soient en usage dans la pratique vétérinaire. On s'en sert surtout en qualité de topiques. L'inconvénient de l'huile appliquée sur la peau est de se rancir et de déterminer des érysipèles, des éruptions pustuleuses, de provoquer la chute des poils. Cet effet arrive d'autant mieux que le cheval a la peau plus fine. Moiroud conseille précisément les huiles dans les inflammations de la peau, bien que ce que je viens de dire doive rendre leur usage dangereux. Cependant on a vanté en médecine humaine les onctions avec le saindoux faites dans le cas d'érysipèle. On recommande de couvrir la peau d'une couche de graisse d'une ligne, dans toute l'étendue de l'érysipèle, et même de la prolonger sur les parties saines, à un pouce au-delà des points de la peau enflammés.

L'huile d'œillet peut remplacer les huiles grasses pour le traitement extérieur.

5° *Émollients sucrés.*—Le sucre n'est pas employé. La mélasse, quoique son usage ait pris une grande extension, est refusée par beaucoup de chevaux, et par la plupart des bœufs. Aussi le miel reste encore l'assaisonnement sucré le plus général pour les animaux.

6° *Émollients tirés du règne animal.*—La gélatine, l'albumine dissoutes dans l'eau sont peu employées. Les bouillons légers, faits avec la tête de mouton, sont employés pour les carnivores. On a essayé, en 1814, de faire prendre des bouillons de viande aux bœufs atteints du typhus ; leurs avantages n'ont pas été bien constatés.

Le lait mêlé à l'eau est le seul émollient tiré du règne animal, qui puisse être pris par toutes les espèces d'animaux. On l'emploie avec avantage dans le traitement des phlegmasies de la muqueuse gastro-intestinale et des voies urinaires. Le petit-lait frais jouit des mêmes propriétés.

Des Tempérants.

Les tempérants forment le deuxième ordre des débilitants de Barbier. Vitet, long-temps avant, avait confondu ces médicaments avec les acides et les acidules. Cette expression offre à l'esprit un sens vague et indéterminé. En effet, les tempérants sont ainsi nommés parce qu'ils rafraîchissent le corps, qu'ils diminuent la chaleur de la peau. Or la saignée qui diminue la chaleur de la peau serait aussi un tempérant.

On est convenu de donner le nom de tempérants aux acidules, c'est-à-dire aux acides affaiblis. Deux règnes de la nature les fournissent, le règne végétal et le règne minéral. Parmi les premiers on compte l'acide acétique en première ligne, puis les acides citrique, malique, tartrique, gallique. Ces derniers sont toujours, pour les animaux, amalgamés entre eux et associés à des gelées.

Les liquides acidulés par les acides minéraux sont employés comme topiques, en qualités d'astringents dans les inflammations aphtheuses et couenneuses.

A l'intérieur les boissons acidules conviennent dans le traitement des fièvres bilieuses. Flandrin et après lui Tessier et d'autres vétérinaires s'en sont servis avec avantage dans le traitement de la maladie de la Sologne.

Bourgelat et Huzard parlent de nombreux succès qu'ils auraient obtenus avec les acides acétique et sulfurique, dans le traitement de plusieurs épizooties survenues en été, et se montrant sous des caractères divers, quoique

les symptômes indiquassent au fond l'existence de la gas-
tro-intérite avec ou sans symptômes bilieux (Fièvres inflammatoires putrides).

De tout temps on a fait usage des boissons acidulées
pour combattre les maladies typhoïdes ou pestilentielles
du bœuf, du cheval, du porc. Selon que les malades
sont atteints de constipation ou de diarrhée, on associe
les acidules avec des substances laxatives comme le miel,
la melasse ou le petit-lait, ou avec des décoctions de riz,
de gomme, de graine de lin.

Une des contre-indications des acidules est la co-exis-
tence d'une maladie des organes respiratoires. Ils augmentent les douleurs de poitrine et la toux d'une manière
extrêmement rapide, soit par une action directe sur ces
organes, soit par une irritation sympathique de l'intestin.

Les acidules qui avaient été singulièrement vantés dans
le traitement de la fièvre typhoïde de l'homme, n'ont pas
produit les bons résultats qu'on en espérait d'abord. Ils ne
jouissent pas dans cette maladie de plus de confiance que
les autres remèdes exclusifs qu'on a employés.

Ces médicaments conviennent surtout pendant les saisons chaudes, dans les inflammations du tube digestif avec
états bilieux ou adynamique.

CHAPITRE II.

TRAITEMENT DES MALADIES EN GÉNÉRAL.

Traitement de la Congestion.

Nous avons vu que les indications fondamentales du traitement de la congestion se tiraient, 1° de l'énergie avec laquelle se fait l'afflux du sang , 2° de la facilité avec laquelle s'opère le déplacement de ce sang.

On peut dire d'une manière générale que la saignée est le premier moyen à employer contre les congestions qui se font avec force et dans des organes importants, le cerveau , la moelle , le poumon , l'intestin. Dans le chapitre précédent, j'ai montré , à propos de la saignée , de quelle manière elle agissait dans les congestions et les inflammations ; je n'ai donc pas à revenir sur sa manière d'agir. On fait suivre la saignée de l'application des réfrigérants sur la partie même , lorsque cela est possible. C'est ainsi qu'on parvient à arrêter l'apoplexie au premier degré , ou coup de sang , la congestion de la moelle épinière et de la rate. Telle est la méthode que suivent les bergers pour la congestion de la rate ; ils produisent une évacuation sanguine en excisant les oreilles , après quoi ils plongent les moutons dans l'eau.

On fait aussi succéder les réfrigérants à la saignée , dans la congestion des yeux et dans celle des pieds dite four bure. Cependant en hiver, par les temps froids, ou lorsqu'il y a une irritation du tube digestif ou d'un des points de la muqueuse des voies respiratoires, il faut être réservé sur l'emploi des réfrigérants, dans la crainte d'une métastase; car nous savons avec quelle facilité se déplacent les congestions. En outre il est des organes pour lesquels on ne peut pas appliquer les réfrigérants, comme le foie, l'utérus, etc... Dans tous ces cas, on les remplace par l'usage des tempérants ou des astringents, à l'extérieur ou à l'intérieur, suivant les cas. Ainsi on fournit au malade des boissons acidulées par le vinaigre, l'acide sulfurique, ou rendues plus rafraîchissantes par le sel de nitre, le bi-carbonate de soude; ou bien on applique les astringents comme topiques sur le lieu du mal.

Les congestions qui s'établissent rapidement et avec énergie dans les parties superficielles du corps, dans le tissu cellulaire sous-cutané du ventre, des membres, des lèvres, du pénis, du scrotum, réclament le même traitement avec les mêmes modifications que pour les cas précédents. Ainsi on doit être très-réservé sur l'emploi de la saignée par les temps froids et humides, lorsque le corps est lui-même frissonneux, le pouls mou et peu fréquent, les forces générales peu actives; mieux vaut dans ce cas avoir recours à des dégorgements locaux au moyen de mouchetures. De même que dans les cas précédents, lorsque les réfrigérants sont contre-indiqués, on les remplace par l'eau vinaigrée à la température de 25 à 37 degrés centigrades; et pour éviter de laisser le poil mouillé, on trempe une éponge dans le liquide et on l'exprime avant de l'appliquer sur l'échauboulure, de manière à ce qu'elle ne contienne plus qu'une faible quantité d'eau et qu'il n'en sorte guère qu'une vapeur chaude.

Ces congestions sous-cutanées étant très-sujettes à se déplacer, et leur déplacement étant suivi souvent de graves affections internes, il importe de l'empêcher et de fixer ces congestions dans le lieu qu'elles occupent. C'est ce qu'on fait de plusieurs manières : 1° en donnant de légers diaphorétiques, qui portent le sang à la peau et y déterminent une certaine excitation ; 2° en pratiquant des mouchetures, ce qui évacue directement le sang au dehors et produit une légère inflammation de la peau ; 3° en appliquant des rubéfiants, tels que des cataplasmes sinapisés qu'on a soin de ne pas laisser long-temps ; 4° les maréchaux même ont l'habitude de mettre un séton sur le lieu qu'occupe la congestion. Cette méthode a l'inconvénient de produire des suppurations graves et même la gangrène. Cependant tout en la blâmant, je dois dire que je l'ai vue dans beaucoup de cas mettre rapidement fin à la congestion. L'exutoire appliqué non sur le siége du mal, mais sur les parties saines voisines, a les mêmes avantages sans avoir les mêmes inconvénients.

Jusqu'à présent nous n'avons considéré la congestion active que comme une affection idiopathique, il faut la considérer aussi lorsqu'elle est liée à une autre maladie. Ainsi la congestion cérébrale, la fourbure, se manifestent à l'occasion d'une indigestion, d'un trouble de la fonction digestive ; la congestion des conjonctives et des globes oculaires, à la suite d'une alimentation trop stimulante, de l'irritation gastro-intestinale. L'épizootie de 1823 à 1824 nous en a fourni de nombreux exemples, et nous le voyons encore chaque année au commencement des printemps chauds. Des congestions peuvent encore se faire soit sur l'utérus, soit sur le poumon ou sur d'autres organes, pendant l'état de gestation. Dans la plupart de ces cas, le traitement est à peu près le même; il s'agit toujours de combattre avec plus ou moins de vigueur l'hypérémie symptomatique dont les progrès peuvent rapidement donner la mort, abolir le sens de la vue ou devenir cause de l'avortement. La saignée est le moyen qu'on emploie pour cela. Mais la saignée peut être contre-indiquée par les maladies auxquelles la congestion est liée, comme l'état bilieux ou catarrhal avec dépression remarquable des forces musculaires, la plénitude de l'estomac, l'état de gestation. Dans ces cas, on la fait peu copieuse et on n'y revient pas. On suit de près le malade pour remplir les autres indications qui sont de débarrasser l'estomac, de calmer son inflammation, de rétablir la sécrétion du foie, de combattre l'excitation de l'utérus.

Quant aux terminaisons de la congestion, nous avons à parler de la métastase ou déplacement, de l'hypertrophie, de l'induration et du développement vasculaire.

Nous avons vu les moyens de prévenir le déplacement qui est une terminaison fâcheuse. Une fois qu'il est opéré, il faut chercher à rappeler la congestion dans le lieu qu'elle occupait précédemment; c'est ce qu'on fait à l'aide de la saignée suivie de l'application de révulsifs à l'extérieur.

Les congestions qui ont duré un certain temps, ou qui se sont reproduites plusieurs fois amènent les deux autres terminaisons. Lorsque l'hypertrophie et l'induration occupent le foie ou la rate, le plus souvent elles échappent à nos recherches chez les grands animaux, et chez les petits nous ne les reconnaissons qu'à la longue, par l'existence d'une ou plusieurs tumeurs résistantes qu'on sent sous la paroi abdominale. Si on pouvait les diagnostiquer dès le début, on pourrait peut-être les guérir par des saignées locales, des sangsues, des ventouses scarifiées, des cata-

plasmes et des fomentations anodines, par les diurétiques, les purgatifs, les révulsifs cutanés. Les congestions
sous-cutanées qui ont vieilli passent aussi à l'état d'indu_
ration. On voit des membres conserver un volume double
de l'état normal, et présenter l'aspect de l'éléphantiasis
des Arabes. Toutes ces affections, un peu anciennes,
sont à peu près incurables.

Le développement vasculaire des tissus est aussi une
suite fâcheuse. Il explique la fréquence des récidives de
certaines congestions qui se reproduisent plusieurs fois
après qu'on croit les avoir guéries.

Les indications générales relatives à la saison et aux
diverses causes prédisposantes ayant été traitées ailleurs,
il est inutile d'y revenir ici.

Traitement de l'inflammation.

Je vais en traiter en parcourant successivement ses différentes périodes.

Première période de l'inflammation. — Elle comprend les phénomènes qui se succèdent depuis le début jusqu'à ce qu'arrivent la résolution ou une des autres terminaisons. Nous verrons que le traitement varie suivant que
la phlegmasie siége à l'intérieur ou à l'extérieur, et qu'elle
est produite par des causes mécaniques ou par des causes
internes qui ont agi sur l'économie avant de produire la
lésion locale. Nous remarquerons que les inflammations
sont loin de céder toujours aux traitements les mieux dirigés, mais qu'en général c'est lorsque la maladie est due
à des causes externes que l'on obtient le plus de succès.

Les inflammations qui siégent à l'extérieur ou aux ouvertures des muqueuses, et qui sont dues à des causes
mécaniques comme un coup qui a meurtri les tissus, la

chute d'un corps pesant, une épine ou un clou qui se sont implantés dans les chairs, ou des causes physiques et chimiques comme l'action de la lumière et du soleil, de l'air, de la pluie, de la boue, de la neige, de la chaux vive, d'un acide ou d'un corps en combustion, réclament pour première indication de faire cesser l'action de la cause et d'arrêter ses effets. On ôte la selle, le bât ou le collier qui ont blessé, on cesse pendant quelque temps de les appliquer pour les approprier à la forme des parties, et les mettre dans des conditions plus favorables. On lave et on sèche les parties couvertes de corps irritants. On extrait les corps étrangers dont la présence a fait naître l'irritation et entretient la douleur.

Cette première indication remplie, il s'en présente une seconde, c'est d'arrêter le premier effet de l'inflammation, l'afflux du sang, la congestion que précède ou qu'accompagne la douleur, et on y satisfait par l'emploi des réfrigérants défensifs ou répercussifs.

S'agit-il d'un pied, de la partie inférieure d'un membre, on le plonge dans un bain (pédiluve) rempli d'eau à la température du moment, que l'on a soin de renouveler de temps en temps à mesure qu'elle s'échauffe par la chaleur de la partie. Pour augmenter la fraîcheur de l'eau on y mélange une certaine quantité de vinaigre, ou bien on y fait dissoudre un sel comme le sel de cuisine, ou l'acétate de plomb liquide, ou enfin les sulfates d'alumine et de fer. La neige, la glace, servent à remplir la même indication quand la saison le permet. S'agit-il des parties placées en appendice au corps comme l'oreille, la queue, le pénis, le scrotum, on peut également faire prendre des bains locaux à l'aide de vases appropriés. Les autres parties du corps susceptibles de recevoir un bandage matelassé avec des étoupes , sont constamment humectées et tenues en contact avec les liquides réfrigérants dont on imbibe l'appareil ; enfin on se borne à faire de fréquentes lotions sur les endroits du corps ou des membres où l'application d'un bandage serait impossible.

La durée des bains et des lotions répercussives ne saurait être déterminée rigoureusement ; elle dépend toujours de la violence de l'inflammation , de la délicatesse de la partie , de l'âge du malade , et des conditions dans lesquelles il se trouve. On doit les répéter plusieurs fois par jour , et se servir en même temps , si cela est possible , de la compression modérée à l'aide du bandage roulé ou de tout autre moyen. On doit les faire durer en général jusqu'à ce que le tissu de la partie se relâche , s'il est bien tendu , que la douleur s'apaise , que la couleur pâlisse , et si elle est violette et ecchymosée, qu'elle s'affaiblisse ou disparaisse. On insistera moins sur ces moyens si l'on s'adresse à une articulation ou à une glande, si le malade est délicat et très-sensible , si le temps est froid , dans la crainte de développer l'induration rouge, si on a à faire à une glande, ou des douleurs de rhumatisme si c'est à des tissus fibreux. Il en est de même des sujets placés aux deux confins de la vie ; il faut ménager les répercussifs chez les jeunes comme chez les vieux animaux. Chez les jeunes sujets, la gourme, la maladie des chiens, les tumeurs froides des articulations, sont la suite de ces longues immersions et des refroidissements qui en résultent.

Chez les vieux animaux, la mollesse et la flaccidité des tissus, le peu d'énergie de la réaction vitale sont causes que les longs refroidissements déterminent la gangrène ; cet accident fâcheux se présente chez eux à la suite des pressions violentes du sabot par la roue d'une voiture , à l'occasion du panaris, etc. Enfin quand après une chute d'un lieu élevé, un malade a plusieurs contusions à la tête, à la poitrine, à l'abdomen, lorsqu'il est atteint de phlegmasie viscérale, ou que l'on peut entrevoir une disposition à quelque inflammation interne, on doit être fort réservé sur l'emploi des répercussifs, ne pas en prolonger autant l'emploi, les mettre d'abord à la température du corps, et abaisser graduellement cette température de manière à éviter une métastase.

Lorsque sous l'influence des causes que nous avons énumérées, l'inflammation s'est développée au commencement des orifices des cavités tapissées par des muqueuses, comme quand la verge de l'étalon, par erreur de lieu, a été introduite dans le rectum de la femelle, lorsqu'un fragment de bois s'est introduit accidentellement dans cet orifice, dans les parties sexuelles de la femelle ou dans les cavités nasales. Quand le mors a irrité violemment la bouche, c'est encore aux défensifs qu'il faut avoir recours pour empêcher que l'inflammation ne s'établisse. On les injecte alors dans la cavité au moyen d'une seringue.

A l'égard des phlegmasies qui ont lieu à l'intérieur du corps, on comprend qu'il n'est pas toujours possible de commencer par ce mode de traitement. Cependant en ce qui concerne la gastrite, la gastro-entérite et l'entérite, l'instinct des animaux qui les porte à refuser les boissons tièdes et à rechercher celles qui sont fraîches, qui les conduit à préférer les endroits les plus frais de leurs habitations, à se placer à plat ventre sur les carreaux ou les dalles de leurs loges, semblerait indiquer l'administration de boissons fraîches préférablement aux autres. C'est au vétérinaire à juger si, en respectant ces déterminations instinctives, il agit dans le sens de la guérison; s'il arrivait par exemple, qu'un malade recherchât l'eau froide, après avoir éprouvé des coliques pour en avoir déjà bu, ayant le corps en sueur, ou bien au commencement d'une pleurite, d'une pneumonite ou d'une bronchite, il y aurait à craindre de voir la maladie s'aggraver. Dans ce cas les boissons étant nécessaires au malade qui refuse l'eau tiède et les tisanes, on doit essayer pendant quelque temps de vaincre sa résistance par la diète de boissons ; on le force à boire, s'il persiste ; et si l'on craint en le violentant d'aggraver son état, on lui supprime toute tisane, on mélange dans de l'eau tiède de la farine ou du son. Quant à la manière de faire tiédir l'eau, elle consiste à l'exposer au soleil ou seulement à la laisser séjourner dans l'écurie jusqu'à ce qu'elle en ait pris la température.

Chez les animaux comme chez l'homme on fait fort peu usage des topiques répercussifs sur les parois de la poitrine pour arrêter le développement de l'inflammation de la plèvre ou du poumon. La crainte de produire du refroidissement les a faits sans doute proscrire ; il n'en est pas ainsi dans les irritations cérébrales, où on les emploie en lotions à l'aide d'un bandage matelassé ou en affusions. L'observation apprend que le froid agit quelquefois avec efficacité, et le plus souvent vient en aide aux autres moyens que l'on emploie pour combattre cette maladie. Il ne faut pourtant pas employer, dans tous les cas et à tout propos, ces irrigations d'eau froide dans ce que nous appelons le vertige, parce que : 1° si le vertige dépend d'un embarras gastrique, la glace appliquée sur la tête ne fait que l'augmenter ; il faut donc examiner avec soin si le ventre est plein et tendu, fouiller le rectum, s'assurer auprès du propriétaire des circonstances qui ont précédé l'état actuel, examiner si la peau est froide, si

les symptômes nerveux, les convulsions, les tremblements sont arrivés un temps assez long après le début de la maladie ; 2° on peut avoir à faire à une affec_
tion typhoïde, ou à une pneumonie à forme nerveuse,
comme je viens d'en voir dernièrement un exemple. Dans
le premier cas, les affusions froides sur la tête sont peu
utiles, et dans le second elles sont dangereuses. A propos
de la pathologie spéciale, je détaillerai le diagnostic diffé-
rentiel et le traitement de ces affections ; 3° enfin, dans les
cas mêmes où on a réellement ce que Roche et Sanson
appellent une gastro-céphalite, et qui est plus souvent
une méningite qu'une encéphalite, il y a des cas où les
affusions froides doivent être proscrites. Si l'on se demande quel est leur mode d'action, on reconnaît bientôt,
comme l'ont prouvé Broussais et M. Bérard, que c'est
surtout comme révulsifs locaux qu'elles agissent, comme
appelant à la peau, et qu'il faut en continuer l'usage tant
que la chaleur extérieure de la tête reste forte et soutenue, qu'il faut les cesser quand la température en est
trop abaissée. L'usage en est encore contre-indiqué par
l'aggravation des symptômes de la maladie, et par les
signes qui annoncent la formation de l'épanchement ventriculaire, la stupeur et le coma avec accélération du
pouls. Au contraire, l'amélioration des symptômes indique qu'il faut en continuer l'usage, et dans tous les cas,
on ne doit jamais le cesser brusquement, mais le diminuer d'une manière lente et graduée, c'est-à-dire n'humecter que légèrement le bandage matelassé, et enfin le
cesser.

Ainsi, je viens de parcourir le début des diverses inflammations tant externes qu'internes sous le point de
vue de l'emploi des répercussifs. J'ai montré comment ils

étaient en général utiles dans les inflammations externes, surtout lorsqu'elles sont produites par des causes physiques ; et comment ils étaient, au contraire, contre-indiqués dans les inflammations des viscères, à l'exception de celles du cerveau et de ses membranes ; je vais suivre maintenant l'inflammation externe qui a résisté à ces premiers moyens, et l'inflammation viscérale contre laquelle on n'a pas jugé à propos de l'employer.

Lorsque, par l'usage des réfrigérants, on n'a pu empêcher l'inflammation de faire des progrès, ou qu'elle est déjà trop ancienne pour qu'on puisse y songer, on doit recourir à un autre mode de traitement.

En premier lieu se présente la saignée générale ou locale ; puis on couvre la partie souffrante d'un cataplasme émollient ; on y fait des fomentations, ou on la baigne dans un liquide de même nature ; on condamne l'animal à la diète rigoureuse le premier jour, et quelquefois le second, et on lui fournit des boissons tempérantes suivant sa soif. Si la douleur prédomine, on ajoute aux topiques émollients des substances anodines ou narcotiques, comme des capsules de pavots, la morelle, la belladone, etc. On arrose le cataplasme avec le laudanum liquide ou la solution d'extrait aqueux d'opium.

On s'assure que la résolution s'opère à la diminution de la douleur et de la tension, au retour du mouvement dans les parties. Si l'inflammation occupe un pied ou un membre, les piétinements cessent, et le malade commence à s'appuyer sur ce membre ; il se lève pour prendre à manger, s'il était forcé de rester sur la litière. S'il s'agit de tumeurs phlegmoneuses du cou et des mâchoires, comme dans le cas du phlegmon sous-massétérin que j'ai décrit le premier, celles-ci deviennent libres et reprennent leur jeu, et la tête la liberté de ses mouvements ; les tissus sous-cutanés, qui semblaient confondus en une seule masse par la tuméfaction, redeviennent distincts au toucher. Sur les régions où s'était développée une tumeur circonscrite, il s'offre des rides qui disparaissent à mesure que la peau se resserre sur elle-même. Sur les régions où l'inflammation était étendue et diffuse, l'épiderme se détache par lames, et la peau reste colorée en rouge pendant quelque temps. Il faut la défendre du froid et des frottements.

Ce traitement est mis en usage contre les érysipèles étendus, les phlegmons qui siégent sur les articulations qu'il serait à craindre de voir suppurer, ou sous le masséter, et qui empêchent la préhension des aliments ; ceux qui occupent le bord de l'anus ou du périnée, et font craindre des fistules, les phlegmons sous aponévrotiques, les inflammations de l'œil, du testicule, des mamelles, des tissus sous-ongulés, organes dans lesquels il est important de prévenir la suppuration, de crainte qu'elle n'entraîne la perte de leurs fonctions.

On a vanté l'influence de la saignée pratiquée aux veines qui ramènent le sang des parties mêmes qui sont le siége de l'inflammation. Je ne pense pas que ce moyen ait une grande valeur, surtout quand on réfléchit que les saignées locales faibles ne font qu'accumuler le sang dans les parties mêmes que l'on saigne. Ainsi on saigne à la queue, dans les cas de méningite, pour dériver vers la partie postérieure du corps, etc. Dans tous les cas, ce moyen est contre-indiqué dans le cas de phlegmon, d'érysipèle, d'infiltration de la partie, parce qu'on doit redouter que les deux foyers d'inflammation ne se confondent.

La saignée générale est encore plus impérieusement réclamée lorsqu'il s'agit d'inflammations internes, parce qu'il est plus important d'obtenir la résolution dans ce cas que lorsqu'il s'agit d'inflammations externes. Cependant elle ne convient guère dans les inflammations cérébrales ; j'ai toujours vu les convulsions se déclarer dans ces affections après des saignées copieuses. Quoique les affections de poitrine soient celles dans lesquelles on l'emploie le plus, il faut se garder de saigner les animaux atteints de catarrhes qui durent depuis un temps assez long, et qui sont débilités ; ceux qui ont en même temps une affection de poitrine, une espèce de vertige, ou des désordres du côté du tube digestif, et chez lesquels on peut croire qu'il y a une altération du sang.

Le nombre des saignées se réglera moins sur la richesse et la force du caillot que sur l'état des forces générales, qui est le véritable thermomètre d'après lequel on doit se permettre ou s'interdire la saignée. L'espace de temps qu'on laissera s'écouler d'une saignée à l'autre sera subordonné à la vivacité de la douleur, à la gêne des fonctions de l'organe ; on fait quelquefois jusqu'à deux et même trois saignées par jour. Dans les cas les plus ordinaires une, deux saignées suivies de révulsifs suffisent pendant le cours d'une maladie. Quant à la durée du temps pendant lequel on peut saigner, il n'y a rien de bien fixe à cet égard ; en général il faut saigner d'autant moins qu'on s'éloigne plus du commencement d'une maladie. On ne saigne qu'avec précaution lorsqu'il existe un épanchement, quoique aigu, dans les cavités séreuses du cerveau, de la poitrine ou de l'abdomen ; j'ai remarqué que de fortes évacuations sanguines ne faisaient que l'augmenter.

On ne se contente pas dans le traitement desphlegma-
sies viscérales de la saignée, unie à la diète et aux boissons, on fait aussi usage des révulsifs.

Il y a deux époques dans leur application. On peut les
appliquer d'emblée si l'on ne juge pas nécessaire de pratiquer une saignée, ou immédiatement après les premières
saignées; ou bien après avoir ou non saigné, lorsque la
maladie ayant suivi sa marche, arrive à l'époque à laquelle
se montre ordinairement la résolution et que la résolution
ne se déclare pas, ou ne se fait que péniblement et en
quelque sorte incomplétement. La première méthode est
la plus suivie et la plus commode, la seconde exige du
vétérinaire une attention plus soutenue, plus de connaissances et de tact, et me semble préférable. Dans la
première il faut mettre les révulsifs loin de la partie malade de peur d'augmenter la fluxion qui se fait vers ce
point, parce qu'on est encore dans la période d'accroissement; dans la seconde méthode, comme le travail inflammatoire est diminué et que toute l'économie est affaiblie, les révulsifs doivent être mis au contraire le plus
près possible de la partie malade.

On s'apercevra que l'état du malade s'amende lorsque
dans les phlegmasies des séreuses ou autres, le pouls qui
est petit, serré et fréquent, se détend, s'agrandit et diminue plus ou moins de fréquence; dans les phlegmasies
des organes parenchymateux lorsque de grand et de fort
qu'il était, il est devenu moins large et plus souple. En
ce qui concerne le trouble des fonctions spéciales, dans
les phlegmasies cérébrales, on a la diminution de la stupeur et le réveil de l'attention et des organes des sens, la
diminution des mouvemeuts convulsifs et du spasme du
pharynx : dans les phlegmasies du poumon, la diminution

de la dyspnée, du nombre des inspirations qui sont en même temps plus étendues et plus régulières, c'est là aussi un signe capital. La matité diminue, le râle crépitant reparaît dans les points où la sonoréité se rencontre, c'est ce qu'on appelle le râle crépitant de retour ; il annonce la disparition de l'induration et la résolution : enfin dans les phlegmasies abdominales, la diminution de la chaleur de la bouche, de la taciturnité et de l'immobilité des malades, le désir des boissons, puis des aliments solides, comme signes caractéristiques, ainsi que la diminution de la rougeur du bout et des bords de la langue, de la lourdeur de la tête, de l'injection des yeux et de l'abaissement des paupières, de la chaleur de la tête et en général de tout le corps, et la disparition des légers mouvements convulsifs des lèvres ou des crampes des extrémités.

Lorsque les méthodes de traitement dont nous venons de parler n'ont pas réussi à faire résoudre les inflammations, ou bien si l'on n'est appelé qu'à une époque où la résolution n'est plus possible, on a affaire alors à quelqu'une des terminaisons suivantes, à la suppuration, l'induration, la gangrène, l'ulcération.

Suppuration. — Les phénomènes locaux et généraux qui l'annoncent varient, comme il a été dit, suivant que le foyer est à l'intérieur ou à l'extérieur du corps, et dans ce cas, suivant qu'il est superficiel ou profond.

Voici à quels signes on reconnaît les suppurations superficielles ; la peau reste rouge, chaude, tendue et douloureuse, les couches cellulaires sont rénitentes, empâtées, sans élasticité, et l'infiltration subsiste au pourtour du foyer, les pulsations sont toujours fortes dans les artères voisines, les parties peu libres dans leur mouvement, les plaintes du malade restent aussi vives et la

fièvre aussi forte. L'indication qui ressort de ces phénomènes est de continuer l'usage des topiques émollients
anodins jusqu'à ce que la collection purulente soit bien
formée. Là se présente la question de savoir s'il faut ouvrir
avec le bistouri ou abandonner ce soin à la nature ; il ne
s'agit que des abcès chauds, des phlegmons aigus. Les inconvénients de l'ouverture artificielle donnés par les médecins sont : la douleur et la répugnance des malades, et
la crainte de retarder la guérison ; parce qu'on a remarqué qu'une tumeur ouverte avant sa fonte complète, se ré-
solvait beaucoup plus lentement que si on l'eût abandonnée
à elle-même, et qu'on est obligé d'ouvrir plusieurs abcès
qui se forment successivement dans le point déjà incisé. Le
premier inconvénient n'existe pas pour nous. Le second
mérite d'être pris en considération toutes les fois que le
phlegmon siége sur des parties où l'on n'a rien à redouter.
Mais si l'on craint que le pus ne fuse entre deux aponévroses comme au cou, au périnée, dans les tissus sous-
jacents à la corne; qu'il n'enflamme les parties voisines,
l'urètre, le rectum, les apophyses épineuses des vertèbres,
qu'il ne pénètre dans les gaînes des tendons d'un membre,
ou dans une cavité splanchnique, il faut ouvrir de bonne
heure, dût-on être obligé d'y revenir à plusieurs fois. Si
la fonte purulente de la masse indurée est lente, on l'excite à l'aide d'onguents résolutifs, d'injections de chlorure de chaux, ou de sodium de Labarraque, enfin des
moyens appelés autrefois maturatifs.

Quand la suppuration occupe les couches cellulaires
sous-aponévrotiques et intermusculaires profondes, les
signes qui l'annoncent sont fort obscurs. En général lorsque
vers le 5e ou le 7e jour la résolution ne s'annonce pas aux
signes que nous avons donnés, et que ceux au contraire

qui indiquent la continuation du travail inflammatoire se montrent, que le tissu cellulaire est œdématié, qu'on sent une rénitence profonde et élastique, comme celle d'un kyste plein de liquide, qui résiste uniformément dans tous ses points, ou comme celle de l'hydrocèle, on peut croire que du pus s'est formé, le tact du praticien doit le guider. Dans tous les cas, il faut ouvrir de bonne heure et lors même qu'on ne trouverait pas de pus, on diminue au moins la tension et la douleur.

A l'intérieur, la suppuration doit être considérée très-différemment, suivant qu'elle a lieu sur des muqueuses en communication avec l'extérieur, ou au milieu de séreuses ou de parenchymes sans communication au dehors. Les muqueuses des orifices des divers conduits alimentaires, respiratoires, urinaires, se terminent ordinairement soit par la suppuration, soit par des sécrétions analogues, la muqueuse de tout l'appareil respiratoire suppure aussi facilement; c'est la marche naturelle de leurs phlegmasies, il n'y a qu'à suivre la maladie avec un régime et des boissons appropriés ; il ne se présente d'indication particulières que lorsque la suppuration se prolonge. Les astringents en injections pour l'œil et l'oreille, en lavements pour le rectum, les stimulants expectorants pour la muqueuse pulmonaire, tels sont les principaux moyens.

Lorsque la suppuration s'établit dans un parenchyme, ou une cavité séreuse comme le poumon, le foie, la cavité des plèvres, le péritoine, autour des annexes de la matrice, la maladie est bien autrement grave. Elle réclame deux indications; la première, d'arrêter le travail de la suppuration ; la deuxième, de favoriser l'absorption de ce produit. Voici les signes de la première indication, qui sont surtout applicables aux suppurations du poumon et des plèvres.

La résolution n'a pas lieu à la fin de la seconde période, les symptômes généraux s'amendent sans cesser, le pouls conserve de la fréquence en diminuant de force et de plénitude; malgré le retour de l'appétit, la maigreur et la faiblesse persistent, la peau reste sèche, sans moiteur, le poil rude, hérissé, les crins peu solides, les membres postérieurs s'œdématient; des tumeurs circonscrites se montrent à la peau, restent froides, indolentes, et ne fournissent, soit qu'elles s'ouvrent ou qu'on les incise, qu'un pus séreux, sans consistance; enfin l'animal est plus souffrant vers le soir.

Dès que quelqu'un de ces signes commence à paraître, il faut mettre l'animal à une diète aussi sévère que possible, faire de petites saignées si les forces le permettent. On applique des sétons ou des vésicatoires tout auprès du siége du mal, et on donne à l'intérieur des évacuants révulsifs tels que les vomitifs, les purgatifs, les diurétiques. De cette manière on arrête le travail inflammatoire en même temps qu'on favorise la résorption du pus.

Si la collection purulente se forme et persiste malgré ces moyens, il faut lui donner issue au dehors. Pour la cavité des plèvres on fait l'opération de l'empyème. Mais pour peu que l'épanchement dure depuis quelque temps, le poumon comprimé ne revenant pas tout d'abord à son ancien volume, il se ferait un vide par où l'air pénétrerait. Or la pénétration de l'air par les foyers purulents est la source des accidents funestes connus sous le nom de résorption purulente. Aussi faut-il remplacer le pus par quelque injection tonique comme la décoction de quinquina, et on cherche par l'application d'un bandage de corps à diminuer le mouvement des côtes et à faire naître des adhérences.

Induration.—On peut juger que le tissu enflammé reste induré, lorsque la maladie, après avoir diminué, ne se résout pas complètement. Le malade qui paraît mieux, qui a quelquefois même repris de l'appétit, ne se rétablit pas, et quoiqu'on le nourrisse, il continue à maigrir et finit par tomber dans le marasme. En général pour les indurations on a le grand tort d'employer trop tôt les fondants et les maturatifs lorsqu'elles siégent à la peau, ou le kermès minéral et les toniques lorsqu'elles siégent à l'intérieur et spécialement dans le poumon. J'attribue la formation ou la persistance de beaucoup d'indurations de cet organe à la mauvaise habitude qu'ont les praticiens de l'ancienne école d'administrer à haute dose le kermès et les toniques, lorsque le travail inflammatoire est à peine arrêté.

On éviterait les indurations si par le repos alterné ensuite avec un exercice très-modéré, l'usage d'aliments féculents donnés en petite quantité, légèrement salés ou rendus amarescents, si par l'usage du vert ou d'aliments qui imitent ses qualités, on donnait aux forces le temps de se relever et à la résolution celui de se compléter.

Les signes de l'induration ont été déjà indiqués tant à l'extérieur qu'à l'intérieur, voyons comment on satisfait aux indications qu'ils fournissent. A l'extérieur les indurations qu'un travail précoce, la fatigue, les frottements du malade, de ses harnais, ou l'usage trop prolongé des astringents et des répercussifs ont déterminées, doivent être attaquées par le repos, des dégorgements sanguins aux environs, des cataplasmes et des bains émollients et anodins. Quand on a obtenu une diminution suffisante de l'inflammation, on ajoute aux bains ou aux cataplasmes l'eau blanche, le vinaigre, les fleurs de sureau ou de tilleul, les sommités de plantes aromatiques. Si l'induration résiste on passe aux frictions mercurielles ou iodurées, aux fumigations résolutives, aux cataplasmes de choux, aux sachets de chaux unie à l'hydrochlorate d'ammoniaque; aux bains de sulfure de potasse, ou même aux bains de rivière prolongés.

Quand l'induration siége à l'intérieur, la marche est la même; on a recours à des dégorgements sanguins locaux plutôt qu'à des saignées générales, à moins qu'elles n'aient pas été faites et que les forces le permettent. On s'efforce de déplacer la douleur par l'application de vésicatoires ou de sétons rapprochés du siége du mal, qu'on laisse suppurer le plus long-temps possible et qu'on remplace par d'autres quand la suppuration y tarit. On donnera des boissons adoucissantes pendant les premiers jours de l'application des révulsifs cutanés, et ce ne sera qu'après qu'on donnera les autres révulsifs intérieurs comme le tartre stibié, le kermès minéral, le nitrate de potasse et le bicarbonate de soude. On ne doit compter sur une guérison complète qu'après un ou plusieurs mois, quand le malade reçoit les soins médicaux et hygiéniques prescrits, et qu'on n'exige pas de lui des travaux et un exercice peu en rapport avec l'état du poumon.

Gangrène.—On lui distingue, sous le rapport du traitement, deux périodes principales, l'une dans laquelle la gangrène reste locale, l'autre dans laquelle il se fait une résorption des matières putrides infiltrées dans les tissus. Je vais suivre ces deux périodes dans les inflammations externes et internes.

A l'extérieur, dès que les premiers signes de la gangrène commencent à se montrer, que la peau excessivement chaude, rouge et tendue, perd de sa sensibilité, se refroidit, se détend et devient violacée; que le tissu cellulaire sous-jacent s'infiltre et s'empâte, qu'il se forme des phlyctènes, des ecchymoses plus ou moins étendues ; que dans le cas de fourbure, l'épiderme se gerce et se sépare de la corne ; que dans une plaie contuse ou par armes à feu, les bords sont brunâtres, ramollis, insensibles, froids et que la surface laisse suinter un fluide séreux, roussâtre et fétide ; des lotions, des cataplasmes et des bains sédatifs stimulants, composés d'eau chaude fortement acidulée par le vinaigre ou par l'acide sulfurique, et employés avec persévérance, suffisent souvent pour changer la tendance à la gangrène et amener la résolution.

Au bout de 10 ou 12 heures de l'emploi de ces moyens, s'ils sont restés sans effet, quand il s'agit d'une plaie ou de contusions avec écrasement, il faut scarifier la partie malade pour donner issue au sang et aux liquides ichoreux, débrider les aponévroses s'il y a lieu, et continuer les moyens précédents qu'on porte au fond des incisions ou qu'on remplace par des moyens plus actifs, comme le digestif animé, l'alcool simple ou uni au camphre, l'ammoniaque, la térébenthine, la pommade cantharidée, etc. On emploie aussi les mêmes ingrédients en frictions sur toute la surface de la partie.

Les scarifications doivent être de toute la profondeur des tissus gangrenés, se borner à l'étendue des parties malades, ne pas atteindre les parties saines, dans la crainte d'agrandir le foyer d'inflammation. On préservera la partie et plus particulièrement le fond des incisions du contact de l'air.

Si ces moyens réussissent, la peau et les couches cellulaires flasques, empâtées, refroidies, reprennent un peu de chaleur, de fermeté et de sensibilité ; l'enflure des parties environnantes ne fait pas de progrès, l'emphysème ne se déclare pas, le pouls se soutient ainsi que les forces générales. Si le mieux se continue pendant 3 ou 4 jours, le liquide séreux devient moins fétide, plus consistant, et enfin prend les caractères du pus de bonne nature ; ce qui annonce la guérison.

Si au contraire la peau reste flasque, le fluide séreux fétide, que l'enflure s'étende, que le tissu cellulaire devienne emphysémateux et crépitant, la gangrène fait des progrès ; et si le pouls est mou, fréquent, intermittent, que les forces générales s'affaissent, on est averti que les fluides altérés ont pénétré dans la circulation et qu'il y a infection générale. C'est la seconde période dont on triomphe rarement.

L'indication qui se présente nettement est de détruire le foyer d'infection et de soutenir les forces générales. On a deux moyens pour remplir ce premier point, l'instrument tranchant et la cautérisation. L'état de la partie gangrénée détermine le choix de l'un ou de l'autre de ces moyens. On préférera l'ablation s'il s'agit d'une tumeur circonscrite ayant pour base une couche de tissu cellulaire épaissie, lardacée, jaunâtre, comme on le voit dans les gangrènes produites par les sétons et les trochisques. On préférera au contraire la cautérisation avec le fer rougi à blanc si la masse gangrénée est diffuse, mollasse, peu consistante et pénétrée de fluides ichoreux.

L'ablation doit être aussi complète que possible, et si l'on craint de blesser un tissu ou un organe qu'on veut ménager, on détruit ce qui peut en rester avec le fer rouge ou les caustiques comme le protochlorure d'antimoine ; pour la cautérisation, il est convenable de la faire précéder de taillades qui comprennent toute la profondeur de la partie gangrénée, et on la pratique dans toute l'étendue des tissus violacés et infiltrés, en évitant avec soin les parties saines, de peur d'y étendre l'emphysème. On saupoudre ensuite toutes les parties cautérisées de poudre de charbon et de quinquina mélangés de poudre de gentiane, et on applique par-dessus un bandage bien matelassé, qu'on arrose fréquemment de chlorure de chaux, d'eau fortement acidulée, d'infusion de plantes aromatiques faites dans le vin ou la bière.

Pendant le traitement extérieur, on doit tenir devant l'animal malade des boissons acidulées ou nitrées. On lui administre, le premier et le second jour, deux ou trois fois dans la journée, une potion chaude composée d'infusion de sauge, de romarin ou de fleurs de sureau, ou une décoction de gentiane et de quinquina, dans lesquelles on fait entrer de petites doses d'alcool camphré, d'ammoniaque ou de solution de chlorure de chaux. Lorsque les forces du malade se soutiennent pendant les trois ou quatre premiers jours après l'opération, et que la suppuration commence à détacher les eschares, on a l'espoir de sauver le malade. C'est alors qu'il faut commencer à lui donner de petites quantités d'aliments solides et de bon choix. Il peut arriver cependant que l'animal après avoir échappé à cette série d'accidents, meure ensuite à cause de l'abondance de la suppuration et de la difficulté de la cicatrisation, lorsque les plaies sont fort étendues.

Le passage de la vive inflammation des organes intérieurs à l'état de gangrène, est, comme nous l'avons dit, difficile à diagnostiquer ; le temps où il faut cesser de faire usage des remèdes antiphlogistiques pour passer à l'emploi des antiseptiques, est ce qui exige le plus de tact et d'expérience de la part du praticien. Il faut prendre en considération l'état des forces générales, celui du pouls, des excrétions, etc; et malgré toute son attention et sa perspicacité, malgré l'emploi, en temps convenable, des moyens internes déjà indiqués, si l'inflammation occupe de grandes surfaces, il est presque toujours impossible d'en arrêter les progrès et de sauver le malade.

Lorsque la gangrène est bornée à quelques points peu étendus, les eschares peuvent être éliminées et l'animal survivre à ce premier travail; mais bien que des guérisons complètes arrivent quelquefois dans ce cas, le plus souvent l'ulcération qui succède à l'élimination des eschares, persiste et la mort pour avoir été retardée, n'en arrive pas moins par suite de la lésion organique, ainsi que l'ulcération du poumon nous en fournit un exemple.

Ulcération.—Nous considérerons également l'ulcération à l'extérieur et à l'intérieur.

L'ulcération à la peau se montre à la suite de la plupart des inflammations cutanées. Les indications générales qu'elle fournit se tirent de la nature et de la marche de la maladie. Quant aux indications qui résultent de l'ulcération en particulier, elles consistent : à préserver la partie du contact de l'air froid, de la chaleur du soleil, de la pluie, de la boue, du fumier, des frottements et des morsures de l'animal lui-même; à tenir la partie ulcérée et le reste de la peau dans une grande propreté; à combattre l'irritation locale par des lotions, des injections, des bains ou des cataplasmes émollients anodins; et après avoir mis les parties dans les conditions les plus favorables à la cicatrisation, on se servira des moyens dont on fait usage contre les solutions de continuité en général, ou des remèdes spécifiques que l'observation a fait connaître comme avantageux contre la gale, les dartres, etc. ; tels que les pommades sulfureuses, mercurielles, iodurées, l'huile de cade, etc., etc.

Les ulcères qui succèdent à la chute des eschares, comme dans l'anthrax, les gangrènes, et qui fournissent du pus louable, ne réclament pas d'autre traitement que les solutions de continuité ordinaires. Toutefois quand il y a eu des scarifications étendues, des cautérisations profondes, que la suppuration a épuisé le malade, il faut soutenir les forces, donner de l'énergie aux nutritions et empêcher le pus de devenir séreux. On remplit ces indications en plaçant l'animal dans une habitation saine où la respiration puisse s'exercer librement sur un air pur, en lui fournissant des aliments féculents que l'on assaisonne d'une petite quantité de sel de cuisine, et dans lesquels on fait entrer quelques substances amères et toniques, afin d'activer l'action de l'estomac. A ce régime alimentaire on ajoutera les soins de propreté de la peau et un bon pansage pour y faciliter la perspiration, et l'on prescrira un exercice modéré pour mettre en jeu les systèmes circulatoire et locomoteur, la mise au pâturage pour les monodactyles jeunes ou adultes, et le retour à leurs habitudes pour ceux qui vivent en troupes.

On empêche les ulcères de fournir un pus séreux en l'empêchant de croupir sur les surfaces, en l'absorbant convenablement par des pansements qui ne devront pas être cependant renouvelés trop souvent, à moins que la suppuration ne soit trop abondante, en les saupoudrant avec de la poussière de charbon, de chlorure de chaux, etc.; enfin, en entretenant les chairs dans un état moyen d'irritation par de légers stimulants.

Quant à l'ulcération des viscères, suite de l'inflammation aiguë , elle ne se manifeste pas par des symptômes généraux assez positifs pour que nous puissions en tirer ici des indications pour un traitement général. Au surplus , elle succède le plus souvent à l'inflammation chronique , bien qu'elle puisse aussi dépendre de gangrènes limitées qui sont dues à l'état aigu. Ce que j'aurai à en dire rentrera dans la pathologie spéciale.

Traitement des hémorrhagies.

La première indication qui se présente est de combattre les causes qui, comme je l'ai dit, favorisent les hémorrhagies. Il ne faut pas habituer les jeunes animaux aux saignées de précaution que l'on fait au printemps , mais conserver cette habitude à ceux qui l'ont contractée. Il faut construire les habitations assez spacieuses pour le nombre des animaux qui doivent les occuper, les tenir toujours suffisamment aérées et à une température moyenne ; faire des provisions d'hiver assez abondantes pour que les troupeaux et bestiaux n'aient pas trop à souffrir de la privation de nourriture ; empêcher qu'ils ne passent par une brusque transition d'un régime maigre à un régime trop abondant ; abriter les troupeaux pour les préserver des impressions trop vives de l'air froid comme d'une trop grande chaleur ; éviter, pour les animaux de travail, le passage d'une vie active à une trop complète inaction ; leur soustraire, par les temps chauds, les aliments trop succulents ou trop stimulants et les abreuver souvent ; faire connaître aux gens de campagne les végétaux qui , par leurs mauvaises qualités, procurent des hémorrhagies ; leur défendre de les faire paître de trop bonne heure dans les endroits où se trouvent des arbres dont les jeunes pousses occasionnent le pissement de sang, etc.; ce sont là des moyens hygiéniques, préservatifs des hémorrhagies.

Quand l'écoulement du sang se déclare à l'extérieur ou qu'on le présume à l'intérieur, il importe d'y remédier par les moyens les plus appropriés. Ces moyens sont en partie les mêmes que ceux dont on se sert pour combattre la congestion et la phlegmasie; ce sont, en première ligne, les dégorgements sanguins, puis les révulsifs, les réfrigérants, les astringents, les styptiques et les absorbants.

L'emploi de ces agents thérapeutiques varie suivant les cas; quand l'écoulement du sang est récent, qu'il se montre pour la première fois avec abondance et qu'il coïncide avec le bon état des forces générales, avec la plénitude et la fréquence du pouls, pendant l'âge moyen de la vie, la saignée générale doit être faite et suivie de l'administration des réfrigérants, des astringents; ceux-ci sont alors utiles, soit en boissons, soit en injections, en lotions, ou mis en contact avec les parties.

On choisira pour les boissons l'eau fraîche, dont on augmentera la fraîcheur et qu'on rendra astringente en lui ajoutant du vinaigre, de l'acide sulfurique, de l'eau de Rabel, et comme généralement les pertes de sang provoquent la soif, on fournira des boissons au malade jusqu'à satiété. Les lavements composés des mêmes substances peuvent convenir également.

Les injections et les lotions doivent aussi être faites avec l'eau fraîche seule ou dans laquelle on aura mis en solution le sous-acétate de plomb liquide, les sulfates de zinc, de fer, d'alumine, la créosote. On pousse les injections dans les canaux ou dans les cavités, on fait les lotions à l'extérieur sur la partie qui est le siége de l'hémorrhagic , comme sur la tête, le front , les os sus-naseaux et les lombes, dans les cas d'epistaxis et d'hématurie.

Les applications ont lieu sur les parties hémorrhagiées par l'intermédiaire d'un bandage matelassé, d'un sachet ou d'un sac. On se sert encore des moyens précédents auxquels on ajoute la neige et la glace, suivant les saisons, ou des décoctions de substances astringentes, comme l'écorce de chêne , la noix de galle, la créosote.

Le tamponnement peut devenir utile pour arrêter l'epistaxis, et on se sert alors de tampons d'étoupe imbibés d'un des liquides précédents ou saupoudrés avec le lycopodium , la colophane , l'alun calciné pulvérisé. On comprend que le tamponnement est plus difficile à opérer chez les grands animaux , à raison de la longueur de leurs mâchoires , de l'étendue de leurs cavités nasales et de la cloison que forme le voile du palais, qui empêche la pénétration de l'air par la bouche. Quoiqu'on pût à la rigueur se servir de ce moyen , on lui préfère la suture de l'orifice de la narine , et lorsque le besoin se fait sentir de tamponner les deux narines , on ouvre une nouvelle voie à l'air en pratiquant la trachéotomie.

A ce traitement direct de l'hémorrhagie extérieure , on ajoute les réfrigérants ou astringents, et les rubéfiants et vésicants. Dans les épistaxis on s'est servi avec avantage des lavements froids, de corps froids ou astringents placés autour du scrotum ; ces moyens ont aussi paru être utiles dans le traitement de l'hémoptisie. Les révulsifs réfrigérants sont généralements appliqués loin de la partie hémorrhagiée ; leur emploi doit précéder celui des rubéfiants et des vésicants que d'abord l'on place aussi sur des parties éloignées pour les rapprocher ensuite s'il en est besoin.

Quand l'écoulement aigu ou actif du sang a cessé , on

doit prévoir son retour et y remédier par l'emploi des mêmes moyens. Dans ce cas, de même que quand l'hémorrhagie est chronique ou passive, les saignées générales sont moins utiles et peuvent augmenter l'état de faiblesse des malades ; c'est alors que l'emploi du tritoxide de fer, de la créosote, de la gentiane, du quinquina, peuvent devenir fort utiles, puisque l'observation a appris que le sang s'appauvrit et devient séreux, que la sérosité s'en sépare facilement et que l'animal est ainsi disposé aux ecchymoses, aux infiltrations et aux épanchements.

Les hémorrhagies internes qui se font par des points déjà affectés d'inflammation aiguë ou chronique, devront être combattues d'abord dans leur ca..se l'inflammation et par les moyens ordinaires ; mais on aura soin de suspendre ce traitement, pour avoir recours à celui de l'hémorrhagie, dès qu'il se manifestera des symptômes de compression des organes et de gêne de leurs fonctions, de distension des cavités, ou que le sang s'échappera par quelque issue, fluide ou en caillots.

Les inflammations qui succèdent aux hémorrhagies, étant sujettes au ramollissement et à l'ulcération, réclament plus souvent l'emploi des moyens astringents et toniques que celui des remèdes débilitants.

C'est par ces mêmes moyens, ainsi que par les révulsifs cutanés, que l'on combat les hémorrhagies qui surviennent dans les fièvres typhoïdes.

Les hémorrhagies que l'on a quelque raison de croire critiques, doivent être respectées si elles ne sont pas trop abondantes et ne pas être supprimées brusquement ; trop abondantes, on doit les modérer et les remplacer par des évacuations d'une autre espèce, soit de la peau, soit de la muqueuse intestinale ou des organes urinaires.

La perforation des vaisseaux, leur rupture, quand elles ont lieu à l'intérieur du corps et sur de gros vaisseaux, sont au dessus des ressources de l'art.

Quelque rationnel qu'il soit, ce traitement est malheureusement sans succès dans beaucoup de cas, parce que : 1° la paralysie et la mort arrivent quelquefois si rapidement après les épanchements qui s'effectuent dans les centres nerveux, que dès qu'on s'en aperçoit, il est trop tard pour y remédier ; 2° que dans d'autres parenchymes et à l'intérieur des cavités, l'accumulation et l'épanchement de sang suivent l'inflammation aiguë si rapidement, les symptômes sont si fugitifs, qu'on les saisit à peine et qu'on ne peut les arrêter dans leur source ; 3° que même dans les hémorrhagies extérieures subséquentes aux inflammations chroniques, alors que le sang se montre à l'extérieur ou est déposé dans les organes et les tissus, l'économie est débilitée, les parties altérées, le sang est devenu si séreux qu'il n'est souvent plus possible d'y remédier.

Traitement des vices de sécrétion et de nutrition.

Ce serait faire une répétition inutile que de parler ici du traitement des vices de sécrétion, dont je me suis occupé longuement à propos des évacuants, dans le chapitre précédent, et sur lesquels j'aurai encore à revenir à propos du traitement des quatre premiers ordres de maladies par altération du sang.

Quant aux vices de nutrition, ce qu'il y avait à en dire a été placé avec l'inflammation. Leur traitement n'offre rien de spécial.

Traitement des états nerveux.

Je suivrai l'ordre du livre et je traiterai d'abord de l'état ataxique, de la convulsion, du tremblement, puis de l'état adynamique, des névralgies et des névroses, des maladies mentales, de l'intermittence.

Etat ataxique. — I° Il peut être essentiel, comme dans la rage, dans le vertige dit essentiel; 2° il peut être lié à une altération du sang, comme dans le typhus charbonneux; dans ce cas, il est aussi purement nerveux et n'est pas produit par la congestion cérébrale; 3° il peut être produit par une congestion cérébrale, comme dans le vertige en général.

S'il y a congestion cérébrale, ce qu'on reconnaît à la force et à la fréquence du pouls, aux battements du cœur, à l'injection des vaisseaux des conjonctives et de la face, et si le sujet est robuste et dans la force de l'âge, on pratique alors la saignée et en même temps on fait usage des réfrigérants sur le crâne. Si leur effet n'est pas avantageux, on les suspend ou on en diminue la vivacité.

Dans tous les cas, on donne au malade des breuvages composés de décoction de tête de pavot dans laquelle on fera dissoudre de l'extrait aqueux d'opium à la dose de 5 à 6 gram. pour les grands animaux et d'un décigr. à un gram. pour les petits. Il faut préférer la décoction de valériane ou l'infusion d'une substance antispasmodique, si le sujet est débile et dans un état voisin de l'adynamie. On donne quelquefois l'extrait aqueux d'opium dans le miel, et si le trismus s'oppose à l'administration des médicaments par la bouche, on s'adresse au dernier intestin et alors on augmente la dose du médicament.

Quant à la révulsion, quoique moins pressante, elle ne doit pas être négligée en médecine vétérinaire. Les révulsifs du canal intestinal qui ne sont pas trop irritants comme l'huile de ricin, la manne, sont avantageux, lorsqu'il y a constipation et on aide à leur action par les lavements. Souvent, il faut l'avouer, les révulsifs cutanés sont les seuls moyens dont on puisse disposer, sous peine de voir périr les malades.

En général, dans toute phlegmasie où se montrent des symptômes ataxiques, on doit reconnaître l'existence d'une violente douleur locale qui réagit sur le cerveau et il faut s'occuper de l'apaiser. On y parvient soit en combattant la maladie par les émissions sanguines, soit en enlevant la cause qui produit la douleur, par exemple, en desserrant un bandage, en ôtant des eclisses qui compriment trop fortement la sole, en couvrant des sétons ou des vésicatoires douloureux d'un cataplasme émollient anodin. Les antispasmodiques et les narcotiques complètent le traitement.

Tout animal chez lequel se présentent des symptômes ataxiques réclame le calme, l'obscurité ou un demi-jour, une température douce en hiver, un air frais et souvent renouvelé par les temps chauds, des boissons adoucissantes en abondance et la liberté du ventre.

Convulsion.—La convulsion comme l'état nerveux en général et plus que lui encore n'est qu'un symptôme qui annonce une exaltation du système nerveux qui a son point de départ en dehors de ce système. Pour la faire cesser, il faut pouvoir remonter à sa cause; on ne doit donc mettre qu'une faible confiance dans la valeur des remèdes antispasmodiques dont on fait un usage banal dans toutes les maladies convulsives. Le vétérinaire doit rechercher avec soin le point d'où semble partir l'irritation nerveuse, la nature des maladies qui les produisent, les causes qui les font naître; si les convulsions sont idiopathiques, c'est-à-dire sont liées à une maladie cérébrale, ou si elles sont sympathiques, distinction souvent fort difficile à faire. Ainsi nous vérifions fréquemment ce fait dans le cheval : que les symptômes que produisent la congestion cérébrale, la méningite ventriculaire, l'encéphalite, symptômes qui sont le tournoiement ou vertige, les mouvements de fureur, les convulsions de la face, des yeux, des lèvres, puis la stupeur et le coma, peuvent être produits aussi par l'embarras gastrique. Dans une telle difficulté du diagnostic il faut faire marcher de pair le traitement des deux maladies, en évitant ce qui pourrait entraver la marche de l'une en étant utile à l'autre.

Lorsque la cause est connue, c'est elle qu'il faut attaquer. L'embarras gastrique, l'inflammation de l'estomac, l'engouement de l'intestin par le méconium ou les matières fécales, le séjour d'entozoaires ou d'insectes venus du dehors, l'existence d'une ligature trop serrée, à la queue ou ailleurs, d'une esquille qui blesse le cerveau ou ses enveloppes, présentent des indications faciles à remplir.

Quelques convulsions sont susceptibles de s'amender sous un traitement local; telles sont celles que causent les contusions, les compressions, les plaies par piqûre, par brûlure, celles de la chorée, de la crampe. Les bains, les cataplasmes, les embrocations anodines et narcotiques concourent à diminuer la douleur et à faire cesser la contraction spasmodique. Les embrocations d'huile de morphine sur les muscles convulsés dans la chorée aiguë douloureuse, sur les muscles contractés dans la crampe m'ont paru produire ce résultat.

Lorsque la prédisposition paraît jouer le rôle principal, il faut avoir recours aux moyens propres à diminuer l'excitabilité nerveuse constitutionnelle ; les bains émollients tièdes, les médicaments antispasmodiques, comme les infusions de fleurs de tilleul, de feuilles et de fleurs d'orangers, le camphre, etc.. Les décoctions de tête de pavot, de valériane, de morelle, de jusquiame, les préparations d'assa-fétida et d'opium et surtout son extrait aqueux, sont des moyens qu'il ne faut, pas négliger en ayant soin de ne pas en donner de trop fortes doses parce qu'ils augmentent alors la congestion cérébrale.

On recommande aussi l'oxide de zinc, l'ammoniaque liquide, l'acide hydrocyanique dont on se sert pour l'espèce humaine, les révulsions de la peau par les sinapismes, les vésicatoires et les sétons, et ceux du tube intestinal.

Dans le traitement des convulsions qui surviennent aux animaux épuisés par des évacuations trop copieuses de pus, de sang, par le travail et l'âge, on aura soin de combiner ensemble le régime analeptique, le repos et l'emploi des antispasmodiques. L'herbe des prés pour les herbivores, en y ajoutant de l'avoine ; le lait, le bouillon, la viande cuite pour les carnivores ; pour tous le séjour à la campagne, l'exercice pris en plein air, dans le milieu du jour en hiver, le matin et le soir pendant les chaleurs, une habitation saine, sont les moyens qui conviennent le mieux dans la convalescence.

Une partie de ce traitement est encore applicable aux convulsions produites par les empoisonnements, par les substances vénéneuses, les virus et les miasmes ; il faut commencer par neutraliser leur action, et les expulser le plus tôt possible, et en second lieu l'emploi de la plupart des moyens déjà prescrits leur est convenable. Cependant il faut remarquer que dans ces cas-là on devra user d'évacuations sanguines lorsque l'estomac aura été vivement enflammé, tandis que dans les cas ordinaires la saignée est fortement contre-indiquée à moins qu'il n'y ait un état pléthorique manifeste.

Tremblement.—Celui qui est le résultat d'une secousse morale, cesse ordinairement avec promptitude, et ne réclame aucun traitement. Celui qui se présente peu de temps après les refroidissements de la peau ou de la muqueuse de l'estomac réclame les soins suivants : l'animal doit être soustrait à l'action de la cause ; on l'abrite ou on le place dans une écurie chaude, on le couvre d'une couverture, on fait des frictions sèches et on donne des boissons tièdes, ou même chaudes et stimulantes, et si l'on ne craint pas d'irriter l'estomac, on emploie le vin, la bière, le cidre, le thé, le café même ; on supprime les aliments solides pendant tout le temps que dure le tremblement-

Le tremblement qui résulte de la vivacité d'une douleur locale, celui qui se montre après une opération chirurgicale réclament la plupart des soins hygiéniques précédents. On apaisera le plus tôt possible la douleur par les moyens connus. En hiver et pendant les temps froids, on s'attachera particulièrement à couvrir et à réchauffer la partie où siége la douleur.

Le tremblement qui a lieu dans la première période des maladies présente également les mêmes indications. Seulement il faut éviter les boissons stimulantes, parce que, la maladie étant alors établie, elles ne feraient qu'augmenter son intensité ; il faut aussi s'abstenir de la saignée de peur qu'elle n'augmente l'irritabilité nerveuse, et qu'elle n'amène soit des convulsions, soit une congestion violente au cerveau ou sur le siége du mal.

Les tremblements particls qui surviennent pendant l'état et sur la fin des maladies sont du plus mauvais augure, et ne fournissent aucune indication spéciale.

Quant à cet autre tremblement qui suit l'empoisonnement, on le combat par les bains tièdes, le repos, les boissons adoucissantes et antispasmodiques.

État adynamique. — Comme l'état ataxique, il se montre parfois primitif et essentiel. C'est ce que l'on voit à la suite de l'excès de travail, de privation d'aliments, d'anémie causée par le froid ; et comme le précédent aussi, il accompagne les maladies des solides et surtout celles dn sang, dont il est un des principaux caractères. Au reste les états ataxique et adynamique sont presque toujours en coïncidence, bien que tantôt l'un et tantôt l'autre prédominent.

Les indications qui se tirent de l'adynamie sont de fortifier le corps pendant la maladie, de soutenir les forces pendant la convalescence qui est toujours longue, et même de prolonger au delà l'emploi des fortifiants.

Comme moyens hygiéniques, pour les animaux excessivement débilités et avec peu ou point de fièvre, on prescrira le repos, un air pur, une température douce, des couvertures chaudes pendant l'hiver, la chaleur artificielle du foyer, des fumigations chaudes et des frictions douces, les aliments analeptiques. Si la digestion est peu active, on aura recours aux excitants stomachiques, le vin et le bouillon dans lequel on aura fait bouillir de la cannelle ou du girofle ; on passera ensuite au quinquina, à la gentiane, aux autres toniques amers que l'on combinera avec les préparations ferrugineuses. Dès que les forces le permettront on recommandera l'exercice au grand air, au soleil en hiver, le soir et le matin et à l'ombre pendant l'été. Le vert pris dans les pâturages complètera le traitement. Les bains froids pourront être utiles.

L'adynamie qui coïncide avec des lésions organiques ne disparaît que temporairement et incomplètement, son traitement n'est que palliatif. Celle qui accompagne les phlegmasies aiguës doit être distinguée avec soin de la simple oppression des forces. Le point de savoir à quelle époque du cours des maladies il convient de donner les toniques, est quelquefois difficile à découvrir. Il est pourtant une règle à suivre, c'est d'en donner de petites doses à la fois, de commencer par ceux qui sont analeptiques et d'y ajouter le sel de cuisine, surtout pour les ruminants.

L'adynamie qui accompagne les maladies par altération du sang, lorsqu'elle est portée à un haut degré, réclame l'emploi des excitants diffusibles, appelés alexitères par les anciens, l'ammoniaque, l'acétate d'ammoniaque, l'eau de luce, l'éther sulfurique, les alcooliques simples, camphrés, éthérés, ou associés au quinquina, etc. etc.. On les donne dans le but de relever les forces. Les révulsifs cutanés, sinapismes, vésicants, moxas, la cautérisation actuelle, conviennent dans les mêmes cas.

Lorsque les forces sont revenues, il faut veiller avec soin aux congestions et aux inflammations qui se manifestent sur divers points.

Enfin on associe les antispasmodiques et les calmants aux excitants et aux toniques, lorsque les états ataxique et adynamique coexistent.

Névralgies. — Le traitement des névralgies est peu rationel en général parce qu'on confond souvent ces affections avec le rhumatisme, la névrite, les efforts, les ruptures musculaires.

Les diverses espèces de saignées n'ont point réussi dans l'otalgie. En général, comme nous avons à faire le plus souvent aux états chroniques, nous employons les frictions sur le trajet du nerf avec l'essence de lavande, de térébenthine, le liniment ammoniacal, la teinture de cantharides, l'onguent vésicatoire même. Ces moyens échouent le plus souvent si la maladie a duré long-temps, si la partie s'est atrophiée et si l'animal est âgé, alors on est obligé de le faire abattre.

Quand l'état est aigu, ce qu'on voit surtout dans les névralgies des membres, si la douleur est très-vive on doit faire quelque dégorgement sanguin, couvrir la partie de topiques narcotiques. Ensuite viennent les révulsifs, comme le vésicatoire, le séton, le moxa, le cautère actuel, l'acupuncture qui a réussi quelquefois.

Pour le resserrement douloureux du sabot dit encastellure, on fait la section du nerf plantaire.

Au reste, comme la prédisposition est toujours pour quelque chose dans les névralgies et qu'elles augmentent encore la susceptibilité nerveuse, on devra consolider la guérison par l'emploi des remèdes calmants, antispasmodiques ; la racine de valériane, l'assa fœtida, la jusquiame, l'éther, l'opium, l'oxide de zinc, le carbonate de fer, donnés à l'intérieur.

Névroses. — Quatre névroses ont été constatées chez les animaux, le tétanos, la chorée, l'épilepsie, la catalepsie. Quoique reconnaissant des causes différentes, elles ne peuvent guère s'expliquer que par une prédisposition originelle de l'économie à les contracter. Voilà pourquoi il est toujours si difficile de les guérir, surtout lorsqu'elles durent depuis un certain temps.

Si les névroses coïncident avec une congestion vers le

cerveau ou vers la moelle épinière, on doit la combattre par des évacuations sanguines locales et quelquefois même générales, d'autant moins fortes que le malade est plus impressionnable. S'il n'existe pas de congestions, ce qui arrive fréquemment, il n'y a pas lieu d'employer les évacuations sanguines. Dans certains cas, on a employé les saignées avec une grande énergie contre le tétanos. Après les évacuations sanguines, les réfrigérants sur la tête ont quelquefois réussi pour mettre fin aux convulsions épileptiformes, les bains froids au tétanos et à la chorée. Cependant, l'emploi des réfrigérants me paraît dangereux dans un grand nombre de cas; il me paraît préférable d'entretenir une douce moiteur à la peau par le séjour dans une habitation chaude, par des couvertures de laine, des fumigations émollientes, anodines, et des boissons adoucissantes unies aux antispasmodiques et aux opiacés. Les irritants cutanés réussissent quelquefois ; généralement ils aggravent la maladie. La peau, surtout sur la colonne épinière, est souvent dans un état de sensibilité, tel que les plus simples frictions sèches causent une vive agitation et augmentent l'état tétanique.

Lorsque la déglutition est possible et que la muqueuse intestinale est saine, il convient d'unir aux opiacés, les laxatifs et même les minoratifs, comme le séné, le ricin, l'aloès. On révulse ainsi sur le tube intestinal et on remédie à la constipation. On emploie, en même temps, les antispasmodiques toniques comme la valériane quand les malades sont débilités; ainsi que cela a lieu souvent lors d'épilepsie et de chorée, et on leur fournit des aliments de facile digestion et nourrissants.

Quant aux divers accidents qui peuvent compliquer la marche des névroses, on y satisfera, suivant les cas, par des saignées locales pour empêcher le renouvellement des congestions ; par des révulsifs, et surtout des exutoires produisant le moins de douleur possible et amenant rapidement la suppuration ; par des diaphorétiques, mécaniques ou autres, pour entretenir la moiteur de la peau. Plus tard, les bains froids pourront convenir si la saison le permet, on les donne à titre de toniques. L'exercice pour développer le système locomoteur, l'air de la campagne, l'usage du vert, du miel, du lait, unis aux antispasmodique, tels que la valériane, l'assa fœtida, seront fort utiles pour achever le traitement, assurer la convalescence, et on en continuera l'usage, même un certain temps après que les symptômes auront complètement cessé.

Maladies mentales. — Les deux affections qu'on peut le plus raisonnablement rapprocher des maladies de ce nom chez l'homme, sont l'immobilité des chevaux espèce de démence, et le crétinisme chez les chiens.

L'immobilité cède rarement au traitement. On peut amender ses symptômes, comme l'expérience l'a prouvé souvent. Dernièrement même, M. Magendie a cru avoir obtenu la guérison d'un cheval immobile en se servant du moxa, de la saignée et des antispasmodiques. On a vu l'éruption du farcin et l'apparition d'autres maladies améliorer temporairement l'état des malades, ainsi que cela arrive par le repos, le calme des sens, un travail doux et modéré, un régime calmant ; mais aussi on a vu les symptômes de la maladie reparaître, dès que ces circonstances hygiéniques ont cessé de faire sentir leur influence.

L'immobilité qui survient chez les animaux âgés ne laisse pas d'espoir de guérison, parce qu'on ne peut pas attendre de modifications de la constitution. Chez les jeunes chevaux, elle est toujours le signe d'une altération de la constitution, du développement d'une susceptibilité nerveuse qui peut rester plusieurs années stationnaire, ou s'amender, mais rarement disparaître.

Il est encore bien plus difficile, pour ne pas dire impossible, de corriger les vices d'organisation de ces êtres dégradés de l'espèce canine, qui nous ont représenté le crétinisme dans l'espèce animale. Ces animaux sont toujours sacrifiés de bonne heure, parce qu'on ne peut en obtenir aucun service.

États intermittents. — Le quinquina est le remède par excellence contre tous les états intermittents, que ce soient des fièvres ou bien de simples douleurs bornées à un point du corps. Il se donne aux malades dans l'intervalle des accès, c'est-à-dire pendant l'apyrexie. Il faut le faire prendre en plusieurs doses, de manière à ce que la dernière soit administrée au moins deux ou trois heures avant le moment où l'accès va reparaître.

Les fièvres intermittentes sont si rares chez les animaux qu'il y a fort peu de chose à dire de leur traitement. Si un vétérinaire avait à en traiter, il examinerait l'état de toutes les fonctions pour s'assurer s'il n'y existerait pas quelque maladie, une congestion, une inflammation ; et dans ce cas il leur opposerait les moyens qui conviennent dans ces affections.

TRAITEMENT DES MALADIES GÉNÉRALES AVEC MODIFICATION DANS LES PROPORTIONS DU SANG OU DE SES ÉLÉMENTS.

Premier ordre.

Une longue suite d'observations a appris aux vétérinaires et aux agriculteurs que les maladies de cet ordre sont au-dessus des ressources de l'art, lorsqu'elles sont parvenues à un certain accroissement. Le traitement préservatif est donc le plus important. Il repose sur la connaissance des causes qui produisent ces maladies. Les pays bas et humides, les fourrages aqueux, fades, les constitutions atmosphériques froides et humides, les pluies abondantes et suivies d'inondations sont les circonstances qui les développent, et d'autant plus sûrement que le pays est pauvre en produits du sol, qu'on n'y fait pas d'approvisionnements pour l'hiver et que les troupeaux ne transhument pas. Tout le traitement préservatif consiste à modifier ces causes ou à faire cesser celles qui sont au pouvoir de l'homme.

Une fois même que la maladie est déclarée, le traitement se compose moins de remèdes que de soins et de moyens hygiéniques. Dès que la pourriture commence, on doit changer les animaux de localité, leur faire fréquenter de préférence les lieux élevés, leur distribuer chaque jour du sel, les nourrir en partie dans les habitations avec des aliments secs et de bonne qualité, mêler quelques préparations de fer à l'eau qu'on leur donnera avant d'en sortir, les laisser dans les étables par les temps de pluie et de brouillards, ne les en sortir que quand le soleil a dissipé la rosée qui couvre les pâturages.

Le traitement des bêtes les plus malades sera calqué sur celui de l'état adynamique dont j'ai parlé plus haut. Le vin, la bière ou le cidre seront les véhicules dans lesquels on fera entrer le quinquina, la gentiane, les toniques amers et le fer.

Les maladies dont le fond commun est ce qu'on appelle la pourriture ont quelques formes différentes. Dans celle que quelques vétérinaires ont appelée phthisie ver·

mineuse, la présence des vers dans les bronches entraîne quelquefois la suffocation. Des praticiens ont combattu par la saignée cet accident qui tient, suivant eux, à une congestion pulmonaire, et qui a paru céder à l'emploi de ce moyen. Quant aux vers, on leur oppose les anthelmintiques en boissons et en fumigations. Le plus grand nombre des animaux atteints de phthisie vermineuse succombent à l'état primitif qui est la pourriture.

Le cœnure qui produit le tournis, est attaqué par des moyens chirurgicaux; la perforation de la paroi du crâne correspondant au siége du ver, la cautérisation avec le fer rouge. Ce traitement guérit à peine un malade sur cinquante et ne le préserve pas toujours de la récidive.

Jusqu'à ce jour les moyens curatifs employés contre la ladrerie sont restés sans effets, même lorsqu'on prend la maladie à son début. L'assainissement des habitations, la fréquentation des lieux salubres, la propreté de la peau, l'usage des glands, une origine pure de cette tâche sont les meilleurs préservatifs.

Deuxième ordre.

Nous avons découvert aussi dans les maladies qui composent cet ordre un fond commun, une prédisposition unique acquise sous l'influence des mêmes causes que celles de l'ordre précédent. Par suite de leur action, l'organisation s'est affaiblie et le sang a éprouvé un appauvrissement plus ou moins marqué. Puis sous l'influence du printemps et d'une nourriture abondante, il s'est développé un état pléthorique d'autant plus fâcheux qu'il est survenu plus rapidement. De là des congestions et des hémorrhagies passives chez les animaux les moins robustes, actives chez les autres.

Comme préservatif pour ces maladies, il faut leur appliquer une partie des règles hygiéniques tracées pour les maladies précédentes : nourrir suffisamment en hiver, bien héberger les troupeaux, les préserver de l'influence de cette saison et des souffrances qu'elle entraîne chez les animaux affaiblis, ne refaire leur embonpoint que graduellement pour éviter que l'état pléthorique ne survienne trop brusquement, soustraire les animaux à l'action des fortes chaleurs du printemps et de l'été. La transhumance sur les hautes montagnes est seule capable de produire cet effet.

Le traitement proprement dit présente quelques différences suivant que la marche est rapide ou au contraire que l'invasion est moins brusque et la marche plus lente. Au premier se rapportent la congestion cérébrale que Huzard a appelée tournis aigu et d'autres maladie folle de la Beauce, fallère, engorgement pléthorique, ou apoplexie de la rate, maladie du sang, pissement de sang des pays méridionaux. Dans tous ces cas, la saignée générale convient dès le début, les boissons acidules ou tempérantes, le bain froid de corps si cela était possible, des abris à l'ombre, de l'eau en abondance pour boisson.

Pour la seconde forme conviennent les saignées locales peu copieuses, mais répétées sur divers points de l'abdomen, les acidules combinés avec les antispasmodiques, et dans le second temps de son existence, les toniques amers, le sel de cuisine, les ferrugineux.

Troisième ordre.

Pour ne pas revenir, à chaque paragraphe, sur les divisions qui ont été adoptées dans les deux derniers chapitres du tome Ier, je parlerai du traitement de chaque maladie, comme s'il suivait immédiatement la maladie à laquelle il se rapporte.

Les maladies de cet ordre se présentent sous quatre formes :

A une Ire, se rapportent les pleuro-pneumonies simples, développées sous l'influence de causes générales, telles que les variations de la température, l'usage des eaux provenant de la fonte des neiges, etc. ; à une 2e, celles où il y un état pléthorique ; à une 3e, celles qui frappent des animaux ayant été d'abord exposés aux causes de la pourriture ; 4° enfin, celles dans lesquelles il y a altération du sang.

1° Les premières, qui ont un caractère franchement inflammatoire, réclament le traitement antiphlogistique, tel qu'il a été décrit plus haut. Les saignées pourront être plus fortes que dans les formes suivantes. Toutefois, on doit se hâter de les pratiquer dès que les symptômes de la phlegmasie sont bien caractérisées et les suspendre vers le 4e ou le 5e jour. Il est rare qu'elles soient avantageuses après cette époque, et je n'ai pas vu sans étonnement dans une observation de pleuro-pneumonie catarrhale, qu'on ait encore tiré six livres de sang au 10e jour. Les exutoires conviennent à l'époque où les saignées doivent être cessées ; ils sont moins nécessaires que dans les autres formes.

Ces sortes de maladies sont plus communes en hiver, par les temps froids et dans les lieux élevés, que dans les autres circonstances.

2° Les maladies de cette 2me série sont remarquables par le développement de congestions cutanées, cérébrales, gastro-intestinales, qui se font au début ou pendant le cours de l'affection de poitrine. Elles se montrent au printemps, en automne, et quelquefois vers les derniers temps de l'hiver, quand la température devient chaude tout à coup et les qualités de l'air variables. A la fin de l'hiver actuel, c'est la tête qui en a été le siége; les animaux semblaient être dans l'ivresse, sous l'influence de cette congestion cérébrale. Fort souvent au printemps, c'est la peau, et chez les femelles, l'utérus. Dans quelques cas, ce sont le foie et la muqueuse intestinale; de là, coliques, trouble de la sécrétion biliaire, et ictère.

La première indication est de combattre l'état pléthorique et les congestions, d'abord par la saignée générale, ensuite par la saignée rapprochée du siége de la congestion. La deuxième se rapporte à la phlegmasie des plèvres et du poumon qu'on traite par la méthode ordinaire. Quelques vétérinaires, et je suis de leur avis, saignent plus largement quand c'est le poumon qui est spécialement malade, et font les saignées plus faibles mais plus répétées quand c'est la plèvre.

Ces maladies sont en général fâcheuses pour les jeunes chevaux nouvellement arrivés dans les corps de cavalerie, fatigués par de longues marches, ayant souffert de la castration, du changement de régime, et des travaux auxquels on les soumet pour les dresser; elles sont mortelles pour les vaches et les bœufs, dont les organes thoraciques présentaient déjà quelque altération organique. Au reste, si ces maladies sont si souvent meurtrières chez les ruminants, c'est que ces animaux manifestent moins clairement que le cheval, les symptômes de leurs maladies; qu'elles ont chez eux une tendance à s'accompagner de vices de sécrétion et de dégénérescences, c'est-à-dire, à passer à l'état chronique; qu'elles commencent quelquefois sous cette dernière forme, comme mon collègue M. Lecoq en a fourni des exemples; enfin qu'on ne les traite qu'incomplètement dans la crainte de diminuer la chair, le lait, de nuire à la fœtation.

3° Les pleuro-pneumonies et pneumonies, développées sous l'influence des causes de la pourriture, c'est-à-dire d'une constitution humide et froide, mais avec des variations de température, débutent le plus souvent par l'inflammation peu intense de quelques points de la muqueuse respiratoire, principalement des bronches. De là elles passent au poumon et aux plèvres; alors se montre l'exacerbation des symptômes qui prescrit la saignée. Il faut se hâter de la faire dès le début, et éviter d'y revenir.

Lorsque l'épanchement est opéré, les grandes saignées sont nuisibles; les saignées modérées peuvent être encore utiles quelquefois. C'est surtout le moment d'avoir recours aux exutoires, autour de la poitrine, et surtout à ceux qui, comme les sétons, produisent rapidement la suppuration. Les diurétiques et les purgatifs conviennent également. Vers la fin on donne les toniques amers, et quelquefois même dès la deuxième période, c'est-à-dire après l'épanchement, s'il y a beaucoup de faiblesse.

Cette maladie est enzootique dans quelques localités. Elle y a une marche lente. Les saignées y sont généralement nuisibles, surtout si elles sont fortes, et les toniques avantageux, même dans les premiers temps. On conçoit que les saignées sont généralement contre-indiquées lorsque les animaux se trouvent sous l'influence des causes qui produisent la pourriture, à moins qu'il n'y ait des symptômes d'une inflammation trop vive. Voyez le mémoire de M. Didry (Recueil de Méd. Vétér., année 1832).

4° L'épizootie observée en 1757, dans la Brie, par Andouin de Chaignebrun (Paulet, Histoire des Épizooties), fournit un exemple frappant des pleuro-pneumonies à forme typhoïde. Outre les affections de poitrine, on trouve des tumeurs formées par des infiltrations gélatineuses, ou même de véritables charbons.

Chaignebrun établit trois cas dans ces maladies : 1° apparition de tumeurs à l'extérieur, sans phlegmasie interne ; 2° phlegmasies internes sans tumeur à l'extérieur ; 3° phlegmasies internes coïncidant avec des tumeurs extérieures. Il admet que ces trois formes sont susceptibles de guérison.

La saignée était, suivant lui, le moyen par excellence pour toutes les formes ; il n'en faisait pas moins de 3 ou 4 en 48 heures et il poussait jusqu'à 6, 7, 8. Les lavements, les purgatifs tous les 2 ou 3 jours, le séton et les boissons émollientes composent le reste du traitement. Quant aux tumeurs, il défend de les inciser, si elles ne sont pas gangrenées, et veut qu'on en poursuive la résolution par les excitants et les astringents légers. Si elles menacent de gangrène on doit pratiquer de grandes incisions, les panser avec le sel commun, la solution d'acétate de plomb, l'eau acidulée par le vitriol ou le vinaigre, etc. Il recommande les antiseptiques, en tête desquels il place le chlorure de sodium ou sel commun, à 32 grammes (une once) qu'il combine aux purgatifs, (aloès, jalap, etc.).

Chabert qui appelle ces maladies péripneumonies gangreneuses, insiste dans la première période, pour qu'on répète les saignées de 3 en 3 heures, suivant l'état du pouls et la force des malades. En même temps, il prescrit des boissons émollientes, des diurétiques, des

lavements. Dans la deuxième, il recommande les vésicatoires volants ou à demeure et les sétons, comme Chaignebrun, il craint les scarifications qui amènent souvent
l'emphysème et la gangrène. Le quinquina, les toniques
amers sont bons dans la troisième période.

L'abbé Rozier ou plutôt Thorel dit que la saignée ne
convient pas dans cette maladie qu'il appelle maligne, si
ce n'est lorsqu'il y a douleur violente et transport (c'est-à-
dire congestion au cerveau). Il recommande les laxatifs,
la casse, le tamarin, la crême de tartre, au septième jour
seulement ; et les purgatifs à la fin de la maladie. Il n'a
pas de confiance au camphre et prescrit le quinquina
comme tonique et non comme antiseptique.

Fromage prescrit la saignée, si le pouls est dur, et la
répète 3 heures après, si cet état persiste. Si le pouls est
souple, il débute par un vésicatoire sous la poitrine ;
puis il donne le quinquina, les toniques amers, l'ammoniaque, le camphre, l'eau de Rabel, des fumigations de
vinaigre par les naseaux.

Voici à mon avis les règles qui conviennent dans le
traitement de ces maladies. La saignée n'est utile que,
tout-à-fait au début, quand les animaux sont forts et vigoureux, et qu'il y a douleur très-vive et grande dyspnée ; hors de là, les émollients simplement. Si l'épanchement se forme, que l'état général devienne moins violent,
les exutoires, les diurétiques et les purgatifs ; de bonne
heure aussi les excitants antispasmodiques, les toniques.
On doit tenter la résolution des exanthèmes par des excitants et des astringents peu énergiques, et traiter ceux
qui sont gangrenés par les antiseptiques ordinaires.

La contagion de cette dernière forme ne peut être
niée. Les autres se propagent seulement par l'infection

des lieux. Outre les préservatifs ordinaires, il faut recourir aux mesures de police sanitaire indiquées pour ces maladies.

Quatrième ordre.

Les états muqueux nous ont fourni à considérer : 1° l'état du sang; 2° des vices de sécrétion; 3° des congestions et des inflammations. Il ne faut guère compter sur les effets des médicaments pour changer l'état du sang. Les préparations ferrugineuses qui sont le plus efficaces n'y parviennent qu'à la longue. Il est des indications plus pressantes et qui sont de soustraire les animaux à l'influence des causes prédisposantes de ces maladies. Le retrait des pâturages, l'assainissement des habitations sous le rapport de la pureté de l'air et de la température, l'amélioration du régime alimentaire, sont les points principaux.

Les formes des affections catarrhales ou muqueuses sont nombreuses ; leur marche a de la lenteur, la convalescence de la durée. On distingue 3 périodes. La première est caractérisée par l'abattement des forces, par un état de courbature, le refroidissement de la peau, etc. Dans la deuxième, on observe tous les phénomènes de la fièvre. Il y a une réaction générale plus ou moins forte, des inflammations se sont développées : chaleur de la peau, rougeur et sécheresse des muqueuses apparentes, écoulements divers abondants et séreux. Dans la troisième, la fièvre diminue ou cesse, ce sont les écoulements ou catarrhes qui deviennent abondants, épais, purulents; les infiltrations s'opèrent, etc. Le corps est long-temps à se refaire, attendu qu'il a éprouvé des modifications profondes qui ne peuvent cesser qu'avec le temps. Des inflammations et des congestions se font en général en divers points. Quel que soit leur siége, la tête est toujours plus ou moins fortement le lieu où le sang a de la tendance à se porter ; en sorte que la céphalalgie, l'injection des vaisseaux des conjonctives et de la face sont leurs symptômes les plus communs.

Il y a des inflammations dans divers organes, soit sur la muqueuse des bronches, soit dans le poumon ou les plèvres, soit dans les intestins. Quelquefois même au printemps, quand la température est élevée et variable, chez les animaux non débilités, et surtout avec la phlegmasie catarrhale de la muqueuse gastro-intestinale, le pouls prend de la force et de la fréquence, la peau s'échauffe ; en un mot, il y a quelques symptômes de la fièvre qui accompagne les inflammations franches. Les anciens désignaient cette forme des phlegmasies muqueuses avec réaction générale, sous le nom de fièvre muqueuse compliquée de fièvre inflammatoire.

A la peau et sur les muqueuses externes on a des inflammations vésiculeuses ou pustuleuses, comme on le voit dans la fièvre muqueuse aphtheuse, dans la morve et le farcin pemphygoïdes, dans la conjonctivite avec pustules que Coquet a appelée albugo épizootique et que Soulard a décrite sous le même nom, dans la conjonctivite avec vésicules de la maladie des jeunes chiens, dans nombre de cas de morve chronique où la pituitaire offre aussi des phlyctènes. Enfin on peut en rapprocher cette éruption des plaques agminées des intestins, dans la fièvre muqueuse du chien, éruption qui ne présente aucune différence de celle qui a lieu dans la dothinentérie ou fièvre typhoïde de l'homme. Des ulcérations succèdent à toutes ces éruptions et deviennent plus ou moins fâcheuses suivant les régions.

Quant aux vices de sécrétion qui sont un des états fondamentaux de cette classe de maladie, ils reconnaissent pour cause un état général du sang, une diathèse. Pour les muqueuses qui communiquent librement avec l'extérieur, la gravité de ces vices de sécrétion dépend de l'abondance et de la persistance des écoulements. Dans l'arrière bouche et le larynx, le fluide sécrété revêt parfois la forme de fausses membranes, ce qui produit des accidents très-graves, la suffocation et la mort. Lorsque ces produits sont déposés dans des poches, dans des réservoirs, leur séjour entretient l'inflammation, l'aggrave et la rend quelquefois mortelle. Ainsi dans les poches gutturales, ces dépôts deviennent quelquefois mortels en amenant la perforation spontanée de la poche; la matière purulente fuse dans le tissu cellulaire et forme des abcès par congestion autour de la gorge et de la trachée-artère. Le catarrhe de la vessie et de la matrice dont l'écoulement est périodique, est une affection grave, le plus souvent incurable.

Un autre travail sécrétoire qui accompagne ordinairement les états muqueux est celui qui se passe dans le tissu cellulaire. Il est peu de ces affections qui ne présentent dans leur cours ou à leur fin, des infiltrations séreuses dans les parties déclives du corps, sous le ventre, au fourreau, au scrotum, aux membres postérieurs. La convalescence en est rarement exempte.

Enfin les ganglions lymphatiques, placés dans le voisinage des membranes muqueuses enflammées se tuméfient généralement. Les ganglions sous-maxillaires se gonflent plus ou moins à l'occasion de l'inflammation catarrhale de la pituitaire ; ceux des bronches ou du mésentère, à l'occasion de l'inflammation de la muqueuse bronchique ou intestinale, les glandes parotides, d'une manière brusque après l'irritation de la buccale causée par l'eau froide (avives), le foie, après celle de la muqueuse duodénale et de là l'ictère qui établit la complication de la fièvre bilieuse avec la fièvre muqueuse, pour nous servir du langage des anciens. Ces inflammations des glandes consécutives à celles des muqueuses avec lesquelles elles sont en continuité de tissu, sont produites sans doute par le transport de matières irritantes, par la voie des lymphatiques.

Le traitement général des états muqueux se règle donc sur les différents états que j'ai signalés, les vices de sécrétion et les inflammations, et sur les trois périodes dans lesquelles se divise leur cours. Dans la première période, il faut avoir recours aux soins hygiéniques déjà indiqués pour la maladie précédente, c'est-à-dire réchauffer le corps, y produire la diaphorèse.

Une fois la maladie bien déclarée et les premiers symptômes de refroidissement passés, on peut saigner si l'état du pouls l'indique, qu'il y ait complication de fièvre inflammatoire ou douleur vive et persistante en quelque point. Dans ce dernier cas, les saignées locales sont utiles. On donnera des boissons émollientes, légèrement acidulées et tièdes, et des lavements. La congestion cérébrale qui simule l'ivresse par la chancelance de la marche, la chaleur et la pesanteur de la tête, celle des conjonctives et du globe oculaire, réclament la saignée à la jugulaire et des lotions fraîches sur les parties malades.

L'état pâteux de la bouche, le manque d'appétit, l'ictère, si le ventre n'est pas douloureux, peuvent s'amender par l'emploi d'un vomitif pour le chien, le chat et le porc; si le ventre est tendu et douloureux, il faut employer les sangsues, les fomentations et fumigations émollientes. Ce que je dis de l'état général et de celui du ventre ne doit pas préjudicier au traitement à diriger contre les siéges particuliers des phlegmasies, dans chaque espèce de ces fièvres.

La fièvre catarrhale peut passer rapidement de l'état d'excitation à l'affaissement des forces. Soutenir les forces est donc une condition de rigueur, en même temps que l'on cherche à révulser vers la peau. De légers excitants, des diaphorétiques, seront donnés chauds, s'il se peut; on rend les boissons alimenteuses et on fournit aux animaux des aliments féculents et d'une facile digestion. Les boissons seront acidulées ou légèrement astringentes, dans les fièvres aphtheuses, les rubéfiants cutanés, les frictions sèches, les fomentations chaudes, les fumigations, les sinapismes, sont utiles. Les exutoires, tels que le séton et les vésicatoires, doivent être employés avec précaution. On place les premiers au poitrail de préférence, quand les membres postérieurs sont œdématiés; on s'abstient du vésicatoire, quand c'est le dessous du ventre. Il faut craindre de faire naître des congestions sanguines ou séreuses, quand on emploie les révulsifs, et combattre celles qui existent par des moyens mécaniques, tels que la compression, par le calorique et jamais par des bains et des topiques humides. La promenade au soleil est très-convenable si le malade peut la supporter.

C'est à l'appareil urinaire qu'on adresse les révulsifs avec le plus d'avantage. En effet, il est généralement actif dans ces maladies, comme le prouve, à la fin de la deuxième période ou au commencement de la troisième, l'état jumenteux ou sédimenteux des urines. Les boissons émollientes prises en abondance sont elles-mêmes un excellent diurétique, dont on peut augmenter les qualités par l'addition du nitrate de potasse ou du bicarbonate de soude, par des frictions sur les lombes, des fomentations et des cataplasmes chauds et peu humides snr ces régions.

Les laxatifs et les minoratifs conviennent pendant la deuxième période de ces affections, quand la muqueuse gastro-intestinale est peu souffrante. Le séné, la manne, l'huile de ricin, les sels neutres, sont les plus usités.

Les états muqueux parvenus à leur troisième période doivent être traités par les analeptiques, les toniques amers dont on proportionne l'activité à l'état des malades; l'avoine et le froment, pour les herbivores; le bouillon et la viande cuite, pour les carnivores; par les feuilles de saule, de chicorée amère, les baies et l'extrait de genièvre, la gentiane, le quinquina, les préparations de fer. Le sirop de quinquina est fort utile pour le chien, et la valériane, quand il reste des accidents nerveux.

Les catarrhes chroniques, les sécrétions muqueuses persistantes ont, pour ainsi dire, chacune leur traitement particulier, quoiqu'en général on fasse usage des excitants, des toniques, des acidules et des astringents, des irritants. Ainsi on adresse à l'œil les infusions du sureau, les solutions de sels de plomb, des sels de zinc, d'alumine de cuivre, de nitrate d'argent; à la pituitaire, les fumigations de baies de genièvre, les vapeurs du chlore, les injections de la plupart des sels précédents; aux bronches, d'une manière directe les vapeurs précédentes, celles des baumes, des résines, du goudron, de la poix navale, et d'une manière indirecte, les antimoniaux, le kermès minéral, l'eau de goudron, etc., et autres expectorants; au fond de la gorge, la poudre d'alun, l'eau chlorurée ou acidulée ; à l'intestin, l'aloès, l'ipécacuanha à petites doses, le nitrate d'argent ; aux voies urinaires, les baumes, les résines, les diurétiques chauds. Enfin, on peut s'aider des exutoires qui permettent d'entretenir long-temps la sécrétion purulente ; ce qui établit une dérivation.

MALADIES GÉNÉRALES AVEC ALTÉRATION DU SANG.

Premier ordre.—Traitement des fièvres gastriques.

Il est inutile de parler ici du traitement de la variole ; c'est une maladie simple, fort généralement décrite et qui rentre dans le cadre de la pathologie spéciale. Il n'en est pas de même des fièvres gastriques. On désigne sous ce nom une foule de maladies qui, avec quelques traits communs, ont ensuite beaucoup de différences, il importe donc de dire quelques mots de leur traitement en général.

Leur traitement préservatif ne peut pas malheureusement être essayé dans tous les cas ; parce qu'il est souvent impossible de soustraire les animaux aux causes de la maladie, à l'influence des lieux et de la constitution atmosphérique, à la rareté ou à la mauvaise qualité des aliments et des eaux. On se borne donc à modifier autant que possible ces influences fâcheuses, en mélangeant les aliments avariés avec d'autres de meilleure qualité, en aspergeant les fourrages d'eau salée, acidulée, en jetant dans l'eau du sel de cuisine, du vinaigre ou autres acides, du son, de la farine.La plupart des autres préservatifs sont hors de la portée des pauvres habitants de la campagne, qui n'ont souvent ni la possibilité de se procurer des aliments, ni la volonté d'assainir leurs étables et leurs écuries, et qui ne séparent même pas les animaux malades d'avec ceux qui sont sains.

Le traitement curatif se rapporte à cinq indications qui se tirent : 1° de l'inflammation gastro-intestinale ; 2° des congestions qui se font en divers points ; 3° des phénomènes ataxiques du début ; 4° de l'état des forces générales ; 5° des exanthèmes cutanés.

Avant que l'inflammation gastro-intestinale et les congestions ne se déclarent, il y a en général une période d'invasion qui correspond à la première période des états muqueux. On n'y observe que des phénomènes généraux, des frissons, de l'abattement, de la faiblesse, la prostration des forces. Lancisi avait remarqué que la saignée pratiquée à cette période était mortelle. On le comprendra facilement si on se rappelle ce qui a été dit sur les maladies par altération du sang. Les inflammations ne s'établissent pas d'abord ; mais comme dans la variole, comme dans les pleuro-pneumonies précédées de frissons et de refroidissement, il y a une première période où il n'existe qu'un trouble général du système nerveux produit par l'altération du sang. L'altération du sang produit une espèce d'empoisonnement qui peut être porté au point de faire périr les animaux en quelques heures et même en quelques minutes, comme on le voit dans les grands typhus. Lorsque cet empoisonnement est moins grave, il ne fait point périr, mais il produit l'adynamie, la prostration des forces. Si l'animal y résiste, une réaction se développe et avec elle des inflammations dans divers organes. Or tant que dure la première période, celle où il y a adynamie, frissons, refroidissement de la peau, il faut éviter de saigner ou on tue l'animal. Aussi Lancisi prescrivait-il 16 grammes de thériaque ou quelque cau cordiale ; il y ajoutait du vin blanc , s'il y avait beaucoup de faiblesse. Une fois que les premiers symptômes ont disparu , que la peau s'échauffe , que le pouls devient plus fort et fréquent, que des inflammations se développent en quelques organes , la saignée est alors permise , mais doit cependant être faite toujours avec précaution , de manière à ne pas affaiblir les forces. Ces considérations sont applicables à toutes les maladies générales, aux fièvres muqueuses , aux pleuro-pneumonies épizootiques, aux différents typhus , etc.

Lors même qu'on est arrivé à la deuxième période de la maladie , si l'animal est jeune ou âgé , maigre, frissonneux, souffrant depuis quelque temps , il ne faut pas saigner. On le tiendra dans une habitation chaude ; on le nourrira avec des aliments féculents auxquels on mêle des médicaments adoucissants, mucilagineux , les soupes de pomme de terre , de rave , les eaux d'orge et d'avoine données en quantité qu'on proportionnera aux forces. Ensuite les lavements s'il y a constipation , et encore faut-il éviter d'en trop donner , comme le font beaucoup de vétérinaires, et y renoncer quand la maladie est un peu avancée, parce que les lavements affaiblissent trop ; les frictions sèches de la peau , les sinapismes , la promenade et le pâturage dans le milieu du jour sont les moyens qui réussissent dans les premiers temps. Plus tard on passera aux toniques amers.

Des forces meilleures , un pouls fort et fréquent, permettent la saignée qu'il vaut mieux faire petite, et répéter s'il y a lieu, que de la faire trop forte. Après la saignée, la tisane d'orge, le sel polychreste à titre de diurétique tempérant, l'eau blanchie par la farine dans laquelle on met du sel ammoniac, achèvent la cure.

Quand la panse est engouée, qu'elle se laisse distendre par des gaz et qu'il y a ballonnement, il faut saler les boissons, ajouter aux émollients des infusions excitantes, toniques ou amères, donner des lavements laxatifs. Si l'hypochondre droit est tendu, le ventre douloureux, qu'il y ait des coliques, on fait de petites saignées aux veines thoraciques, mammaires ou saphènes, et des fomentations chaudes au moyen d'un drap plié en quatre ou d'une couverture en laine placée autour du ventre.

Les accidents nerveux, le vertige furieux des pays chauds qui a fait donner à une forme de ces maladies le nom de *mal des ardents*, se traitent, si on a le temps d'agir, par la saignée à la jugulaire, les antispasmodiques et les opiacées à haute dose, les laxatifs et les diurétiques. Les sétons y sont utiles aussi.

L'emploi des révulsifs ne doit pas être fait sans discernement. Les vésicatoires cantharidés, les sétons enduits de corps irritants produisent des engorgements considérables, avec une forte tension, et qui se gangrènent facilement. Les sétons simples qui ne fournissaient que de la sanie ou du sang, lorsqu'on veut y activer la suppuration par des irritants, donnent lieu aux mêmes accidents. Ces gangrènes arrivent d'autant plus facilement que l'état adynamique est plus profond. On doit s'empresser de combattre ces états, soit qu'on laisse ou qu'on retire la mèche, par des émollients anodins unis à de légers excitants, comme les fleurs de sureau. L'eau tiède vinaigrée m'a souvent servi avantageusement.

Tscheuling, médecin vétérinaire de la maison du grand duc de Bade (Fromage, correspondance, 1810), a observé pendant vingt ans, sur tous les animaux domestiques, une de ces fièvres gastriques, avec un gonflement énorme de la rate, et fréquemment sous la forme ataxo-adynamique avec des exanthèmes gangreneux spontanés. La saignée est rarement avantageuse à ce degré. Il faut la faire locale et peu abondante, si on veut combattre quelque congestion ; mais on doit plus particulièrement avoir recours aux excitants unis aux antispasmodiques. Tscheuling employait le vin, la valériane, le camphre et l'opium. Il appliquait quelquefois le fer rouge sur la région de la rate. Quant aux exanthèmes cutanés, d'accord en cela avec Chaignebrun et tous les praticiens éclairés, il en tentait la résolution au lieu de les ouvrir ; à moins qu'il ne fussent déjà gangrenés. Les mêmes exanthèmes gangreneux avec état typhoïde prononcé se sont montrés communément dans le midi pendant l'épizootie de 1823-1824 (Viramond).

On doit suivre la même méthode avec toutes les tumeurs qui se développent pendant le cours de ces maladies. Ainsi les infiltrations sous-cutanées que les gens de campagne appellent charbon blanc, et qu'ils ont l'habitude d'inciser largement, doivent être abandonnées à leur marche naturelle. Elles se résolvent généralement à mesure que la maladie s'amende, et on aide à la résolution par des frictions spiritueuses ou par des lotions d'eau chaude acidulée par le vinaigre. Quant à la méthode à suivre dans les cas où les exanthèmes se gangrènent, nous la donnerons dans le paragraphe suivant.

Deuxième ordre.

Le traitement de ces typhus se divise en externe et en interne. En effet on a à traiter et la tumeur sous-cutanée, et la maladie générale. Pour le traitement externe, chez les grands ruminants, l'essentiel, suivant Chabert, est de reconnaître le plus tôt possible le lieu qu'occupent les tumeurs, de les ouvrir, de les scarifier et de les cautériser. Cette recommandation a été ponctuellement suivie par les guérisseurs qui taillent à tort et à travers toutes les tumeurs qui apparaissent à l'extérieur dans le cours des typhus. Les praticiens savent très-bien aujourd'hui qu'il est de ces sortes d'exanthèmes qui disparaissent d'eux-mêmes, chez les grands ruminants, pendant qu'on traite la maladie à laquelle ils sont liés. On facilite leur résolution par des frictions sèches, ou avec l'alcool, ou même en les lotionnant avec l'eau acidulée et chauffée à 45 degrés. On ne se décidera à les scarifier que quand elles seront profondes, qu'elles feront des progrès rapides, et qu'elles coïncideront avec des symptômes ataxiques et adynamiques. L'étendue de ces scarifications sera relative à celle de la tumeur. Ensuite si les tissus sous-jacents tendent à la gangrène ou en sont déjà frappés, on panse les plaies avec de l'essence de térébenthine, de l'eau de-vie camphrée, de la poudre de quinquina. On se sert aussi avec avantage de chlorure de chaux et de soude, d'eau acidulée par le vinaigre, l'acide sulfurique ou l'eau de Rabel.

Quant au traitement interne, Chabert reconnaît que la saignée est nuisible, et que les médicaments internes excitants et toniques sont les remèdes les plus utiles. Il prescrit donc un breuvage composé de quinquina, de safran de mars (deutoxide de fer), et de rhubarbe en poudre donné trois ou quatre fois par jour. Tous les spiritueux associés au quinquina et au camphre, etc., peuvent remplir la même indication.

La promptitude avec laquelle marche l'exanthème analogue du mouton ne permet guère d'essayer un traitement.

Chez le cheval, la saignée est toujours fâcheuse. On fera prendre au début des breuvages composés de vin, de bière ou de cidre, de vin aromatique, d'infusion de plantes aromatiques ; on ajoute à ces liquides du quinquina, de la gentiane, du camphre, du chlorure de chaux, etc., etc. On en répétera l'administration toutes les heures. Le malade sera couvert ; on lotionnera la tumeur avec les liquides dont j'ai parlé plusieurs fois. Après cinq ou six heures, si l'exanthème n'a pas fait de progrès, on continuera les mêmes moyens. On agira ainsi lors même qu'il s'étendrait, pourvu qu'il n'y ait pas de crépitation emphysémateuse ; et on emploiera des moyens plus actifs, l'eau-de-vie camphrée, les essences de lavande et de térébenthine, le liniment ammoniacal, les frictions mercurielles. A la suite de ces frictions, ou a vu des eschares se former et une sorte de bourbillon se détacher. Ce cas qui se montre rarement semble aider à la guérison. Après l'emploi des moyens précédents, on est presque assuré de la guérison, quand vingt-quatre heures se sont passées sans remarquer d'accroissement dans la tumeur et dans les symptômes généraux. Comme les animaux conservent l'appétit, on peut leur fournir une petite quantité de paille ou de foin, au lieu de l'eau blanchie par la farine à laquelle on les avait laissés jusqu'alors.

Si la tumeur fait des progrès malgré l'emploi de ces moyens, ou bien si dès le début elle avait acquis un grand volume, que la faiblesse soit grande et la respiration difficile, il est nécessaire de faire des scarifications profondes et étendues, bien qu'elles ne produisent qu'une faible évacuation de sérosité. On applique ensuite sur les chairs les topiques déjà indiqués.

Troisième ordre. — Charbon et typhus charbonneux.

On est généralement d'accord sur le traitement du charbon appelé essentiel par Chabert, bien qu'il soit souvent précédé, ainsi que je l'ai dit, par des symptômes d'un état général. Chez le bœuf, il est caractérisé par une tumeur dure au toucher, circonscrite, de la grosseur d'une noix seulement ; et chez le mouton, par un bouton dur, rude, devenant rapidement noir et se montrant sur diverses parties du corps.

On a proposé trois méthodes de traitement : 1° la première consiste à scarifier profondément la tumeur, en forme de croix de St-André, suivant Hermann ; ensuite à la panser avec l'eau salée, l'eau-de-vie, l'essence de térébenthine, le chlorure de chaux ; 2° dans la deuxième on extirpe la tumeur avec l'instrument tranchant, et ensuite on panse avec des substances excitantes ; et même on cautérise ce qui a échappé à l'instrument afin de détruire rapidement tout ce qui peut rester gangrené ; 3° celle-ci consiste dans la cautérisation profonde de la tumeur avec le fer rougi à blanc. On doit d'abord faire des incisions pour mettre à nu toute l'étendue de la gangrène, afin de porter le fer rouge dans tous les points qu'elle occupe.

De ces trois méthodes, la première ne me paraît pas suffisante, puisqu'elle ne détruit pas les parties gangrenées. On sait que dès que la gangrène se montre, les forces sont anéanties, le pouls misérable, et que la mort survient en 24 ou 36 heures. Il importe avant tout d'enlever ou de détruire complètement la tumeur qui est la cause de tous les accidents. L'extirpation et la cautérisation sont donc des méthodes préférables, et je renvoie à la page 356, pour les cas où chacune d'elles convient plus particulièrement. Cependant dans le traitement de la pustule maligne du mouton, on préfère les scarifications à travers lesquelles on fait pénétrer des caustiques, tels que l'ammoniaque, ou un acide étendu.

Comme traitement général, on donne à l'intérieur des boissons stimulantes, dans le but d'exciter vivement le système nerveux et de provoquer une réaction. Chabert prescrit d'ouvrir les deux jugulaires, pour obtenir de larges évacuations de sang; mais aucun praticien n'a recours à ce moyen.

Typhus charbonneux. — Chabert, comme nous l'avons vu, a distingué les cas où l'exanthème charbonneux ne se montre pas, de ceux où il apparaît à la peau. Il a appelé les premiers fièvre charbonneuse, et les seconds charbon symptomatique. Cette distinction est sans importance. Dans la même épizootie, les animaux présentent les uns des charbons, les autres n'en ont pas; au fond c'est toujours la même maladie.

Dans la fièvre charbonneuse, Chabert recommande de faire deux ou trois saignées aux animaux robustes, une seule à ceux qui sont maigres et faibles. Il veut qu'on n'en fasse pas dans le charbon symptomatique. Cependant il n'y a aucun moyen de reconnaître dès le début de la maladie, s'il y aura on non un charbon.

La saignée était funeste dans l'épizootie de Fossano. L'adynamie était profonde, des hémorrhagies se faisaient facilement. Les acidules, les cordiaux, les purgatifs, les cautères, les vésicatoires furent également sans succès.

Le typhus de Finlande décrit par Hartmann avait encore un caractère adynamique plus prononcé. Dans celui du Quercy, Desplas commençait le traitement par l'extirpation ou la scarification des tumeurs. Il pansait les plaies avec les teintures de quinquina, d'aloès, avec l'alcool camphré ou la pommade vésicante. A l'intérieur il donnait des potions stimulantes. Le vin de quinquina dans la deuxième période, comme tonique ; quand l'animal se rétablissait, les racines féculentes. Comme préservatifs les acidules, les masticatoires d'assa-fœtida et les sétons au fanon ; moyens dangereux et qui devenaient quelquefois l'occasion de tumeurs gangreneuses.

Petit, en Auvergne, après l'apparition des premiers symptômes, observa une rémission dont il profita pour saigner les animaux vigoureux, afin de combattre les congestions pulmonaires et intestinales. Il débutait chez les animaux faibles par des breuvages excitants. La plupart des animaux saignés succombèrent. Du reste, comme ses prédécesseurs, il employa le cautère contre les charbons à l'extérieur, et dans le même temps à l'intérieur les stimulants, le camphre, l'ammoniaque.

Fromage blâme la saignée : Gilbert, dit-il, la pratiqua dans l'épizootie du département de l'Indre, et il apprit à s'en défier. Le plus grand nombre des vétérinaires qui exercent dans les pays où cette maladie est enzootique, excluent rigoureusement la saignée du traitement des maladies charbonneuses, et lui préfèrent les stimulants.

Il faut distinguer dans les typhus charbonneux trois périodes qui fournissent les indications du traitement : 1° la première comprend les symptômes généraux d'un empoisonnement de toute l'économie ; le bœuf beugle, est inquiet, épouvanté, il se secoue, se plaint, etc. (Page

305 , tome premier) ; des animaux périssent en quelques heures dans cet état ; 2° si la marche est moins rapide , à ces symptômes ataxo-adynamiques succèdent des frissons, des mouvements convulsifs, après lesquels une réaction fébrile a lieu. Alors apparaît le charbon. Cette période peut s'appeler la période inflammatoire. Si le charbon s'affaisse et disparaît, la mort survient rapidement dans les convulsions ; 3° cette dernière période comprend la sup-puration des tumeurs charbonneuses, et les terminaisons des inflammations internes.

Ainsi le typhus nous présente à peu près la marche de la variole : I° symptômes généraux , prodromes; 2° éruption de la tumeur sous-cutanée ; 3° suppurations et ter-minaisons. Le traitement doit donc se régler sur les indications précises que fournit cette division des périodes. Dans la première on cherchera avant tout à exciter vivement le système nerveux; là se placent les différents stimulants les plus actifs. Il est évident que la saignée est nuisible ; elle empêcherait cette réaction de l'économie. Dans la deuxième , dès que la tumeur est développée , il faut la fixer à l'extérieur et l'empêcher de se déplacer. Pour cela on la scarifie modérément et on la cautérise avec le fer rouge. Comme c'est aussi la période où se développent les inflammations et les congestions internes, il faut cesser d'employer les stimulants; passer aux acidules tempérants, aux émollients peu prolongés, aux lavements suivant les cas, etc... Si le charbon menace de s'affaisser, il faut tout mettre en œuvre pour empêcher cette terminaison fatale; on donnera donc les plus vifs stimulants à l'intérieur, et on appliquera sur le lieu qu'il occupait des irritants énergiques. Enfin on se conduit comme lorsque la variole menace de rentrer. Dans la troisième période, on suit la suppuration du charbon, qu'on traite par l'eau acidulée, des excitants légers, ou des toniques. Quant aux inflammations internes, s'il y en a du côté des intestins ou de la poitrine, la faiblesse de l'animal ne permet plus de les combattre par des évacuations sanguines, on a recours aux boissons et aux topiques adoucissants. Mais en général dans cette période il faut nourrir les animaux avec des aliments féculents et donner des toniques pour relever les forces et résister à l'abondance de la suppuration que fournissent les exutoires.

Pour me résumer sur toutes les maladies du deuxième et du troisième ordre, j'établirai les points suivants :

1° Pour le traitement préservatif, il est reconnu qu'il doit être purement hygiénique et qu'il consiste à soustraire les animaux aux causes qui ont fait naître la maladie. La saignée, comme préservatif, débilite le corps et le rend accessible aux causes de la maladie ; le séton par l'engorgement qu'il cause, donne souvent lieu au développement de la gangrène.

2° Pour les tumeurs dites charbons blancs, les lotions avec l'eau chaude acidulée, les frictions avec un alcoholat, avec les essences de lavande ou de térébenthine, le liniment ammoniacal, suffisent généralement pour les faire résoudre.

3° Les exanthèmes qu'on a appelés ambulants, parce qu'ils se déplacent et se portent d'une région du corps sur l'autre, ne sont à mon avis que des congestions sous-cutanées, ce que les maréchaux appellent des échaubculures. Il convient de les fixer en un point par des épispastiques ou par des sétons appliqués auprès. Comme ce ne sont que de simples congestions, on comprend pourquoi la saignée et les exutoires ont réussi contre eux. Il ne faudra les cautériser ou les scarifier que lorsqu'il se montrera de l'emphysème au pourtour et des phlyctènes à la surface.

4° Les tumeurs dures et circonscrites du charbon essentiel seront cautérisées ou extirpées.

5° Quant aux autres tumeurs charbonneuses, comme il importe de les fixer à l'extérieur, on les scarifiera et on les cautérisera ensuite. Mais il faut avoir soin de ne pas faire des scarifications trop profondes et trop étendues. Il faut éviter de faire de trop larges plaies, et les préserver du contact de l'air par un bandage approprié. Autrement on s'expose à faire naître la gangrène dans les parties saines qui avoisinent le charbon, ou bien si l'animal passe cette seconde période, il meurt dans la troisième par l'étendue des plaies et l'abondance de la suppuration.

6° Quant au traitement intérieur, il est inutile que j'y revienne.

Quatrième ordre.

Je vais exposer successivement les traitements qui furent mis en usage dans les différentes épizooties qu'on a observées.

1° Typhus d'Italie de 1690 et de 1711 observés par Ramazzini et Lancisi. Une éruption pustuleuse survenait du cinquième au sixième jour. Presque tous les animaux qui en furent attaqués périrent. Lancisi dit qu'on ne trouva d'autre remède efficace que les sétons et le cautère actuel. Les animaux chez lesquels un écoulement purulent, fétide et épais eut lieu, soit à la suite de l'éruption, soit à la suite des exutoires, réchappèrent sans retour. Toutefois les médecins donnèrent à l'intérieur des excitants et des toniques unis aux acidules, le quinquina, les décoctions de plantes amères, la gentiane, la tormentille, le dictame de Crète. On avait soin de laver la bouche des malades avec un mélange de sel et de vinaigre lorsqu'elle était le siége de boutons ou d'aphthes ; et à cause de l'état catarrhal des sinus des cornes, on fit des fumigations avec le galbanum, les baies de genièvre, les plantes aromatiques. La trépanation des cornes fut aussi pratiquée.

2° Epizootie de Francfort-sur-l'Oder, 1730, observée par Gœlike : à peu près les mêmes symptômes que dans la précédente, excepté l'éruption pustuleuse qui manqua. La salivation était abondante. Gœlike la regarda comme un phénomène critique. Aussi employait-il les sialogogues; il donnait aussi à l'intérieur les excitants.

3° Epizootie générale de 1740 à 1750, observée en France, par Sauvages, dans le Gévaudan et le Vivarais ; Baudot en Bourgogne, Leclerc en Hollande, les médeçins de Paris dans les environs de cette capitale. Mêmes symptômes ; les mouvements convulsifs, les crampes étaient fréquentes et violentes. Comme phénomènes critiques, on observait à la fin de la troisième semaine, chez ceux qui guérissaient, une éruption pustuleuse autour du cou qui se terminait par la desquamation, et des abcès au fanon et aux jambes.

La Faculté de Montpellier prescrivit le traitement suivant : comme préservatifs, l'isolement des animaux malades, la propreté de la peau, celle des étables et leur purification ; la saignée au cou d'une livre et demie à deux livres ; le même jour, un purgatif de séné, de feuilles de gratiole, de racine d'hièble, d'iris, de bryone, de thurbith gommeux et d'aloès. Le lendemain, des excitants à titre de sudorifiques, une pincée de noix muscade, de girofle et de cannelle dans une pinte de vin ; immédiatement après, l'application au fanon d'un trochisque d'ellébore, de garou ou de clématite ; enfin l'eau de son pour boisson , et comme aliments , une demi ration de paille ou de foin.

Comme moyens curatifs, quoiqu'il n'y eût pas grand succès à attendre du traitement ; un régime plus sévère , la saignée, la thériaque dans du vin rouge , avant que la gangrène ne fût déclarée, et le lendemain un purgatif, si le bœuf n'avait pas été purgé , auquel cas on y mêlait un cordial. La constipation était combattue par les lavements; on évitait le pâturage frais, à cause de la diarrhée. Pour aliments, des soupes de pain dans le vin , des farines et surtout celle de fèves rissolées. Contre le cours de ventre la thériaque récente, le diascordium dans l'infusion de baies de genièvre, de deux en deux jours. Le jour où on n'en donnait pas , on faisait prendre des bols de farine dans lesquels entraient des poudres d'écaille d'huître , de brique , de la mie de pain et de la présure.

Les médecins de Paris s'arrêtèrent à deux indications : 1° débarrasser l'estomac de la quantité des aliments dont ils le trouvaient farcis ; 2° prévenir ou arrêter l'inflammation. Quant à la première , les médecins ignoraient sans doute que l'estomac, dans les animaux de cette espèce, même lorsqu'ils meurent d'inanition , contient toujours une quantité assez considérable d'aliments. C'est par une fausse analogie avec ce qu'on observe chez l'homme , que les médecins de Paris ont admis l'indication d'évacuer l'estomac. Pour la seconde , ils la remplissaient par des saignées qui furent sans succès.

Comme les médecins de Montpellier, ceux de Paris, ayant remarqué que cette maladie tendait à se terminer par des éruptions à la peau , ne virent pas de meilleurs remèdes que de déterminer des abcès sous-cutanés au moyen des orties. Plus on les déterminait de bonne heure, plus ils étaient volumineux et plus ils suppuraient, plus aussi il y avait chances de guérison. S'ils ne survenaient pas ou s'ils s'affaissaient, tout espoir était perdu.

4° Epizootie des provinces méridionales de la France de 1774 à 1776. Vicq d'Azyr en dirigea le traitement. Les écoles vétérinaires à peine instituées furent consultées et se montrèrent dignes de leur mission. Les historiens de ces épisooties, Paulet et Vicq d'Azyr nous ont conservé le nom des vétérinaires qui rendirent d'utiles services, ce sont : MM. Beauvais, Faure, Girard, Falconnet, Blouzard, Barrier, Coquet, Guyot, Bellerocq.

Dès que la maladie est déclarée ; diète sévère, boissons nitrées de demi-heure en demi-heure, lavements avec l'huile de lin ; tous les matins une verrée d'huile de lin avec un tiers de vinaigre. Dès qu'on soupçonnera un animal malade, on fera à la jugulaire une saignée de quatre livres de sang ; douze heures après, une autre de trois livres ; le même temps après, on en fera une troisième de deux livres seulement. On diminuera la force des saignées suivant l'âge et la force des animaux, et on remarquera que pour qu'elles aient quelque succès, il faut qu'elles soient faites de bonne heure. On s'en abstiendra surtout, et on ne les réitérera pas si la respiration devient difficile et si l'animal paraît très-abattu.

Dès l'invasion aussi, scarifications et mouchetures le long de l'épine, recouvertes d'un emplâtre agglutinatif ; pansement avec l'onguent digestif et lotions de vinaigre aromatique. Vapeur d'eau vinaigrée dirigée vers les naseaux ; lotion du nez et de la bouche avec le vinaigre préparé avec l'ail, le poivre et le sel. Fumigations de vinaigre et d'eau-de-vie , sous le corps recouvert d'une couverture de laine. Frictions dans tous les sens , à sec , ou avec les liquides précédents.

Lorsque les fécès devenaient liquides , on remplaçait l'huile de lin par des boissons amères , l'infusion d'absinthe avec demi-once de quinquina. On s'en abstient si l'animal est très-échauffé. Contre la diarrhée , le diascordium pendant cinq à six jours.

Les tumeurs seront ouvertes de même que les infiltrations. Vicq d'Azyr avoue que , malgré des succès obtenu, par ce traitement, il eut des pertes considérables.

Des méthodes différentes furent employées dans cette même épizootie. Les uns administraient les délayants et les tempérants, sans saignées , d'autres saignaient ; d'autres enfin donnaient les stimulants et les toniques.

5° Epizootie de 1814 , décrite par M. Huzard père , Gohier. Hurtrel d'Arboval publia une instruction sur cette maladie en 1816. Nous l'observâmes alors à Lyon en 1814 et 1815.

Voici le traitement qui y fut mis en usage dès ce début, une saignée pour les animaux forts , ayant le pouls plein et tendu. Passé les premiers jours, la saignée ne doit plus se pratiquer. A l'intérieur, l'oxymel à la dose de 6 onces ; les infusions excitantes de camomille , de moldavique ; des lavements de même nature. Plus tard , la gentiane et l'écorce de chêne ; la poudre de charbon, le camphre , l'assa-fœtida , les purgatifs aloétiques , les sétons , les trochisques. De quelque manière qu'on ait varié le traitement , aucun animal ne fut sauvé.

MM. Girard et Dupuy ne furent pas plus heureux à Alfort. M. Huzard père , centre d'une immense correspondance , dit que les traitements mis en usage n'ont eu que peu ou pas de succès. Les acides, les saignées, ensuite le séton et les amers étaient les moyens qui pourtant paraissaient le mieux convenir.

Hurtrel écrivit en 1816 qu'il avait guéri plus des trois quarts des animaux qu'il avait traités, et que ceux qui étaient abandonnés à la nature moururent tous. Il attribuait ces succès à l'habileté de son traitement. Mais il faut savoir qu'Hurtrel ne parle que de la fin de l'épizootie; or personne n'ignore que la plupart des animaux guérissent à la fin des épizooties avec ou malgré tous les traitements. Je vis aussi à cette époque guérir à Lyon tous les animaux.

En définitive je poserai les conclusions suivantes relativement au traitement de ce typhus.

1° Les préservatifs médicaux sont inutiles, et presque toujours nuisibles, même les sétons et les trochisques. Les préservatifs fournis par l'hygiène et par la police sanitaire sont les seuls admissibles.

2° Comme toutes les maladies épizootiques, le typhus a d'abord une grande violence; cette intensité va en augmentant pendant quelque temps, jusqu'à ce qu'il ait atteint son plus haut degré; et pendant cette période, les traitements les mieux dirigés sont le plus souvent sans succès bien marqués. Au contraire, à la fin de l'épizootie, la plupart des animaux guérissent avec facilité, soit spontanément, soit par les secours de l'art. C'est ce qui explique les grands succès qu'Hurtrel a annoncés.

3° La gravité de ces épizooties varie dans les diverses localités, et suivant le régime auquel les animaux sont soumis.

4° Quant au traitement, il varie suivant la maladie. Lorsque dès le début, les symptômes ataxo-adynamiques sont très-prononcés, qu'il y a une grande dyspnée, un abat tement profond des forces, on doit songer à les relever par les excitants internes et externes; mais en général il y a dès le commencement une vive réaction. Ainsi j'ai vu les bœufs autrichiens renfermés dans des écuries près de l'école, s'échapper dès que les portes étaient ouvertes, pour aller se jeter dans la Saône. On avait beaucoup de peine à les en faire sortir. Cela prouve qu'ils sentaient le besoin de calmer la fièvre violente qu'ils éprouvaient. M. Huzard dit aussi que ce qui convient le mieux est de laisser les animaux exposés à l'air frais. On peut donc en conclure que, dans cette première période, il y a une vive réaction, que les inflammations internes sont aussi dévelop-pées, que par conséquent les excitants sont peu indiqués à moins qu'il n'y ait trop de faiblesse; qu'on peut même saigner si on le juge à propos, suivant la force de l'animal, son âge, son état pléthorique; mais qu'il ne faut pas insister sur la saignée autant que Vicq d'Azyr. Après cela, les acidules, les tempérants, les potions huileuses peuvent convenir. Quand la réaction diminue, que la chaleur de la peau, celle de la bouche baissent, on passe à l'emploi des excitants externes, suivant la méthode de Vicq d'Azyr; on remplace, si l'on veut, les scarifications le long de l'é-pine, par des trochisques ou des sétons suivant l'état des forces, on donne à l'intérieur des stimulants plus ou moins énergiques. On combat l'écoulement nasal et la dy-senterie comme l'indique Vicq d'Azyr, par des astringents et des toniques. Une fois que quelque exanthème, gan-greneux ou non, s'est montré à l'extérieur, on le traite suivant les méthodes que j'ai exposées pour la maladie précédente. Les aphthes réclament les moyens dont j'ai parlé à propos des fièvres muqueuses.

FIN.

TABLE.

LIVRE QUATRIÈME.

LIVRE CINQUIÈME.

THÉRAPEUTIQUE GÉNÉRALE.

FIN DE LA TABLE.

ERRATA DU IIe VOLUME.

Page 206 Premier alinéa, ligne 3 : au lieu de : on sait que les femelles *les mangent*; lisez : le mange à mesure qu'il se présente.

—   id. Deuxième alinéa, ligne 9 : au lieu de : agissent donc sur *appareil*; lisez : sur l'appareil.

—   207 Premier alinéa, titre : au lieu de, *Strychnos vomica*; lisez : *Strychnos nux vomica*.

—   209 Deuxième alinéa, ligne 2 : au lieu de : acide *igasurique*; lisez : igasurine.

—   223 Ligne 1 : au lieu de *mucas*; lisez : mucus.

—   238 Avant-dernière ligne : au lieu de : *Cabier*; lisez : Cabiai.

—   244 Troisième alinéa, ligne 2 : supprimez l's du mot puissants.

—   249 Deuxième alinéa, ligne 4 : au lieu de : tels sont *elles de cuisine*; lisez : sel de cuisine.

—   250 Troisième alinéa, ligne 6 : ajoutez s à pomme.

—   261 Ligne 3 : au lieu, de : *larmes*; lisez : lames.

—   id. Troisième alinéa, ligne 11 : au lieu de : *adynanie*; lisez : adynamie.

—   264 Premier alinéa, ligne 3 : au lieu de : j'ai vu *nombre de fois* : lisez : j'ai vu l'acide arsénieux.

—   266 Ligne 1 : supprimez *et cetera*; lisez : etc.

—   268 Dernière ligne, après le mot *tranchant*; placez le point et virgule.

—   270 Ligne 11 : au lieu de : *tout* les cas; lisez : tous les cas.

—   276 Troisième alinéa, ligne 4 : au lieu de : *Patru*; lisez : Patu.

—   277 Troisième alinéa, ligne 2 : au lieu de : dans du miel, de la poudre, lisez : dans du miel et de la poudre.

—   286 Ligne 2 : au lieu de : les trois sulfates; lisez : les trois sulfates connus.

—   306 Premier alinéa, ligne 4 : au lieu de : tant que leur sang; lisez : tant que le sang.

—   337 Aux trois dernières lignes : au lieu de : des congestions peuvent encore se faire, soit sur l'utérus, *soit le poumon*, etc.; lisez : des congestions peuvent encore se faire soit sur l'utérus pendant l'état de gestation, soit sur le poumon, etc.

—   343 Premier alinéa, ligne 10 : au lieu de : pour combattre *cette maladie*; lisez : ces maladies.